Druckwasserschlösser von Wasserkraftanlagen

Von

Alfred Stucky
Dipl.-Ing. Dr. techn. Dr. h. c.
o. Professor an der Ecole polytechnique de l'Université
de Lausanne

Übersetzt von

Othmar J. Rescher
Dipl.-Ing. Dr. techn.
Dozent an der Ecole polytechnique de l'Université
de Lausanne

Mit 93 Abbildungen

Springer-Verlag Berlin Heidelberg GmbH
1962

Titel der Originalausgabe:
Alfred Stucky
Chambres d'équilibre
3ᵉ édition,
Scientes et Technique Paul Feissly, Lausanne 1958

ISBN 978-3-540-02908-3   ISBN 978-3-662-01615-2 (eBook)
DOI 10.1007/978-3-662-01615-2

Alle Rechte vorbehalten

Ohne ausdrückliche Genehmigung des Verlages ist es auch nicht gestattet
dieses Buch oder Teile daraus auf photomechanischem Wege
(Photokopie, Mikrokopie) oder auf andere Art zu vervielfältigen

© by **Springer-Verlag Berlin Heidelberg 1961**

Ursprünglich erschienen bei Springer-Verlag OHG., Berlin/Göttingen/Heidelberg 1961.

Library of Congress Catalog Card Number: 62—21864

Vorwort

Dieses Buch ist die deutsche Ausgabe des in französischer Sprache erschienenen Werks „Chambres d'équilibre", dessen dritte Auflage im Jahre 1958 im Verlag P. Feissly, Lausanne, herauskam. In seiner ursprünglichen Fassung war es ausschließlich für Unterrichtszwecke bestimmt. Da das Buch jedoch auch bei in der Praxis stehenden Ingenieuren Beachtung fand, wurde eine zweite Auflage herausgegeben, die rasch vergriffen war. Die dritte Ausgabe in französischer Sprache wurde durch einen neuen Abschnitt zum Studium des Wasserstoßes nach dem Verfahren von BERGERON-SCHNYDER ergänzt. Bei dieser Gelegenheit wurde die Tatsache hervorgehoben, daß der Wasserstoß und die Schwingungsvorgänge im Wasserschloß lediglich zwei verschiedene Ausdrücke desselben Phänomens sind. Die zur Berechnung dieser Vorgänge herangezogenen graphischen Verfahren von BERGERON-SCHNYDER (Wasserstoß) und von SCHOKLITSCH (Schwingungen im Wasserschloß) führen zu übereinstimmenden Ergebnissen.

Ferner wurde ein Abschnitt über besondere Anwendungen der beschriebenen Berechnungsverfahren an Hand von Beispielen ausgeführter Anlagen hinzugefügt. Im besonderen wurde die Wirkungsweise eines Regulierwasserschlosses für eine Druckreduktionsvorrichtung am oberen Ende des Druckstollens und die eines Ausgleichsbeckens auf ein Wasserschloß in einer Triebwasserleitung zwischen zwei Zentralen untersucht.

Die neue deutsche Ausgabe des Buchs entspricht, abgesehen von kleinen Ergänzungen, der dritten Ausgabe in französischer Sprache. Lediglich der VIII. Abschnitt über besondere praktische Anwendungen wurde durch die Untersuchung des Falls eines Wasserschlosses im Unterwasserstollen erweitert.

Lausanne, im September 1962

A. Stucky

Inhaltsverzeichnis

Seite

I. Zweck der Wasserschlösser 1

1. Allgemeines 1
2. Wasserstoß in einem Druckrohr von konstantem Querschnitt bei plötzlichem Schließen 2
3. Berechnung der Drucksteigerung infolge plötzlichen Schließens der Absperrvorrichtung 4
4. Wasserstoß in einem Druckrohr ohne Wasserschloß bei allmählichem Schließen 6
5. Wasserstoß in einem Druckrohr mit Wasserschloß 9
6. Wirkungsweise eines Druckwasserschlosses in der Zuleitung einer Wasserkraftanlage 11

II. Theorie des Wasserstoßes 14

1. Analytische Berechnung des Wasserstoßes in einer Triebwasserleitung mit Wasserschloß 14
2. Graphische Berechnung des Wasserstoßes in einer Triebwasserleitung mit Wasserschloß bei Vernachlässigung der Druckhöhenverluste (Methode von BERGERON-SCHNYDER) 18
3. Übereinstimmung zwischen analytischer und graphischer Berechnung 28
    a) Lineare Änderung der Wassermenge während des Schließvorgangs 28
    b) Lineare Änderung des Querschnittes der Absperrvorrichtung während des Schließvorgangs 28
    c) Teilweiser Schließvorgang 32
4. Einführung der Druckhöhenverluste in die Berechnung 32
5. Analogie zwischen dem Strömungsvorgang in der Druckrohrleitung bei Auftreten eines Wasserstoßes mit dem im Leitungsabschnitt Druckstollen–Wasserschloß 40

III. Allgemeine Theorie zur Berechnung des Wasserschlosses beliebiger Form 41

1. Qualitative Analyse der Schwingungsvorgänge 41
2. Im Kraftwerksbetrieb zu berücksichtigende Lastfälle 44
3. Qualitative Analyse der Wirkung der Turbinenregulierung . . . 46
4. Dämpfung der Schwingungen 46
5. Grundgleichungen 48
6. Bemerkungen zu den Grundgleichungen 50
7. Lösung mit Hilfe des Energieerhaltungssatzes 52
    a) Plötzliches, vollkommenes Schließen bei Vernachlässigung der Druckhöhenverluste im Druckstollen 52
    b) Plötzliches, vollkommenes Schließen bei Berücksichtigung der Druckhöhenverluste im Druckstollen 53
    c) Andere Betriebsvorgänge 54

Inhaltsverzeichnis V

Seite

8. Lösung mit Hilfe finiter Differenzen 54
   a) Verfahren von PRESSEL 55
   b) Vereinfachtes Verfahren 56
9. Graphische Lösung mit Hilfe des Verfahrens von SCHOKLITSCH . . 57
10. Vergleich der Methode von BERGERON-SCHNYDER mit dem Verfahren von SCHOKLITSCH 62
11. Allgemeine Bemerkungen 62

IV. **Schachtwasserschloß** 64
1. Einleitung 64
2. Schwingungen infolge plötzlichen, vollkommenen Schließens bei Vernachlässigung der Druckhöhenverluste im Druckstollen 64
3. Einführung dimensionsloser Größen 66
4. Allmähliche, teilweise oder vollständige Belastungsverminderung oder -steigerung bei Vernachlässigung der Reibungsverluste im Druckstollen 68
5. Einfluß des Querschnitts des Wasserschlosses auf das höchste Auf- und tiefste Abschwingen sowie auf den Rauminhalt des Wasserschlosses bei Vernachlässigung der Reibungsverluste im Druckstollen 72
6. Plötzliches, vollkommenes Schließen mit Berücksichtigung der Reibungsverluste im Druckstollen 73
7. Plötzliches Öffnen, vollkommen oder teilweise, mit Berücksichtigung der Reibungsverluste im Druckstollen 75
8. Lineare, vollkommene Belastungsverminderung oder -steigerung mit Berücksichtigung der Reibungsverluste im Druckstollen . . . 78
9. Verfahren mit Anwendung des Energieerhaltungssatzes 80
   a) Plötzliches, vollkommenes Schließen ohne Berücksichtigung der Reibungsverluste im Druckstollen 80
   b) Plötzliches, vollkommenes Schließen mit Berücksichtigung der Reibungsverluste im Druckstollen 80
10. Graphisch-rechnerisches Verfahren von CALAME und GADEN . . . 81
    a) Plötzliches, vollkommenes Schließen 83
    b) Langsames, lineares vollkommenes Öffnen 84
11. Graphisches Verfahren von SCHOKLITSCH und Vergleich desselben mit der graphisch-rechnerischen Methode von CALAME und GADEN 86

V. **Einfluß der Turbinenregulierung auf die Schwingungen im Wasserschloß** 88
1. Einleitung 88
2. Schwingungen bei Regelung auf konstante Leistung. Einfacher Fall 89
3. Ungedämpfte Schwingungen: Bedingung von THOMA. Gedämpfte Schwingungen 92
4. Schwingungen bei Regelung auf konstante Leistung mit Berücksichtigung anderer Faktoren als Reibungsverluste im Druckstollen 95
5. Schwingungen infolge einer raschen Leistungsänderung. Graphisches Verfahren 99

VI. **Kammerwasserschloß und Wasserschloß mit Überlauf** 103
1. Einleitung 103
2. Kammerwasserschloß mit offenen Kammern. Plötzliches, vollkommenes Schließen bei Vernachlässigung der Reibungsverluste im Druckstollen 106

VI   Inhaltsverzeichnis
                                                                        Seite
   a) Berechnung mit Hilfe der Differentialgleichungen der Bewegung 106
   b) Berechnung mit Hilfe des Energieerhaltungssatzes 107
   3. Kammerwasserschloß mit offenen Kammern. Schwingungsvorgänge
      bei Berücksichtigung der Reibungsverluste im Druckstollen . . . 107
      a) Plötzliches, vollkommenes Schließen (obere Kammer) 108
      b) Plötzliches, vollkommenes Öffnen (untere Kammer). 110
   4. Kammerwasserschloß mit offenen Kammern. Aufstellung von Näherungsformeln für die Bemessung mit Hilfe des Energieerhaltungssatzes bei Berücksichtigung der Reibungsverluste im Druckstollen 111
      a) Plötzliches, vollkommenes Schließen (Bemessung der oberen
         Kammer) 111
      b) Plötzliches, vollkommenes Öffnen (Bemessung der unteren
         Kammer) 114
      c) Plötzliches Öffnen von Teil- auf Vollast (Bemessung der unteren
         Kammer) 116
   5. Graphische Verfahren zur Berechnung des Kammerwasserschlosses
      mit offenen Kammern 116
      a) Graphisches Verfahren von SCHOKLITSCH 116
      b) Graphisch-rechnerisches Verfahren von CALAME und GADEN . . 116
   6. Einfluß der Turbinenregulierung. Stabilitätsbedingung 118
   7. Kammerwasserschloß mit abgeschlossenen Kammern (Differentialwirkung) 119
   8. Wasserschloß mit Überlauf 119
      a) Berechnung des Volumens des Ergusses über den Überlauf . . 120
      b) Anwendung des Energieerhaltungssatzes zur Berechnung des
         Volumens des Ergusses 120
      c) Anwendung des graphischen Verfahrens von SCHOKLITSCH . . 121

VII. Drosselwasserschloß und Differentialwasserschloß 123
   1. Einleitung. 123
   2. Drosselwasserschloß — Schwingungsvorgänge bei Vernachlässigung
      der Reibungsverluste im Druckstollen 125
   3. Drosselwasserschloß — Schwingungsvorgänge bei Berücksichtigung
      der Reibungsverluste im Druckstollen 127
      a) Plötzliches, vollkommenes Schließen. 127
      b) Plötzliches, teilweises Schließen 129
      c) Plötzliches, vollkommenes Öffnen 130
      d) Plötzliches Öffnen von Teil- auf Vollast 132
      e) Wahl des Drosselwiderstands 132
      f) Berechnung des Wasserschloßinhalts mit Hilfe des Energieerhaltungssatzes. 134
   4. Drosselwasserschloß — Graphische Berechnungsverfahren 134
      a) Graphisches Verfahren von SCHOKLITSCH 134
      b) Graphisch-rechnerisches Verfahren von CALAME und GADEN . . 137
   5. Drosselwasserschloß — Einfluß der Turbinenregulierung 138
   6. Differentialwasserschloß. Abschätzung des Querschnitts der Drosselöffnung 138
   7. Differentialwasserschloß — Näherungsweise Berechnungsverfahren . 141
      a) Berechnung mit Hilfe des Energieerhaltungssatzes 141
      b) Berechnung mit Hilfe von Diagrammen 141

Inhaltsverzeichnis VII

Seite

8. Differentialwasserschloß — Graphisches Verfahren nach SCHOKLITSCH 142
9. Differentialwasserschloß — Einfluß der Turbinenregulierung. . . . 144

VIII. **Besondere Anwendungen der verschiedenen Berechnungsverfahren** 144
  1. Einleitung 144
  2. Regulierwasserschloß für eine Druckreduktionsvorrichtung am oberen Ende des Druckstollens 145
    a) Gegenstand der Untersuchung 145
    b) Charakteristiken des Regulierwasserschlosses. Bezeichnungen . . 148
    c) Bewegungsgleichungen in Differenzenform 149
    d) Ergebnisse der Berechnung für verschiedene Betriebslastfälle 151
  3. Gedämpftes Kammerwasserschloß 156
  4. Berechnung der Wasserbewegung in einem Ausgleichsbecken zwischen zwei Kraftzentralen mit Hilfe finiter Differenzen . . . 162
    a) Disposition der Anlage 162
    b) Berechnungsverfahren 163
    c) Ergebnisse der Berechnung 168
  5. Wasserschloß im Unterwasserstollen 171
    a) Gegenstand der Untersuchung 171
    b) Stabilitätsuntersuchung für kleine Schwingungen bei Regelung auf konstante Leistung 173
    c) Extreme Betriebslastfälle für Öffnungs- und Schließvorgänge 175
    d) Stabilitätsuntersuchung für Schwingungen bei Regelung auf konstante Leistung. Öffnungs- und Schließvorgänge bei Änderung der Beaufschlagung von ungefähr 10% der Ausbauwassermenge 177

Literaturverzeichnis 180

I. Zweck der Wasserschlösser

1. Allgemeines

Die Zuleitung von Wasserkraftanlagen erfolgt immer häufiger mittels Druckleitungen, hauptsächlich deshalb, um die verfügbare Fallhöhe trotz Schwankungen des Wasserspiegels der Stauhaltung voll ausnützen zu können (Abb. I/1). Diese Anordnung bietet außerdem noch Vorteile, selbst wenn der Stauspiegel konstant gehalten werden kann, da sie eine

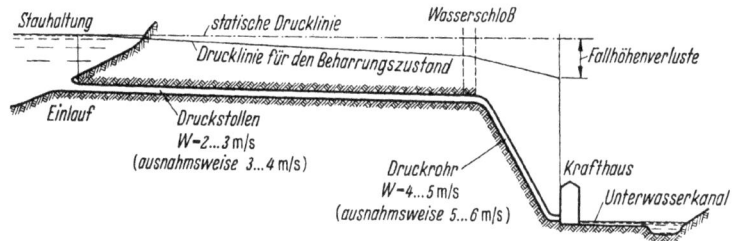

Abb. I/1. Schematischer Längenschnitt einer Wasserkraftanlage (mit Druckwasserschloß)

größere Freiheit in der Wahl der Höhenlage und der Neigung des Zuleitungsstollens, eine Verringerung des nötigen Stollenquerschnitts durch Ausschaltung der Druckstöße (besonders vorteilhaft bei langer Zuleitung), ein besseres Anpassungsvermögen an die Anforderungen des Kraftwerksbetriebs usw. ermöglicht.

Wenn in einer derartigen Zuleitung die Entnahmewassermenge geändert wird, stellt sich ein nichtstationärer Strömungszustand (veränderliche Druckhöhe und Fließgeschwindigkeit), hervorgerufen durch Beschleunigung oder Verzögerung beträchtlicher Wassermassen, welche den Druckstollen und die Druckrohrleitungen (bzw. den Druckschacht) erfüllen, ein. Werden keine entsprechenden Vorkehrungen getroffen, so können sich daraus schwerwiegende Störungen für den Kraftwerksbetrieb ergeben.

Wird nämlich die in Bewegung befindliche Wassermasse durch Schließen der Abschlußorgane in der Verteilleitung beim Krafthaus (z. B. infolge eines Kurzschlusses im Leitungsnetz) oder durch Schließen der Rohrbruchklappen am oberen Ende der Druckrohrleitung stark abgebremst, so ergibt sich ein Druckstoß. Dieser Vorgang, Druck- oder

Wasserstoß genannt, wird häufig mit dem plötzlichen Abbremsen von Eisenbahnwaggons verglichen, welche auf einen Prellbock auffahren. Es ist leicht einzusehen, daß dabei gewaltige Kraftwirkungen auftreten, welche die Widerstandsfähigkeit der Bauwerke überschreiten können. Ganz allgemein bezeichnet man mit Druckstoß alle jene Vorgänge, wo Druckschwankungen in der Zuleitung infolge Betätigung einer Abschlußvorrichtung, sei es durch vollkommenes oder teilweises, langsames oder rasches Öffnen oder Schließen derselben, auftreten.

Beim Druckstoß handelt es sich um einen Vorgang von Wellenfortpflanzung (Druck- und Geschwindigkeitswellen) mit Reflexion am Ende des Druckstollens und Aufteilung in eventuelle Abzweigungen, im besonderen an der Stelle des Wasserschlosses (Reflexion wird hier im allgemeinen Sinn angewandt), so daß eine reflektierte Welle als Teil einer auftreffenden Welle gleiches oder entgegengesetztes Vorzeichen aufweisen kann.

2. Wasserstoß in einem Druckrohr von konstantem Querschnitt bei plötzlichem Schließen

In diesem Abschnitt wird zunächst nur das unbedingt Notwendige zum Verständnis der Druckstoßerscheinungen erläutert und besonders die Nützlichkeit der Einschaltung eines Wasserschlosses zwischen Druckstollen und Druckrohrleitung (bzw. Druckschacht) hervorgehoben. Die eigentliche Theorie des Wasserstoßes folgt im zweiten Abschnitt.

Untersuchen wir vorerst den einfachen Fall einer horizontalen Rohrleitung von konstantem Querschnitt und einer Länge L, welche an ein Speicherbecken angeschlossen ist, und nehmen wir an, daß der Verschluß am luftseitigen Ende der Rohrleitung plötzlich zur Zeit $t = 0$ betätigt wird (Abb. I/2a, b).

Die Bewegung des unmittelbar vor dem Abschlußorgan liegenden Wasserzylinders wird dadurch vollständig abgebremst und zum Stillstand gebracht. Die infolge der Trägheit des Stolleninhalts von der Stauhaltung weiter zufließende Wassermenge bewirkt eine Zusammendrückung des Wasserzylinders und eine Ausdehnung des Rohrs. Dieser Vorgang wiederholt sich für jeden weiteren Abschnitt der liegenden Wassersäule bis zum Einlauf (Abb. I/2c). Wir werden daher am Verschlußorgan zur Zeit $t = 0$ die Ausbildung einer Druckwelle feststellen können, die sich gegen die Wasserseite mit einer Schnelligkeit a fortsetzt (Abb. I/3c). Bemerkt sei, daß während der Zeit $\frac{L}{a}$, welche die Welle benötigt, um die ganze Länge der Rohrleitung zu durchlaufen, der *Zufluß am Einlauf unverändert* bleibt und somit dem Durchfluß bei Beginn des Vorgangs gleich ist. Zur Zeit $t = \frac{L}{a}$ enthält das Druckrohr eine bewegungslose Wassermasse, welche vollständig

Wasserstoß in einem Druckrohr von konstantem Querschnitt

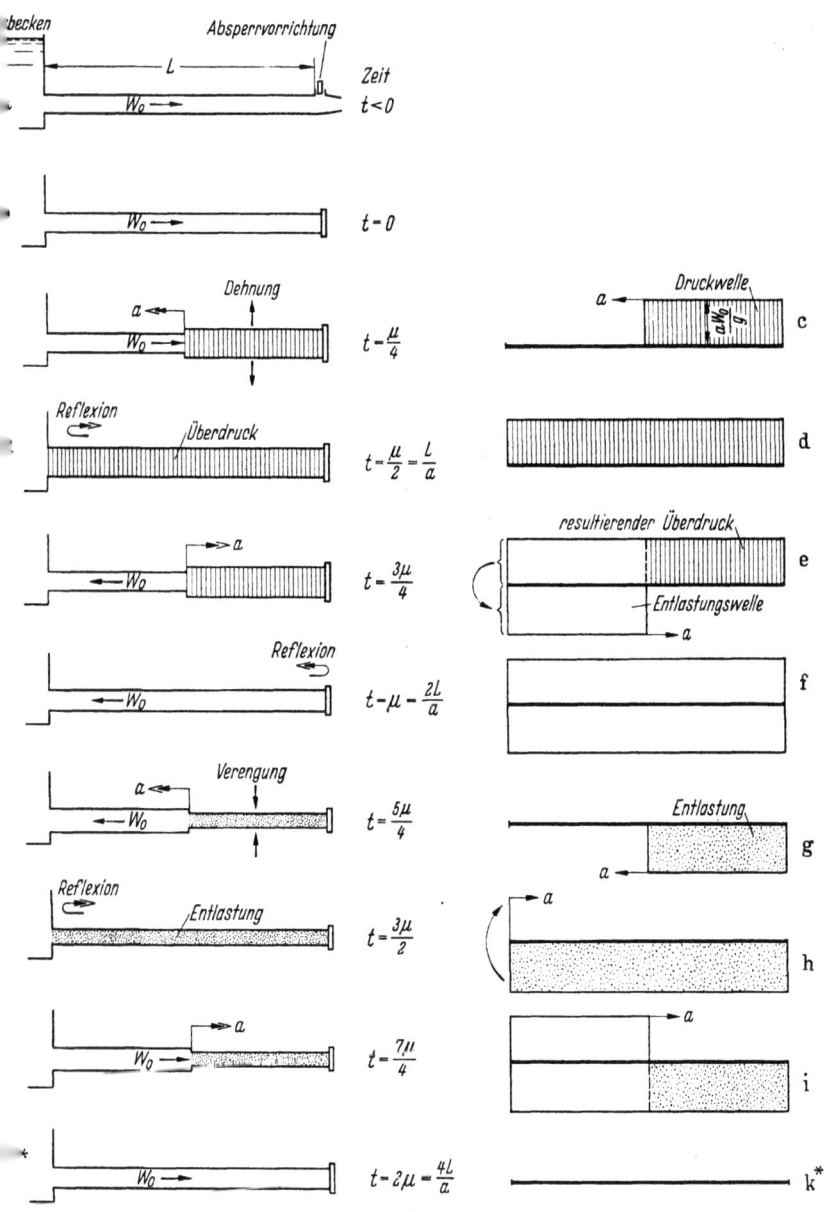

*Zustand identisch zum Ausgangszustand $t=0$

Abb. I/2 u. I/3. Wasserstoß in einem waagerechten Druckrohr bei plötzlichem Schließen Phase $\mu = \dfrac{L}{2a}$ (nach A. RIBAUX [*16*], Bd. 1, S. 78) zusammengedrückt ist (Abb. I/2d, I/3d). Der Druck am Einlauf ist durch den Seespiegel bestimmt, welcher sich während des Vorgangs nicht verändert hat. Der Wasserzylinder am Einlaufquerschnitt gibt seine Zusammenpressung gegen die Seeseite ab, worauf die nachfolgenden Abschnitte der Wassersäule anschließen. Eine talwärts eilende Entlastungswelle durchläuft die Rohrleitung und bewirkt die Wiederherstellung der ursprünglichen Druckverhältnisse. Der Vorgang spielt sich demnach so ab, als ob die Druckwelle mit umgekehrten Vorzeichen reflektiert wurde (Abb. I/2e, I/3e) (genau derselbe Vorgang würde sich auch bei den auf den Prellbock auffahrenden Eisenbahnwaggons feststellen lassen). Während der Zeit $\frac{L}{a}$, welche die Entlastungswelle zum Durchlaufen der Leitung benötigt, gibt diese in das Staubecken eine Wassermenge ab, die derjenigen bei Beginn des Vorgangs gleich ist. (Wir wollen dabei annehmen, daß die Energieumwandlungen, kinetische und potentielle Druckenergie, Formänderungsenergie, ohne Verluste vor sich gehen; tatsächlich stellen sich Energieverluste ein, welche eine fortschreitende Dämpfung des Vorgangs bewirken). Zur Zeit $\frac{2L}{a}$ befindet sich die gesamte Wassersäule in gleichförmiger Bewegung gegen das Staubecken. Die Druckverhältnisse sind wie zu Beginn (Abb. I/2f, I/3f). Die Zeit $\frac{2L}{a} = \mu$, die die Welle benötigt, um die Rohrleitung hin und zurück zu durchlaufen, nennen wir Phase. Von diesem Zeitpunkt an beginnt der beschriebene Vorgang sich in genau gleicher Weise zu wiederholen, die Drücke haben jedoch umgekehrtes Vorzeichen (Abb. I/2 und I/3g, h, i, k). Zur Zeit $\frac{4L}{a} = 2\mu$ befindet sich die Rohrleitung wieder in demselben Zustand wie zur Zeit $t = 0$.

Es sind demnach

zur Zeit $t = 0$ und $t = \frac{2L}{a}$ die Drücke gleich, die Geschwindigkeiten entgegengesetzt gleich;

zur Zeit $t = 0$ und $t = \frac{4L}{a}$ Drücke und Geschwindigkeiten gleich.

Die Reflexion der Druckwelle an einem Ende der Rohrleitung vollzieht sich mit Vorzeichenwechsel, wenn die Druckhöhe dort unverändert bleibt (freier Wasserspiegel). An einem Ende, wo die Geschwindigkeit Null ist (Absperrvorrichtung), vollzieht sie sich hingegen ohne Vorzeichenwechsel.

3. Berechnung der Drucksteigerung infolge plötzlichen Schließens der Absperrvorrichtung

Betrachten wir nun einen Wasserzylinder von der Länge x, welcher sich mit einer Geschwindigkeit W_0 in einer Rohrleitung vom Durchmesser D und einer Rohrdicke e ohne Druck fortbewegt.

Berechnung der Drucksteigerung infolge plötzlichen Schließens

Lassen wir nun auf der bergseitigen Begrenzungsfläche einen Überdruck γA (A = Höhe der Wassersäule entsprechend dem Überdruck) auf den Wasserzylinder einwirken, so wird dieser um Δx zusammengedrückt und das Rohr um ΔD (Abb. I/4) ausgedehnt.

Nach dem Gesetz der Erhaltung der Energie können wir den Überdruck A berechnen:

Änderung der kinetischen Energie ist gleich der von den äußeren Kräften geleisteten Arbeit.

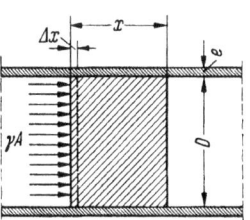

Kinetische Energie $= \dfrac{1}{2} \dfrac{\pi D^2}{4} \dfrac{\gamma x}{g} W_0^2$.

Formänderungsarbeit für die Zusammendrückung des Wasserzylinders

$$= \frac{1}{2} \underbrace{\gamma A \frac{\pi D^2}{4}}_{\text{Kraft}} \underbrace{\gamma A \frac{x}{\varepsilon}}_{\Delta x}$$

$\gamma = 0{,}001$ kg/cm³ = spezifisches Gewicht des Wassers,
$\varepsilon = 20\,700$ kg/cm² = Elastizitätsmodul des Wassers.

Formänderungsarbeit für die Ausdehnung des Rohrs $= \dfrac{1}{2} \underbrace{\dfrac{\gamma A D x}{2}}_{\substack{\text{Zugkraft}\\\text{im}\\\text{Rohrelement}}} \underbrace{\dfrac{\gamma A D x}{2 e x E}}_{\substack{\text{Spezifische}\\\text{Dehnung}}} \underbrace{\pi D}_{\text{Länge}}$

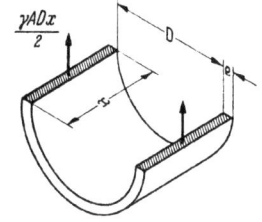

Abb. I/4. Beanspruchung eines Druckrohrelements beim Wasserstoß

E = Elastizitätsmodul des Rohrs.
Nach Einführung dieser Werte in die Energiegleichung und nach Kürzung mit $\dfrac{\gamma \pi D^2 x}{8}$ findet man:

$$\frac{W_0^2}{g} = A^2 \gamma \left(\frac{1}{\varepsilon} + \frac{D}{eE} \right),$$

woraus
$$A = \frac{W_0}{\sqrt{\gamma g \left(\dfrac{1}{\varepsilon} + \dfrac{D}{eE} \right)}}. \tag{I/1}$$

Der Überdruck A bei plötzlichem Schließen der Rohrleitung ist daher proportional zur Geschwindigkeit W_0.

Die Schnelligkeit a berechnet sich mit Hilfe des Impulssatzes: Die Änderung der Bewegungsgrößen im Zeitintervall t ist gleich der geometrischen Summe der angreifenden äußeren Kräfte.

$$W_0 \underbrace{\frac{\gamma}{g} \frac{\pi D^2}{4} x}_{\text{Masse}} \frac{1}{t} = \gamma A \frac{\pi D^2}{4},$$

woraus
$$a = \frac{x}{t} = \frac{A g}{W_0}.$$

Führen wir für A den berechneten Ausdruck in die erhaltene Gleichung ein, ergibt sich

$$a = \sqrt[\pm]{\frac{g}{\gamma\left(\dfrac{1}{\varepsilon} + \dfrac{D}{Ee}\right)}}. \qquad (\text{I}/2)$$

Die Beschleunigung a hängt daher nur von den Bestimmungsstücken D, e, E des Rohrs und dem Elastizitätsmodul ε des Wassers ab.

Da sich der Wert der Beschleunigung a abschätzen läßt, ist es praktisch, für A nachfolgende Gleichung anzuschreiben:

$$A = \frac{a\,W_0}{g}. \qquad (\text{I}/3)$$

Bemerkenswerterweise enthält diese Gleichung nicht die Länge der Druckrohrleitung, so daß der Überdruck unabhängig von der Länge L ist. Diese etwas überraschende Feststellung ist in der Annahme eines plötzlichen Schließens begründet. Tatsächlich hängt der Überdruck A auch von der Länge L der Rohrleitung ab.

Bemerkung 1: Bei unendlich starrer Rohrleitung $E = \infty$ ergibt sich aus Gl. (I/2)

$$a = \sqrt{\frac{g\,\varepsilon}{\gamma}}. \qquad (\text{I}/2')$$

Dies entspricht dem bekannten Wert für die Fortpflanzungsgeschwindigkeit einer elastischen Welle in einer Flüssigkeit, entsprechend der Schallwelle im Wasser (ungefähr 1400 m/sec). Dieser Wert bildet den oberen Grenzwert der Wellengeschwindigkeit.

Bemerkung 2: Bei einer Stahlrohrleitung hängt die Rohrdicke vom Druck ab. Die Schnelligkeit der Druckwelle läßt sich daher als Funktion der Fallhöhe berechnen. ALLIEVI gibt hierfür folgende Werte:

Fallhöhe H:	Schnelligkeit a:
1500 m	1250 m/sec
1000 m	1180 m/sec
500 m	1080 m/sec
250 m	950 m/sec
100 m	830 m/sec
50 m	750 m/sec

4. Wasserstoß in einem Druckrohr ohne Wasserschloß bei allmählichem Schließen

Aus Bemerkung 2, s. o., geht hervor, daß die Schnelligkeit der Druckwelle sich innerhalb gewisser Grenzen bewegt und größenordnungsmäßig 1000 m/sec beträgt. Die größte Fließgeschwindigkeit in der Triebwasserleitung von Wasserkraftanlagen ist ebenfalls begrenzt; sie beträgt etwa 3 bis 4 m/sec für eine Betonrohrleitung und 4 bis 6 m/sec für eine Stahlrohrleitung. Damit errechnen sich aus Gl. (I/3) Werte für den Überdruck A von der Größenordnung 300 bis 600 t/m² (oder Meter

Wassersäule). Wenn geschlossene Rohrleitungen für derartige Drücke bemessen werden müßten, würden sie gewaltige Abmessungen erhalten. Zur Herabsetzung dieser Drücke können wir plötzliche Schließvorgänge ausschließen und vorschreiben, daß der Schließvorgang langsam vor sich gehen muß. Wir wollen zunächst nur lineare Schließvorgänge (Wassermenge proportional zur Zeit) betrachten und die Wirkung der Druckänderungen auf den Durchfluß vernachlässigen.

Ist τ die Schließzeit der Absperrvorrichtung, so ergeben sich 2 Fälle:

a) Rasches lineares Schließen: $\tau < \mu$ oder $a\,\tau < 2L\left(\mu = \dfrac{2L}{a} = \text{Phase}\right)$.

Abb. I/5 zeigt verschiedene Abschnitte des Fortschritts der Druck- und Entlastungswellen. Wir stellen fest, daß der Überdruck beim Schieber sich nicht verringert, jedoch ein Teil der Rohrleitung gegen das Staubecken zu entlastet wird. Diese Entlastung erstreckt sich bei den gemachten Annahmen auf eine Länge $\dfrac{a\,\tau}{2}$, und der Überdruck schwankt zwischen Null beim Eintritt in die Rohrleitung und A in der Entfernung $\dfrac{a\,\tau}{2}$ vom Eintritt. In diesem Fall ist daher die getroffene Maßnahme zur Verringerung der Drücke unzureichend. Nehmen wir einen Druckstollen von 5 km Länge an, so würde der Schließvorgang in weniger als $\mu = \dfrac{10\,\text{km}}{a}$, also in einem Zeitabschnitt von weniger als ungefähr 10 sec erfolgen.

b) Langsames lineares Schließen: $\tau > \mu$ oder $a\,\tau > 2L$.

Im Augenblick, wo die Druckwelle ihren Größtwert beim Schieber erreicht, hat die von der Wasserseite zurückkommende Entlastungswelle bereits einen bestimmten Wert, welcher von der primären Druckwelle abzuziehen ist (Abb. I/6). Der Größtwert des Überdrucks B ist daher geringer als A. Er stellt sich beim Schieber zur Zeit μ ein und beträgt $B = A\,\dfrac{\mu}{\tau}$ oder

$$B = \dfrac{2L\,W_0}{g\,\tau} \quad \text{(Formel von Michaud [12], [13]).} \tag{I/4}$$

Der Überdruck B ist der Länge der Druckleitung direkt und der Schließzeit τ umgekehrt proportional. Dieser einfache Ausdruck ist jedoch nur für lineare Schließvorgänge, bei Vernachlässigung des Einflusses der Druckänderungen auf den Durchfluß, gültig.

Mittels eines langsamen Schließvorgangs kann daher eine beachtliche Verringerung des Überdrucks erreicht werden. Es ist jedoch dabei nötig, lange Schließzeiten vorzusehen. Wie wir feststellen konnten, ist der Überdruck A von der Größenordnung einiger hundert Meter. Will man brauchbare Werte für B erreichen, ohne veranlaßt zu sein, die Rohrauskleidung besonders zu verstärken, so darf der Überdruck etwa 10 bis 30 m nicht überschreiten. Dies erfordert, daß τ 10 bis 30mal größer sein

8 Zweck der Wasserschlösser

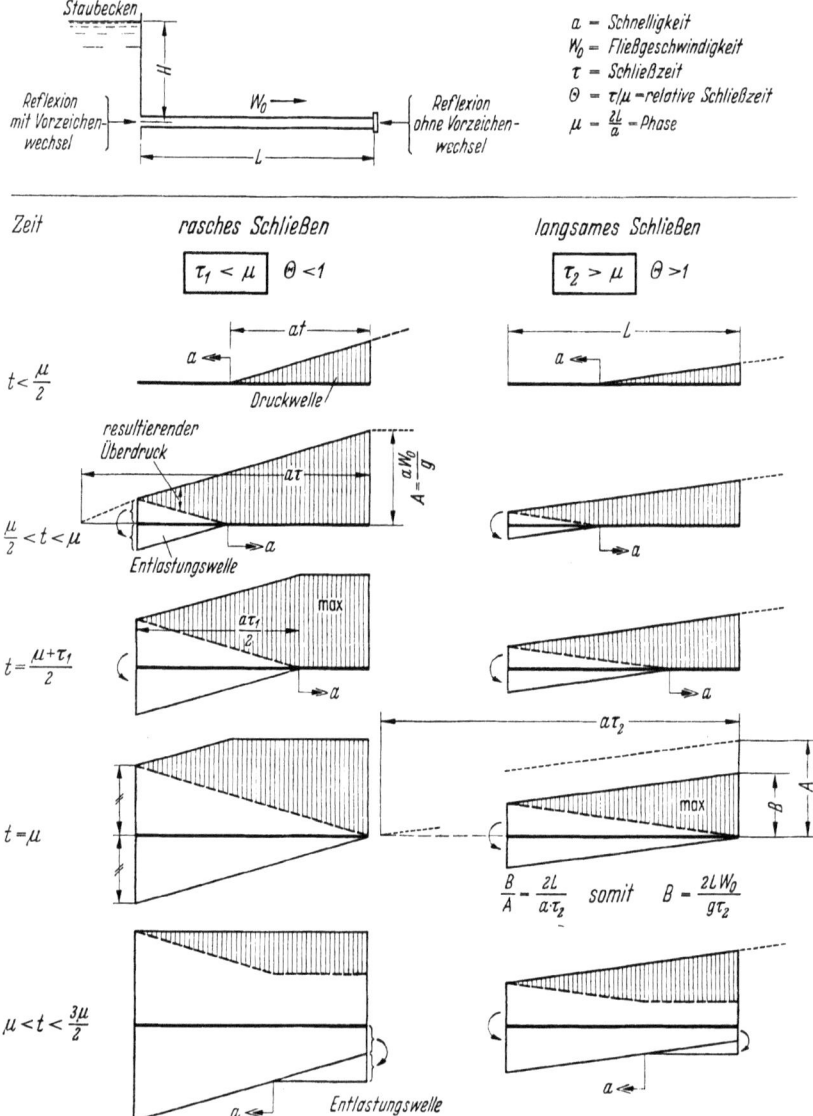

Abb. I/5. u. I/6. Wasserstoß in einem waagerechten Druckrohr bei allmählichem Schließen. Jedes Diagramm zeigt den Druckverlauf entlang der Druckleitung zum Zeitpunkt t bei linearem Schließen. Die Wirkung der Druckänderung auf die Durchflußmenge an der Absperrvorrichtung wird vernachlässigt

muß als μ. Für eine Druckstollenleitung von 5 km errechnen wir entsprechende Schließzeiten von 100 bis 300 sec.

Derartig lange Schließzeiten sind jedoch nicht ohne weiteres für den Turbinenbetrieb zulässig. Beim Abschalten der Zentrale, infolge eines Kurzschlusses im Leitungsnetz, fällt das Gegendrehmoment aus, und es besteht die Gefahr, daß die Turbine durchgeht. Es muß daher vermieden werden, daß der Zufluß zur Turbine noch während einiger Minuten andauert. Zu diesem Zwecke werden die Turbinen mit einem Druckregler (Francisturbine) oder mit einem Stahlablenker (Peltonturbine) ausgestattet. Die Regelung des Durckreglers ist jedoch besonders heikel, und man muß in beiden Fällen mit starken Wasserverlusten rechnen. Außerdem würden sich bei langen Schließzeiten große Schwierigkeiten für die Drehzahlregelung ergeben. Da die Phase des Druckstoßes einige Sekunden dauert, kann sie nahe an die der Eigenschwingungsperiode des Maschinensatzes herankommen, und es besteht die Gefahr, daß Resonanzerscheinungen auftreten.

Die Anordnung eines Wasserschlosses in der Zuleitung stellt ein radikales und sicheres Mittel zur Verbesserung dieser Lage bei; außerdem werden die Schließzeiten möglichst lange gewählt.

5. Wasserstoß in einem Druckrohr mit Wasserschloß
(s. Abb. I/7)

a) *Plötzliches Schließen*: $\tau = 0$.

Der Überdruck A, welcher sich beim Abschlußorgan einstellt, durcheilt die Druckrohrleitung bis zum Wasserschloß. An dieser Stelle teilt sich die Druckwelle in Richtung des Druckstollens und des Wasserschlosses. Die Aufteilung erfolgt proportional zu den Querschnitten. Die Wassersäule ist also nicht gezwungen, den ganzen Stoß durch Verformung aufzunehmen, da sie sich in Richtung des Wasserschlosses ausbreiten kann. Die Zuleitung bis zum Wasserschloß (Druckstollen) ist daher nur mehr einem reduzierten Stoß ausgesetzt. Die Überdrücke für den Fall $\tau = 0$ bleiben jedoch noch zu groß. In diesem Fall müssen besonders die Übergangsquerschnitte betrachtet werden, welche zwischen Druckstollen und Wasserschloß wenig verschieden sind. Der Überdruck im Druckstollen wird dabei etwa auf die Hälfte herabgesetzt, während er in der Druckrohrleitung den Wert A beibehält.

b) *Sehr rasches Schließen*: $\tau < \mu'' = \dfrac{2L''}{a}$ (Phase der Druckrohrleitung).

In der Druckrohrleitung stellt sich der Maximaldruck A, außer in unmittelbarer Nähe des Wasserschlosses, ein. Wenn das Wasserschloß *sehr kurz* ist, so spielt es für die Druckrohrleitung dieselbe Rolle wie das Staubecken für den Druckstollen ohne Wasserschloß. Das Wasser des Druckstollens wird unmittelbar in das Wasserschloß abgeleitet, und der Druckanstieg erfolgt mit steigendem Wasserspiegel. Im Druckstollen

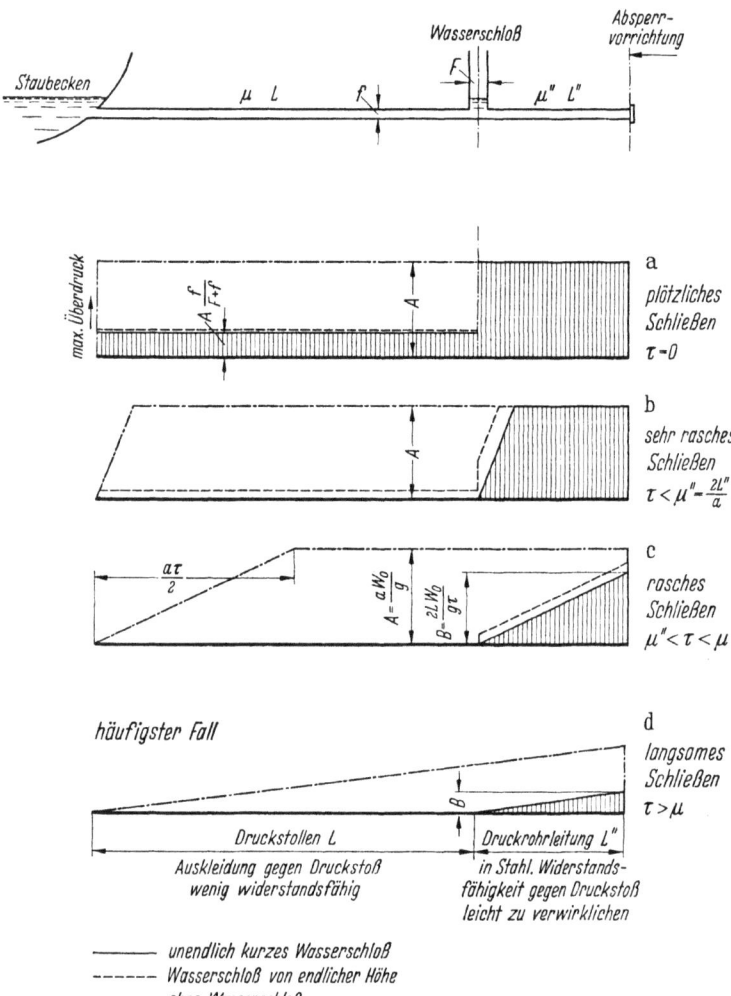

Abb. I/7. Verlauf des Überdrucks beim Wasserstoß in einer waagerechten Druckleitung mit Wasserschloß. Bei der Aufstellung der Diagramme wurde von der Annahme ausgegangen, daß die Kennwerte von Druckstollen und Druckrohrleitung dieselben sind

ist der Überdruck infolge des Wasserstoßes Null. Ist das Wasserschloß hingegen *lang*, so teilt sich die von der Druckrohrleitung kommende Druckwelle proportional zu den Querschnitten von Druckstollen und

Wasserschloß auf. Dies bis zu dem Augenblick, wo die im Wasserschloß ansteigende Druckwelle wieder abgefallen ist und zur Entlastungswelle wird, da sie beim Auftreffen auf dem freien Wasserspiegel ihr Vorzeichen durch Reflexion umkehrt. Von diesem Zeitpunkt an hört der Druckanstieg im Druckstollen auf. Da die Zeit, welche die Druckwelle zum Durcheilen des Wasserschlosses benötigt, sehr kurz ist (0,1 bis 0,2 sec), wirkt sich der Überdruck im Druckstollen nur auf sehr kurze Zeit auf einen begrenzten Abschnitt aus.

c) *Rasches Schließen:* $\mu'' < \tau < \mu$ (Phase des Druckstollens).

Im Druckstollen spielen sich die Vorgänge qualitativ betrachtet wie im vorhergehenden Falle ab. Da aber der Druckanstieg am Orte des Wasserschlosses während der Zeit, welche die Druckwelle zum Durcheilen des Wasserschlosses benötigt, weniger rasch erfolgt, wird der Überdruck im Druckstollen noch weiter verringert.

Was die Druckrohrleitung betrifft, so ist der beschriebene Schließvorgang jetzt genügend langsam geworden, so daß der Druckanstieg nicht mehr den Wert A erreicht. Trotzdem nimmt er noch beachtliche Werte an.

d) *Langsames Schließen:* $\tau > \mu$ (Phase des Druckstollens).

In diesem Falle wird auch der maximale Wert des Überdrucks in der Druckrohrleitung stark herabgesetzt. Die den Druckstollen herabeilende Entlastungswelle kommt beim Absperrorgan an, bevor dieses vollständig abgeschlossen ist. Die Entlastungswelle überlagert sich derjenigen, welche durch Reflexion im Wasserschloß ausgelöst wird.

Der Druckstollen ist also vom Wasserstoß vollständig geschützt, und seine Wirkung in der Druckrohrleitung wird stark abgeschwächt. Da die Druckrohrleitung im allgemeinen in Stahl ausgeführt wird, ist es verhältnismäßig leicht möglich, sie genügend widerstandsfähig auszufüllen.

In erster Näherung kann daher gesagt werden, daß das Wasserschloß den Wasserstoß vom Druckstollen fernhält. Es übernimmt die Rolle des Stausees für die Druckrohrleitung und vermindert beträchtlich den sich einstellenden Druckanstieg infolge Verringerung der Entfernung von Abschlußvorrichtung und reflektierender Oberfläche.

6. Wirkungsweise eines Druckwasserschlosses in der Zuleitung einer Wasserkraftanlage

Aus dem Vorangegangenen geht hervor, daß es meist nötig ist, ein Wasserschloß in der Triebwasserleitung vorzusehen. Grundsätzlich wird es so nahe als möglich an die Zentrale herangerückt. Bei kleinen Fallhöhen befindet es sich unmittelbar bei der Zentrale, ansonsten am Beginn der Druckrohrleitung (Abb. I/8).

Jeder Änderung der Beaufschlagung der Turbinen entspricht eine Änderung der kinetischen Energie des Wassers in der Zuleitung. Im Falle des Schließens der Turbinen wird Energie frei, im Falle des Öffnens absorbiert, so daß das Wasserschloß vorübergehend Energie aufzehren oder abgeben muß. Dies geschieht durch Erhöhung oder Absenkung des Wasserspiegels im Wasserschloß. Der neue Beharrungszustand stellt sich erst nach Ablauf eines Schwingungsvorgangs der gesamten Wassermasse in der Zuleitung ein. Wir bezeichnen diesen an sich unerwünschten Vorgang als *Massenschwingung* (Abbildung. I/9). Die Periode derselben ist wesentlich länger als die des Wasserstoßes und beträgt einige Minuten statt einiger Sekunden.

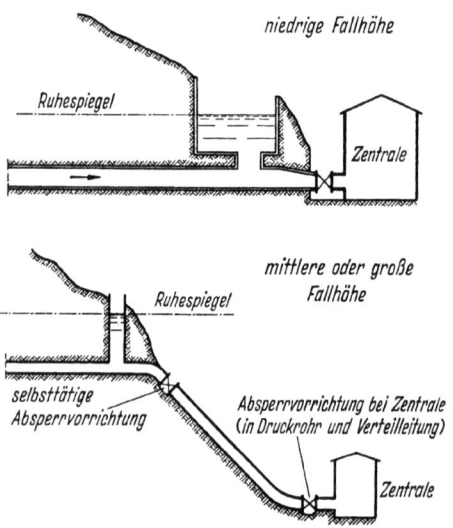

Abb. I/8
Lage des Wasserschlosses im Hinblick auf die Fallhöhe

Die Schwingungen werden durch die Druckverluste im Druckstollen und durch zusätzliche Druckhöhenverluste im Wasserschloß selbst (Dämpfungswiderstand, Überlauf, Umlauf) gedämpft.

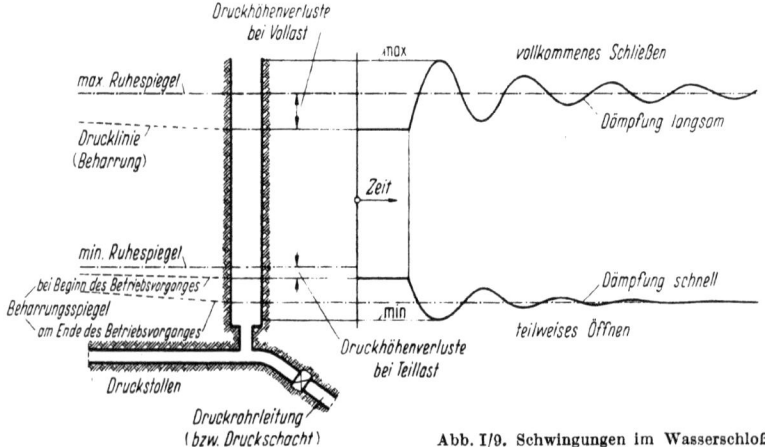

Abb. I/9. Schwingungen im Wasserschloß

Bei steigendem Wasserspiegel im Wasserschloß infolge einer Entnahmeverringerung nimmt die Druckhöhe auf das Turbinenlaufrad zu. Die Turbine hätte daher Tendenz ihre Umdrehungsgeschwindigkeit zu erhöhen. Um das zu verhindern, wird ein Turbinenregler eingebaut, der den Regulierverschluß der Verteilleitung etwas abschließt, was eine weitere Verringerung des Zuflusses und aber auch ein weiteres Ansteigen des Wasserspiegels zur Folge hat. Im Falle eines starken Absinkens des Wasserspiegels im Wasserschloß stellt sich der Vorgang in umgekehrter Weise ein. Die Turbinenregulierung hat daher die Tendenz, die Spiegelschwankungen im Wasserschloß zu vergrößern und kann lang andauernde oder angefachte Schwingungsvorgänge bewirken, wenn der horizontale Querschnitt des Wasserschlosses zu gering ist. Es ist daher bei der Dimensionierung eines Wasserschlosses notwendig, jeweils die *Stabilität der Schwingungen* zu untersuchen.

Zusammenfassend kann gesagt werden, daß im allgemeinen ein Wasserschloß in der Druckleitung einer Wasserkraftanlage vorgesehen werden muß. Drei Nachteile müssen dabei jedoch in Kauf genommen werden:

1. Ein starkes Ansteigen des Wasserspiegels im Falle einer Entnahmeverringerung. Das Wasserschloß muß daher genügend groß und hoch ausgeführt werden, damit selbst im ungünstigsten Betriebsfall kein Wasser überläuft. Als Bemessungsgrundlage sind rasche Betriebsvorgänge, die Schwingungen mit großen Amplituden verursachen (im allgemeinen plötzliches und vollständiges Absperren aller Turbinen), anzunehmen, wobei vom höchsten Ruhespiegel, unter der Annahme geringer Druckverluste im Druckstollen und Wasserschloß, ausgegangen wird.

2. Ein starkes Absinken des Wasserspiegels im Wasserschloß im Falle einer Entnahmevergrößerung. Das Wasserschloß muß ein Öffnen der Turbinen erlauben, ohne sich zu entleeren, da das Eindringen von Luft in die Druckrohrleitung schwere Schädigungen verursachen würde. Die größtmögliche Belastungszunahme ist auf Grund der tatsächlichen betriebstechnischen Anforderungen festzulegen, wobei als Bemessungsgrundlage ebenfalls der ungünstigste Fall gewählt wird.

Beide erwähnte Anforderungen, Entlastung und Belastung, bilden die Grundlage des Problems der *Massenschwingung*.

3. Die Gefahr, daß die langsamen Schwingungen infolge der Drehzahlregelung der Turbinen ungedämpft verlaufen oder gar angefacht werden. Dies wird verhindert, wenn der Querschnitt des Wasserschlosses genügend groß angenommen wird. Dieser Vorgang bildet die Grundlage zur Untersuchung der *Stabilität der Schwingungen* im Wasserschloß. Die Turbinenregulierung hat außerdem zur Folge, die Massenschwingung zu verstärken.

Bei der Untersuchung eines Wasserschlosses kann für die Massenschwingung ein langsamer Zeitmaßstab angenommen und der Einfluß des Druckstoßes vernachlässigt werden. Es ist jedoch klar, daß beide Vorgänge, Massenschwingung und Druckstoß, nicht voneinander unabhängig sind, da beide durch dieselbe Veränderung der kinetischen Energie des Wassers in der Triebwasserleitung verursacht werden. Der Überdruck beim Wasserstoß stellt aber nur eine vorübergehende Form der frei gewordenen Energie dar. Er wird allmählich durch die Schwingungen im Wasserschloß, welche energieverzehrend wirken, abgebaut. Der größte Druckstoß stellt sich im allgemeinen bereits in den ersten Sekunden nach dem Schließen der Turbinenzuleitung ein, während der höchste Wasserspiegel im Wasserschloß erst nach einigen Minuten erreicht wird. Beide Vorgänge können daher getrennt behandelt werden. Bei einigen Wasserschloßtypen (z. B. beim Drosselwasserschloß), in welchen der größte Überdruck sich beinahe unmittelbar nach dem Abschluß der Druckleitung einstellt, ist es jedoch angebracht, den Überdruck, verursacht aus dem Druckstoß, dem Überdruck, infolge der Erhöhung des Wasserspiegels im Wasserschloß, zu überlagern. Zu ähnlichen Schlußfolgerungen gelangen wir auch im Falle des Öffnens der Turbinen.

II. Theorie des Wasserstoßes

1. Analytische Berechnung des Wasserstoßes in einer Triebwasserleitung mit Wasserschloß

Die allgemeine Theorie von ALLIEVI [1] wurde von CALAME und GADEN [5] weiterentwickelt. Es wird dabei vorausgesetzt, daß während der Betätigung des Abschlußorgans der Querschnitt desselben linear verändert wird. Die Gl. (I/4), S. 7 (manchmal Formel von MICHAUD genannt), hingegen beruht auf der Annahme, daß sich die Wassermenge linear verändert und von der Druckhöhe unabhängig ist. Tatsächlich entspricht keine der beiden Annahmen der Wirklichkeit. Die graphische Methode von BERGERON-SCHNYDER (s. S. 18ff.) erlaubt es, den Vorgang beim Schließen der Absperrvorrichtung richtig zu erfassen.

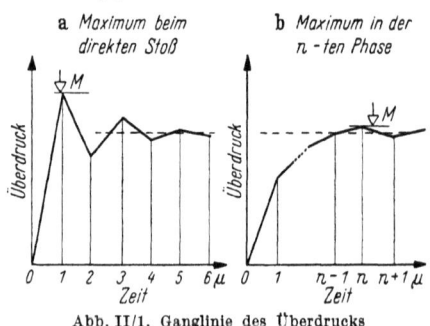

Abb. II/1. Ganglinie des Überdrucks

Auf die Ableitung der analytischen Methode von CALAME und GADEN möge hier verzichtet werden. Die Ergebnisse derselben sind auf S. 15, s. u., wiedergegeben und erlauben, von der Berechnung des maximalen Überdrucks am unteren Ende der Druckrohrleitung ausgehend, die Bestimmung des größten Überdrucks am Ort des Wasserschlosses (am Ende des Druckstollens).

Die Berechnung dieser beiden Maximalwerte des Überdrucks ist abhängig von zwei möglichen Vorgängen, je nachdem ob sich der Größtwert am Ende der ersten Phase oder später, am Ende der n-ten Phase, einstellt. Mit Hilfe der Werte der Parameter ϱ_*'', K, K'' kann diese Unterscheidung rasch vorgenommen werden (Abb. II/1a, b).

Berechnung des Druckstoßes in einer Triebwasserleitung mit Wasserschloß bei fortschreitendem Abschluß [1]

Bezeichnungen	Länge	Geschwindigkeit Querschnitt	Schnelligkeit	Kennwert	Phase
Druckstollen	L	f	W_0	a	$\varrho = \dfrac{a W_0}{2 g Y_0}$
Wasserschloß	L'	F		a'		$\mu' = \dfrac{2L'}{a'}$
Druckrohrleitung	L''	S	C_0	a''	$\varrho_*'' = \dfrac{a'' C_0}{2 g H}$	$\mu'' = \dfrac{2L''}{a''}$

Bruttofallhöhe H

Druckhöhe am Orte des Wasserschlosses Y_0: $\qquad K = \dfrac{a F}{a' f}$

Schließzeit τ

relative Schließzeit $\Theta'' = \dfrac{\tau}{\mu''}$: $\qquad K'' = \dfrac{a S}{a'' f}$

Um die Druckhöhe am Ort des Wasserschlosses zu bestimmen, wird diese zunächst am unteren Ende der Druckrohrleitung berechnet.

$B_* = $ Überdruck am unteren Ende der Druckrohrleitung, bezogen auf die Fallhöhe H.

Zwei mögliche Fälle:

$\varrho_*'' < 1$ maximaler Wert am Ende der ersten Phase (direkter Stoß)
$$B_{*1} = \frac{2 \varrho_*''/\Theta''}{1 + \varrho_*''(1 - 1/\Theta'')} \,.$$

$\varrho_*'' > 1$ maximaler Wert am Ende der n-ten Phase $B_{*n} = \dfrac{1}{\Theta''/\varrho_*'' - 1/2}$.

$B = $ Überdruck am unteren Ende des Wasserschlosses, bezogen auf die Druckhöhe Y_0.

Zwei mögliche Fälle:

$K - K'' - 1 > 0$ maximaler Wert am Ende der ersten Phase (direkter Stoß) $B_1 = \dfrac{2 \varrho \, \mu'}{\varrho_*'' \mu''} \cdot \dfrac{B_{*1}}{K + K'' + 1}$,

---

[1] Nach J. CALAME und D. GADEN: Zit. [5], S. 38 bis 50.

$K - K'' - 1 < 0$ maximaler Wert am Ende der n-ten Phase
$$B_n = \frac{\varrho\,\mu'}{\varrho''_*\mu''} \cdot \frac{B_{*n}}{K}.$$
Für den Fall des plötzlichen Schließens ohne Wasserschloß: $B = 2\varrho$.

Mit Hilfe dieser Ausdrücke können die Überdrücke am unteren Ende der Druckrohrleitung und beim Eintritt ins Wasserschloß berechnet werden. Da außerdem bekannt ist, daß am Ort der Wasserfassung beim Eintritt in den Druckstollen kein Überdruck vorhanden ist, kann unter Annahme eines linearen Verlaufs der Druckhöhen zwischen diesen bekannten Punkten ein Diagramm längs der Zuleitung gezeichnet werden (Abb. II/2).

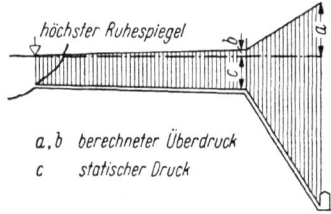

a, b berechneter Überdruck
c statischer Druck

Abb. II/2. Druckverlauf in der Zuleitung einer Hochdruckanlage

Die dem Diagramm zu entnehmenden Werte sind selbstverständlich nur Näherungswerte, da tatsächlich der Schließvorgang nicht linear verläuft, die Kennwerte sich längs der Zuleitung ändern, die Energieumwandlung sich nicht ohne Verluste vollzieht, Reibungsverluste auf-

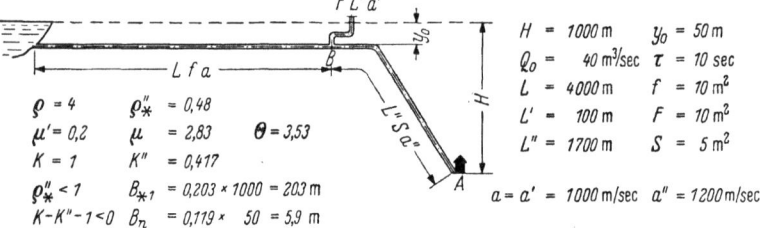

Abb. II/3. Wasserstoß in einer Triebwasserleitung mit Druckwasserschloß (numerisches Beispiel)

treten usw. Trotzdem gibt dieses Verfahren größenordnungsmäßig brauchbare Werte für die Überdrücke und erlaubt nützliche Vergleichsrechnungen rasch und übersichtlich durchzuführen.

Es ist interessant, die nach der Theorie von ALLIEVI erhaltenen Werte mit denen zu vergleichen, die aus den auf den S. 6 und 7 angegebenen

Zahlenbeispiel (s. Abb. II/3)

Überdruck in [m] Wassersäule (oder in [%] des statischen Drucks)	Am unteren Ende der Druckrohrleitung	Beim Eintritt in das Wasserschloß
ohne Wasserschloß, plötzliches Schließen	977 m (98%)	565 m (1130%)
mit Wasserschloß, plötzliches Schließen	977 m (98%)	331 m (662%)
mit Wasserschloß, allmähliches Schließen in 10 sec	203 m (20%)	5,9 m (12%)

Formeln hervorgehen:
$$A = \frac{a W_0}{g} \qquad (I/3)$$
und
$$B = \frac{2 L W_0}{g \tau}. \qquad (I/4)$$

Mit den Bezeichnungen der S. 15 nehmen diese beiden Ausdrücke für die Druckrohrleitung folgende Form an:
$$A = \frac{a'' C_0}{g} \quad \text{und} \quad B = \frac{2 L'' C_0}{g \tau}.$$

Führt man ferner in diese Gleichungen den Kennwert der Zuleitung $\varrho''_* = \frac{a'' C_0}{2 g H}$ und den Ausdruck $\Theta'' = \frac{a'' \tau}{2 L''}$ ein, so erhält man:
$$\frac{A}{H} = 2 \varrho''_* \quad \text{und} \quad \frac{B}{H} = \frac{2 \varrho''_*}{\Theta''}.$$

Nach der Theorie von CALAME und GADEN ergeben sich die entsprechenden Werte wie folgt:

für $\varrho''_* < 1$:
$$\frac{B}{H} = \frac{2 \varrho''_*}{\Theta''} \underbrace{\left[\frac{1}{1 + \varrho''_*\left(1 - \frac{1}{\Theta''}\right)}\right]}_{\text{Korrekturfaktor}} \quad \begin{array}{l}\text{Größtwert beim}\\\text{direkten Stoß}\\\text{(Ende der ersten Phase)}\end{array} \qquad (II/1)$$

für $\varrho''_* > 1$:
$$\frac{B}{H} = \frac{2 \varrho''_*}{\Theta''} \underbrace{\left[\frac{1}{2 - \frac{\varrho''_*}{\Theta''}}\right]}_{\text{Korrekturfaktor}} \quad \begin{array}{l}\text{Größtwert am}\\\text{Ende der}\\n\text{-ten Phase}\end{array} \qquad (II/2)$$

Werden für die Schnelligkeit a'' die auf S. 6 angegebenen Werte eingeführt und die Geschwindigkeit mit $C_0 = 5$ m/sec festgelegt, so lassen sich folgende Näherungswerte für ϱ''_* berechnen:

$H = 1500$ m	$a'' = 1250$ m/sec	$\varrho''_* \cong 0{,}21$
1000 m	1180 m/sec	0,3
500 m	1080 m/sec	0,55
250 m	950 m/sec	1
100 m	830 m/sec	2
50 m	750 m/sec	4

Auf S. 18 (Abb. II/4) finden wir ein Diagramm für die Überdrücke B/H am unteren Ende der Druckrohrleitung, welches Werte, berechnet nach den Formeln der S. 15 (ALLIEVI) und nach Gl. (I/4), S. 7, wiedergibt. Der Unterschied zwischen beiden Kurvenscharen ist im allgemeinen nicht sehr bedeutend, jedoch können in einzelnen Bereichen Wertunterschiede von 30 bis 40% auftreten. Für $\Theta'' \leq 1$ ist der Unterschied selbstverständlich Null, da der Schließvorgang zu rasch vor sich geht und der Überdruck B am unteren

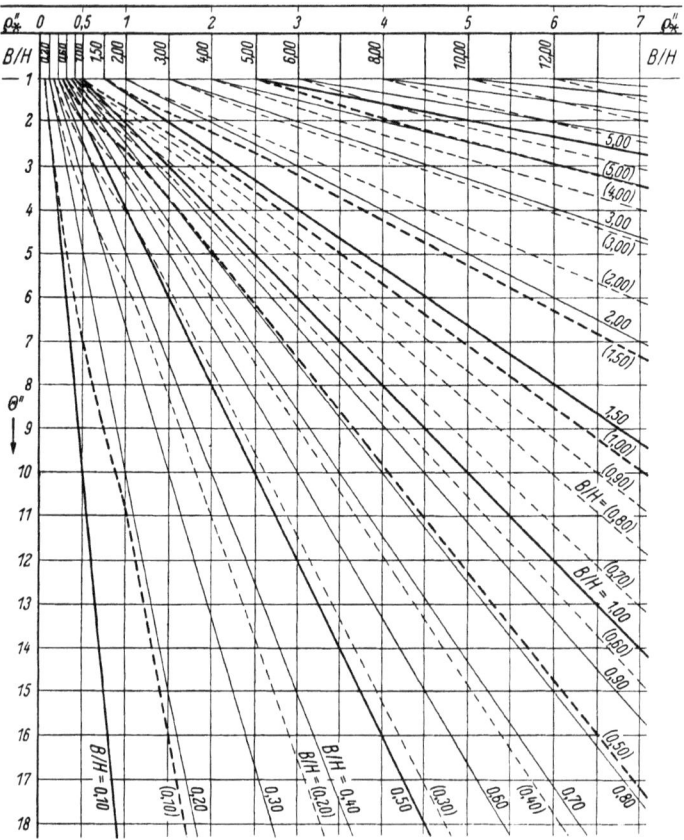

Abb. II/4. Diagramm zur Berechnung des Überdrucks am unteren Ende der Druckleitung beim Wasserstoß bei langsamem Schließen. Werte des Druckverhältnisses B/H, Überdruck zur Fallhöhe, am Ende der Druckrohrleitung $\left(\text{Kennwert } \varrho''_* = \dfrac{a'' C_0}{2 g H}\right)$ infolge linearen Schließens. $\left(\text{Relativwert der Schließzeit } \Theta'' = \dfrac{a'' \tau}{2 L''}\right)$

Ende der Druckrohrleitung gleich A, dem Überdruck bei plötzlichem Schließen, ist.

2. Graphische Berechnung des Wasserstoßes in einer Triebwasserleitung mit Wasserschloß bei Vernachlässigung der Druckhöhenverluste (Methode von Bergeron-Schnyder)[1]

Diese Methode erlaubt die Druckstoßberechnung für alle möglichen Betriebsvorgänge, einfacher oder verwickelter Art, für jede beliebige

---

[1] Ohne näher auf die geschichtliche Entwicklung dieser Methode einzugehen, sei erwähnt, daß R. Löwy sie in seinem Buch „Druckschwankungen in Druck-

Gesamtdisposition der Wasserkraftanlage zu erfassen. Die Grundlage dieses Verfahrens bildet eine lineare Beziehung zwischen Druck und Durchfluß in einer Rohrleitung, die sich für einen mit der Strömung und mit der Schnelligkeit der Druckwelle wandernden Beobachter aufstellen läßt.

Nehmen wir an, daß in einer Rohrleitung vom Querschnitt S und einer Manteldicke e Wasser unter Druck fließt; die Bewegung sei stationär, an irgendeinem Punkt herrsche der Druck h_0, die zugehörige Geschwindigkeit sei W_0.[1]

Bei einer Störung des Strömungszustands unterhalb des betrachteten Rohrstücks, verursacht beispielsweise durch Betätigung eines Abschlußorgans, stellt sich die Geschwindigkeit W_0 auf W_1 um, und die Druckhöhe h_0 wird zu $(h_0 + F)$. Diese Druckwelle F[2] pflanzt sich unverändert mit der Schnelligkeit a entgegen der Fließrichtung fort (Abb. II/5).

Wenden wir nun den Impulssatz auf den Wasserzylinder der Dicke $a\,dt$ an, indem wir die Änderung der Bewegungsgrößen im Zeitintervall dt gleich dem Zeitintegral der äußeren Kräfte setzen, so erhalten wir:

$$S\,a\,dt\,\frac{\gamma}{g}(W_1 - W_0) = [\gamma h_0 S - \gamma(h_0 + F)S]\,dt$$

und daraus:

$$\boxed{F = -\frac{a}{g}(W_1 - W_0)}\text{.[3]} \qquad (II/3)$$

Der allgemeinste Fall ist durch Überlagerung einer zweiten Druckwelle im gegenläufigen Sinn wiedergegeben, welche durch eine Ände-

---

rohrleitungen (Wien: Springer 1928)" darlegt, die Urheberschaft jedoch KREITNER zuerkennt. Im Jahre 1929 verwendet SCHNYDER diese Methode zur Berechnung der Druckleitung von Zentrifugalpumpen und gibt als erster eine vollständige Anwendung für hydraulische Probleme in den Jahren 1932 und 1935. Ohne von diesen Arbeiten Kenntnis zu haben, entwickelt BERGERON ungefähr zur selben Zeit ein ähnliches Verfahren, welches er später verallgemeinert und für zahlreiche Gebiete der Mechanik und Physik anwendbar macht.

Erwähnt seien hier noch einige eingehende Studien [2, 3, 4, 11, 17, 18, 19] dieser Methode, welche wir, um zu vereinfachen, im folgenden in diesem Buche als ,,Methode von BERGERON-SCHNYDER" bezeichnen wollen.

[1] Auf den S. 14ff. wird die Fließgeschwindigkeit in Druckleitungen mit W bezeichnet, ohne Unterscheidung zwischen Druckstollen und Druckrohrleitung. Wird diese Unterscheidung in die Untersuchung einbezogen, dann wird die Geschwindigkeit des Druckstollens mit W und die der Druckrohrleitung mit C bezeichnet.

[2] Die hier eingeführten Bezeichnungen F und f für die Druckhöhen sind nicht mit den in späteren Abschnitten häufig verwendeten identischen Bezeichnungen für die Querschnittsfläche des Wasserschlosses und des Druckstollens zu verwechseln.

[3] Gl. (II/3) ist mit Gl. (I/3), S. 6, selbstverständlich vergleichbar, wenn wir F durch A und ΔW oder $(W_1 - W_0)$ durch W_0 ersetzen.

rung des Strömungszustands oberhalb des betrachteten Leitungsquerschnitts ausgelöst wird. Die Geschwindigkeit W_1 und die Druckhöhe $(h_0 + F)$ der ersten Welle nehmen die Werte W und $(h_0 + F + f)$

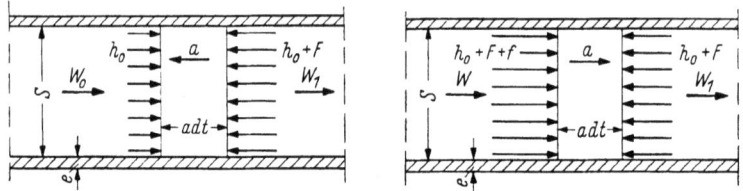

Abb. II/5 u. II/6. Fortpflanzung der Druckwelle in einer Rohrleitung

an (Abb. II/6). Wenden wir nun neuerlich den Impulssatz an, so können wir nachfolgende Beziehungen anschreiben:

$$f = \frac{a}{g}(W - W_1). \qquad (II/4)$$

Ziehen wir nun Gl. (II/4) von Gl. (II/3) ab und führen an Stelle der Geschwindigkeiten W die Durchflußmengen Q in die Gleichungen ein, so erhalten wir:

$$F - f = -\frac{a}{gS}(Q - Q_0). \qquad (II/5)$$

Da die gesamte Druckhöhe h gleich ist $(h_0 + F + f)$, können wir auch schreiben:

$$F + f = h \mp h_0. \qquad (II/6)$$

In einem beliebigen Leitungsquerschnitt M ist der Strömungszustand zum Zeitpunkt i durch die dynamische Druckhöhe h_i und die

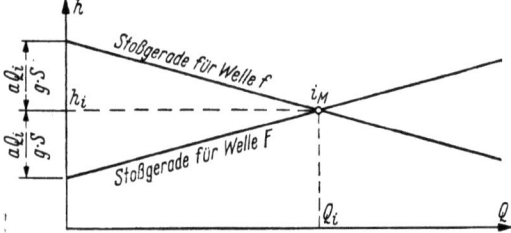

Abb. II/7. Darstellung der Stoßgeraden in der Zustandsebene (h, Q). Zustandspunkt i_m entsprechend dem Zustand (h_i, Q_i) zur Zeit i im Leitungsquerschnitt M

Durchflußmenge Q_i gekennzeichnet. In der Zustandsebene (h, Q) entspricht dem Punkt M der Punkt i_M (Abb. II/7).

Aus dem vorher Gesagten geht hervor, daß der Zustand (h_i, Q_i) im Punkt M sich aus der Kreuzung zweier Druckwellen von der Schnelligkeit a ergibt, wobei sich die eine mit der Druckhöhe f in Fließrichtung, die andere mit der Druckhöhe F in entgegengesetzter Richtung fortpflanzt.

Für einen Beobachter, der vom Punkte M zur Zeit i mit der Schnelligkeit a in Fließrichtung abgeht, lassen sich die Gln. (II/5) und (II/6) zum Zeitpunkt i wie folgt anschreiben:

$$F_i - f_i = -\frac{a}{gS}(Q_i - Q_0), \tag{II/7}$$

$$F_i + f_i = h_i - h_0. \tag{II/8}$$

Der Beobachter wird feststellen, daß die Welle f ihre Druckhöhe f_i nicht verändert, und daß in jedem Punkt der Rohrleitung nach Gln. (II/5) und (II/6) folgende Beziehungen gelten:

$$F - f_i = -\frac{a}{gS}(Q - Q_0), \tag{II/9}$$

$$F + f_i = h - h_0. \tag{II/10}$$

Nach Eliminierung von Q_0 in den Gln. (II/7), (II/9) und von h_0 in den Gln. (II/8), (II/10) erhalten wir:

und
$$F_i - F = -\frac{a}{gS}(Q_i - Q), \tag{II/11}$$

$$F_i - F = h_i - h, \tag{II/12}$$

woraus
$$h - h_i = -\frac{a}{gS}(Q - Q_i). \tag{II/13}$$

Aus der letzten Beziehung ersieht man, daß die den Fließzustand in der Zustandsebene (h, Q) kennzeichnenden Punkte für einen mit der Schnelligkeit der Welle in Fließrichtung fortschreitenden Beobachter auf einer Geraden liegen, welche durch den Zustandspunkt i_m hindurchgeht und Stoßgerade genannt wird. Ihre Neigung gegen die Q-Achse ist durch $\tan\gamma = -\frac{a}{gS}$ gegeben. Auf analoge Weise können wir für einen Beobachter, der sich vom Punkt M zum Zeitpunkt i entgegengesetzt der Fließrichtung mit der Schnelligkeit a fortbewegt, folgende Beziehung für die von ihm angetroffenen Zustände (h, Q) aufstellen:

$$h - h_i = +\frac{a}{gS}(Q - Q_i). \tag{II/14}$$

Demzufolge sind sämtliche den Strömungszustand kennzeichnenden Punkte auf einer Geraden der Neigung $\tan\gamma = +\frac{a}{gS}$ gelegen, welche ebenfalls durch den Punkt i_M geht. Beide Stoßgeraden sind daher zu einer der Abszissenachse parallelen Geraden durch den Punkt i_M symmetrisch.

Auf Grund dieser Betrachtungen gelangen wir daher zu folgender Schlußfolgerung, welche die Grundlage der graphischen Methode von BERGERON-SCHNYDER zur Untersuchung der Wellenfortpflanzung in Druckleitungen von hydraulischen Anlagen bildet:

Für einen in der Rohrleitung mit der Welle gleich schnell laufenden Beobachter (Schnelligkeit a) läßt sich eine lineare Beziehung zwischen Druckhöhe h und Durchfluß Q aufstellen, welche nur von den Konstanten der Rohrleitung a und S, dem Zustand (h_i, Q_i) zur Zeit seines Abgangs vom betrachteten Leitungsquerschnitt und seiner Bewegungsrichtung abhängt.

Dieses Gesetz erlaubt es, den Zustandspunkt für den nichtstationären Strömungsvorgang an jeder Stelle der Rohrleitung zu jedem beliebigen Zeitpunkt aufzufinden, ohne daß es notwendig wäre, die Werte F und f der Druckwellen zu bestimmen, welche ihn verursachen. Folgender Rechnungsgang ist dabei zu befolgen:

Man berechnet zunächst die Durchflußzeiten $\dfrac{L}{a}$ der verschiedenen Rohrabschnitte. Die ermittelten Durchflußzeiten werden dann durch ein Zeitintervall ausgedrückt, welches womöglich so gewählt wird, daß sich für die einzelnen Rohrabschnitte ganze Zahlen ergeben.

In der Ebene (h, Q) werden daraufhin sämtliche charakteristischen Kurven $Q = Q(h)$ bestehender Apparate oder Maschinen der Anlage, wie Verschluß-, Öffnungs-, Reglerorgane, Pumpen, Turbinen usw., dargestellt. Für einen Schieber mit einem Durchflußquerschnitt s und einem Durchflußkoeffizienten m sind die charakteristischen Kurven Parabeln nach Gleichung $Q = m\,s\sqrt{2g(h - h_A)}$. Der Wert s ist durch das Schließ- oder Öffnungsgesetz gegeben und kann dem entsprechenden Diagramm entnommen werden, während h_A, eine konstante Druckhöhe abhängig von der Bezugsebene, ebenfalls leicht bestimmt werden kann.

Ferner nehmen wir an, daß in jeder Rohrleitung oder jedem Rohrleitungsabschnitt ein Beobachter sich zwischen beiden Endquerschnitten mit der Schnelligkeit a der Druckwelle dieses Abschnitts hin- und herbewegt. Sobald sich zwei Beobachter an einem Leitungsende begegnen, stellen sie an dieser Stelle dieselbe Druckhöhe fest und messen eine Wassermenge, welche der Kontinuitätsbedingung entsprechen muß. Wenn diese Begegnung am Ort der Verbindung zweier anschließender Rohrstücke stattfindet, so sind die gemessenen Wassermengen identisch; der zugehörige Zustandspunkt befindet sich daher im Schnittpunkt der Stoßgeraden beider Rohrabschnitte. Befindet sich der betrachtete Leitungsquerschnitt am Ende eines Abschnitts, wo ein Apparat oder eine maschinelle Einrichtung angeordnet ist, so ergibt sich der entsprechende Zustandspunkt als Schnittpunkt der Stoßgeraden des betrachteten Rohrabschnitts mit der Kennlinie des Apparats zum betrachteten Zeitpunkt. Liegt eine Abzweigung vor, so stellen sämtliche Beobachter an dieser Stelle die gleiche Druckhöhe, jedoch verschiedene Wassermengen fest; die Zustandspunkte an den Endpunkten jedes Leitungsabschnitts liegen auf einer Parallelen zur Q-Achse, wobei die zugehörigen Abszissenwerte auch der Kontinuitätsbedingung entsprechen müssen.

An Hand einiger Beispiele sei die Einfachheit und Übersichtlichkeit dieses Verfahrens unter Berücksichtigung verschiedener Randbedingungen gezeigt.

Beispiel: Wasserstoß in einer Druckleitung von konstantem Durchmesser bei Vernachlässigung der Reibungsverluste.

Die Abmessungen der Zuleitung aus einem Staubecken sind in Abb. II/8 dargestellt. Der Stauraum, aus welchem Wasser in die Druckleitung abfließt, wird genügend groß angenommen, so daß die Energielinie auf gleicher Höhe bleibt. Wir betrachten nun den Betriebsfall „vollkommenes Schließen" von $Q_0 = 20$ m³/sec auf 0 m³/sec in 10 sec. Für eine angenommene Schnelligkeit von 1000 m/sec wählen wir das Zeitintervall $\Delta t = 2$ sec, entsprechend der Dauer $\frac{L}{a}$, welche die Welle zum Durcheilen der Strecke von A nach B benötigt. Die Schließzeit beträgt somit $5\Delta t$.

Ferner wollen wir annehmen, daß der Abschlußvorgang linear ist, d. h., daß der Durchflußquerschnitt am Absperrorgan sich linear mit der Zeit verändert. Die Kennlinien der Absperrvorrichtung zum Zeitpunkt $0, \Delta t, 2\Delta t, \ldots, 5\Delta t$ bilden eine Schar von Parabeln $\psi_0, \psi_1, \psi_2, \ldots, \psi_5$ mit gemeinsamem Scheitelpunkt ($h = h_A$, $Q = 0$). Die Schnittpunkte dieser affinen Kurven mit der Q-Achse auf Höhe h_A, welche dem Stauspiegel entspricht, haben die Abszissenwerte: $Q = Q_0$, $4/5 Q_0$, $3/5 Q_0$, \ldots, 0.

Bei vollkommen geöffneter Absperrvorrichtung beträgt der Durchfluß $Q = 20$ m³/sec für die vorhandene Druckhöhe von $(h - h_A) = 450$ m, was einem Wert des Produkts $m\,s$ von $\dfrac{20}{\sqrt{2g \cdot 450}} = 0{,}213$ m² entspricht. Die Gleichungen der charakteristischen Parabeln ψ_i können somit folgendermaßen angeschrieben werden:

$$Q = \frac{5-i}{5} \cdot 0{,}213 \sqrt{2g(h - 1350)} \quad (i = 0, 1, 2, \ldots, 5).$$

Vom Augenblick $i = 5\Delta t$ an (Ende der Schließzeit) ist der Zustand in A durch die Gerade $Q = 0$ charakterisiert.

Die Konstruktion wird wie folgt durchgeführt (Abb. II/8):

Die Zustandspunkte in der Ebene (h, Q) werden mit einer Ziffer und einem Buchstaben bezeichnet: die Ziffer gibt den Zeitpunkt, der

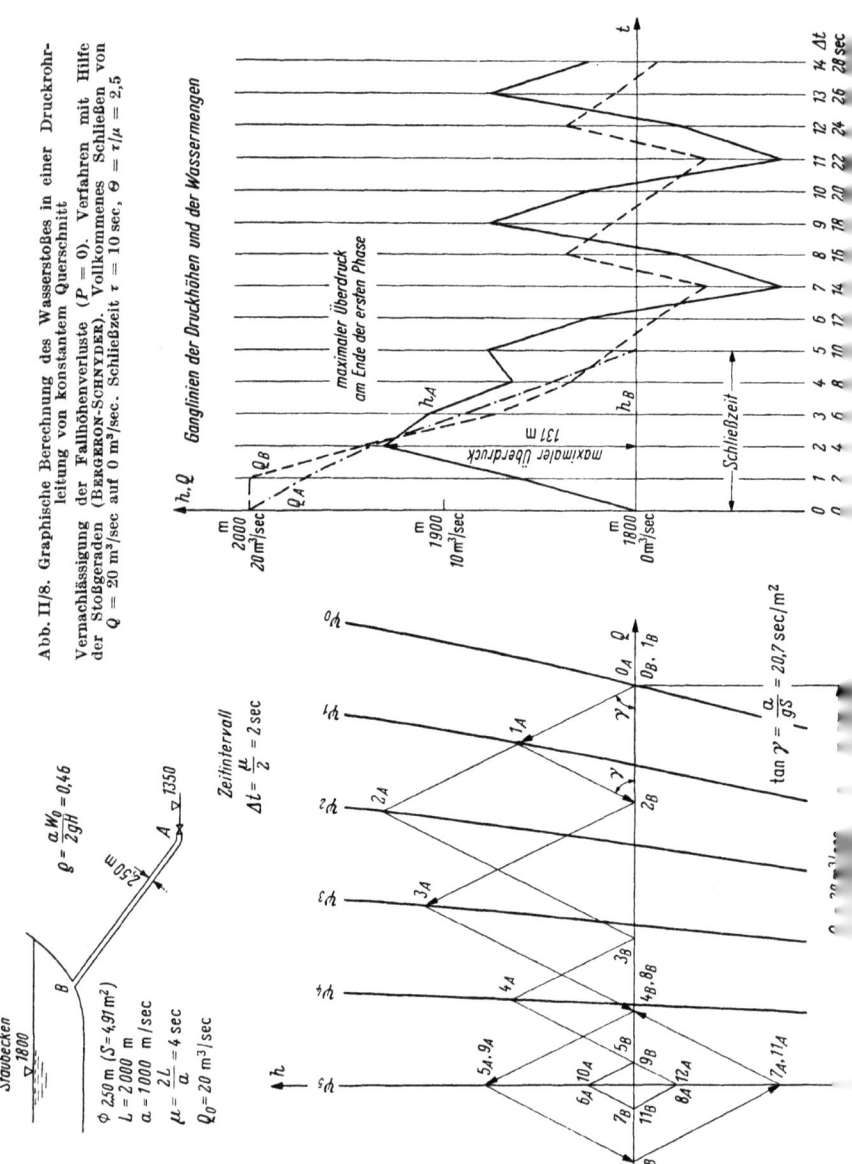

Abb. II/8. Graphische Berechnung des Wasserstoßes in einer Druckrohrleitung von konstantem Querschnitt. Vernachlässigung der Fallhöhenverluste ($P = 0$). Verfahren mit Hilfe der Stoßgeraden (BERGERON-SCHNYDER). Vollkommenes Schließen von $Q = 20$ m³/sec auf 0 m³/sec. Schließzeit $\tau = 10$ sec, $\Theta = \tau/\mu = 2{,}5$

Buchstabe den Ort des Leitungsquerschnitts an. Die Punkte 0_A und 0_B mit den Koordinaten $h = 1800$ m (Energielinie) und $Q_0 = 20$ m³/sec entsprechen somit dem Zustand zur Zeit 0 (Ausgangszustand) an den Leitungsenden A und B. Da wir in diesem ersten Beispiel die Reibungsverluste vernachlässigen, liegt die Energielinie an den Enden der Druckleitung auf gleicher Höhe.

Der Beobachter, welcher sich von B zur Zeit 0 mit der Schnelligkeit a nach A begibt, benötigt hierfür die Zeit $1\Delta t$; er stellt fest, daß der neue Zustandspunkt 1_A im Schnittpunkt der Stoßgeraden Φ, welche mit der Neigung $\tan\gamma = -\dfrac{a}{gS}$ durch den Zustandspunkt 0_B geht, mit der Kennlinie ψ_1 liegt.[1]

Nach Ausführung einer halben Drehung kommt er neuerlich in B zur Zeit $2\Delta t$ an, der entsprechende Zustandspunkt 2_B befindet sich im Schnittpunkt der Geraden Φ', welche mit der Neigung $\tan\gamma = +\dfrac{a}{gS}$ durch 1_A geht, mit der Q-Achse auf Höhe $h = 1800$ m, da die Druckhöhe in B immer den gleichen Wert hat. Sämtliche weiteren vom Beobachter ausgeführten Bewegungen zwischen den Endpunkten der Rohrleitung finden in der graphischen Darstellung ihren Ausdruck in einem diskontinuierlichen Linienzug. Folgende Zustandspunkte werden dabei der Reihe nach erreicht: 3_A, 4_B, 5_A, 6_B, 7_A (letzterer befindet sich ebenfalls auf der Kennlinie ψ_5, entsprechend den Zuständen in A für alle Zeitabschnitte $\geq 5\Delta t$), 8_B (welcher mit 4_B zusammenfällt), 9_A (welcher mit 5_A zusammenfällt) usw. Es zeigt sich, daß es unnötig ist, die Konstruktion weiter fortzusetzen, da die Zustände in A und B periodisch durch die Werte der Zustandspunkte 5_A und 7_A, beziehungsweise 4_B und 6_B, wiedergegeben werden, wobei die Periode 4 Zeitintervalle Δt beträgt.

Wir kennen somit Durchfluß und Druck in A zu allen ungeraden und in B zu allen geraden Zeitpunkten. Um Zwischenwerte zu erhalten, lassen wir einen zweiten Beobachter zur Zeit $1\Delta t$ von B nach A wandern. Bei seiner Ankunft im Punkt A zum Zeitpunkt $2\Delta t$ stellt er fest, daß sich der Zustandspunkt 2_A im Schnittpunkt der Stoßgeraden, die mit der Neigung $\tan\gamma = -\dfrac{a}{gS}$ durch den Ausgangspunkt 1_B geht (Zustandspunkt 1_B fällt mit 0_B zusammen, da keine Druckwelle in B

---

[1] Bei plötzlichem, vollständigem Schließen würde die Kennlinie ψ_1 mit der Ordinatenachse h zusammenfallen; der Punkt 1_A im Schnittpunkt der Geraden Φ mit der h-Achse würde den größten Überdruck:

$$A = Q_0 \tan\gamma = \frac{aW_0}{g}$$

ergeben.

Dieser Wert stimmt mit dem der Gl. (I/3), S. 6, überein.

vor dem Zeitpunkt $1\Delta t$ angekommen ist), mit der Kennlinie ψ_2 befindet. Die Konstruktion wird in ähnlicher Weise, wie für den ersten Beobachter, schrittweise fortgesetzt, und wir erhalten der Reihe nach die Zustandspunkte 3_B, 4_A, 5_B, 6_A, 7_B, 8_A, 9_B (welcher mit 5_B zusammenfällt), 10_A (welcher mit 6_A zusammenfällt) usw.

Nach Durchführung dieser Konstruktion können die Ganglinien der Druckhöhen und der Wassermengen in den Leitungsquerschnitten A und B unschwer gezeichnet werden. Beim gewählten Beispiel stellt sich der größte Überdruck zum Zeitpunkt $2\Delta t$, 4 sec nach dem Beginn des Schließens, am Ende der ersten Phase ein; die örtliche Druckhöhe erreicht die Kote 1931.[1] Nach Beendigung des Schließvorgangs schwankt sie zwischen den Koten 1877 und 1723. Die Durchflußmenge beim Einlauf in die Druckrohrleitung schwankt zwischen den Werten $\pm 3{,}7$ m³/sec.

In Wirklichkeit werden diese Schwingungen ziemlich rasch gedämpft, da sich große Reibungsverluste bei der Umwandlung der Druckenergie des Wassers in Formänderungsarbeit, und umgekehrt, einstellen.

Die Abb. II/9 zeigt eine Anwendung derselben Konstruktion auf eine Wasserkraftanlage mit viel geringerer Fallhöhe (150 m an Stelle von 450 m). Wir stellen fest, daß sich der größte Überdruck nicht mehr am Ende der ersten Phase, sondern am Ende der folgenden Phase einstellt.[2]

Der Wert von ϱ, welcher 0,46 für das erste Beispiel beträgt, wird im zweiten Beispiel 1,4.

Wenn man unter Anwendung der Gleichungen auf S. 15 die Ergebnisse der approximativen analytischen Berechnung mit den genauen

---

[1] Hätten wir an Stelle einer zeitlichen linearen Änderung des Querschnitts der Rohrleitung am Abschlußorgan eine lineare Änderung der Durchflußmenge angenommen, so würden wir den größten Überdruck nach der Gleichung von MICHAUD: $B = \dfrac{2 L W_0}{g \tau}$ (Beweis s. S. 28) erhalten.

[2] Wenn wir in der graphischen Konstruktion die Parabeln ψ_i durch ihre Tangenten in den Punkten mit der Ordinate H_0 ersetzen, können wir die Bedingungsgleichung aufstellen, welche ausdrückt, daß die Ordinatenpunkte 2_A und 4_A auf gleicher Höhe liegen:

$$\varrho = \tan\gamma \, \frac{Q_0}{2 H_0} = 1.$$

Wenn $\varrho < 1$, ist die Ordinate 2_A größer als die von 4_A. Dies entspricht dem Fall, wo sich der größte Überdruck am Ende der ersten Phase einstellt. Wenn $\varrho > 1$, so ist die Ordinate 4_A größer als die von 2_A, was einem Fall entspricht, wo sich der größte Überdruck in einer folgenden Phase einstellt. Diese Bedingungen sind dieselben, welche im Schema der analytischen Berechnung (S. 15) aufscheinen. Außerdem läßt sich zeigen, daß im Fall $\varrho \leq 1$ der Wert des größten Überdrucks, ermittelt aus der analytischen Berechnung, auch aus der graphischen Konstruktion hervorgeht (s. S. 29).

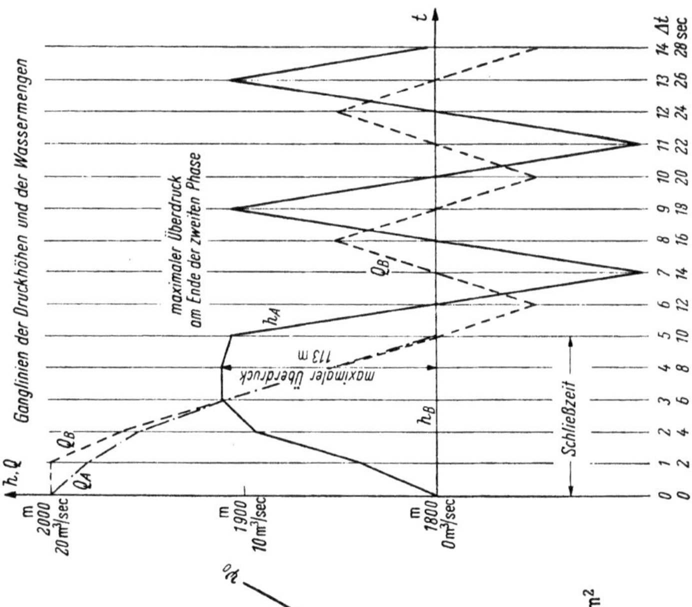

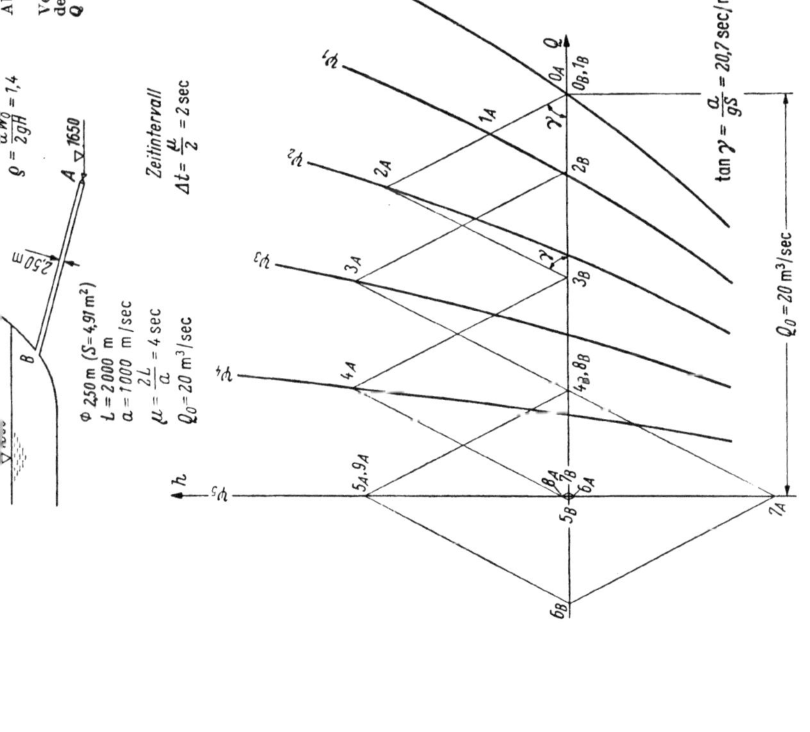

Abb. II/9. Graphische Berechnung des Wasserstoßes in einer Druckrohrleitung von konstantem Querschnitt. Vernachlässigung der Fallhöhenverluste ($P=0$). Verfahren mit Hilfe der Stoßgeraden (BERGERON-SCHNYDER). Vollkommenes Schließen von $Q = 20 \text{ m}^3/\text{sec}$ auf $0 \text{ m}^3/\text{sec}$. Schließzeit $\tau = 10$ sec, $\vartheta = \tau/\mu = 2{,}5$

Werten der graphischen Konstruktion vergleicht, erhalten wir folgende Werte:

	1. Beispiel	2. Beispiel
	$H = 450$ m	$H = 150$ m
	Maximaler Überdruck	
analytische Berechnung	130 m	115 m
graphische Berechnung	131 m	113 m

3. Übereinstimmung zwischen analytischer und graphischer Berechnung

Wenn von den gleichen Berechnungsgrundlagen ausgegangen wird, beispielsweise keine Reibungsverluste und lineare Änderung des Durchflusses (Gleichung von MICHAUD) oder lineare Änderung des Querschnitts (Gleichung von ALLIEVI), so müssen aus der graphischen Berechnung die Formeln der analytischen Berechnung hervorgehen.

a) Lineare Änderung der Wassermenge während des Schließvorgangs
(d. h. Vernachlässigung der Druckänderung)

Die Parabeln ψ_i, welche die Durchflußmenge in Abhängigkeit von der Druckhöhe wiedergeben, werden durch Gerade parallel zur h-Achse ersetzt. Die Gerade ψ_2 befindet sich in einer Entfernung $Q_0 \dfrac{\mu}{\tau}$ vom Punkt 0_A. Der Überdruck ist gegeben durch den Schnittpunkt der vertikalen Kennlinie ψ_2 mit der Stoßgeraden $\varPhi$, welche mit der Q-Achse den Winkel $-\gamma$ einschließt. Somit wird:

$$B = Q_0 \frac{\mu}{\tau} \tan\gamma = \frac{2 L W_0}{g \tau}.$$

Dieser Ausdruck ist derselbe wie der von MICHAUD angegebene [Gl. (I/4), S. 7].

b) Lineare Änderung des Querschnittes der Absperrvorrichtung während des Schließvorgangs

Die Parabeln, welche die Durchflußmenge als Funktion der Druckhöhe darstellen, können durch ihre Tangenten in den Punkten mit der Ordinate H_0 ersetzt werden. Im Bereich H_0 nach h sind die n Teildurchflußmengen bestimmt durch n Kennlinien ψ_i ausgehend vom Zustandspunkt mit den Koordinaten ($Q = 0, h = -H_0$). Die allgemeine Gleichung der Kennlinien ψ_i lautet:

$$\frac{h + H_0}{Q} = \frac{2n}{n-i} \cdot \frac{H_0}{Q_0} \quad \text{(s. Abb. II/10)}.$$

Übereinstimmung zwischen analytischer und graphischer Berechnung 29

Der Überdruck im Fall des direkten Stoßes ist bestimmt durch den Schnittpunkt der Kennlinie ψ_2 ($i = 2$) mit der Stoßgeraden Φ, deren Gleichung folgende ist:
$$h - H_0 = -\tan\gamma(Q - Q_0).$$

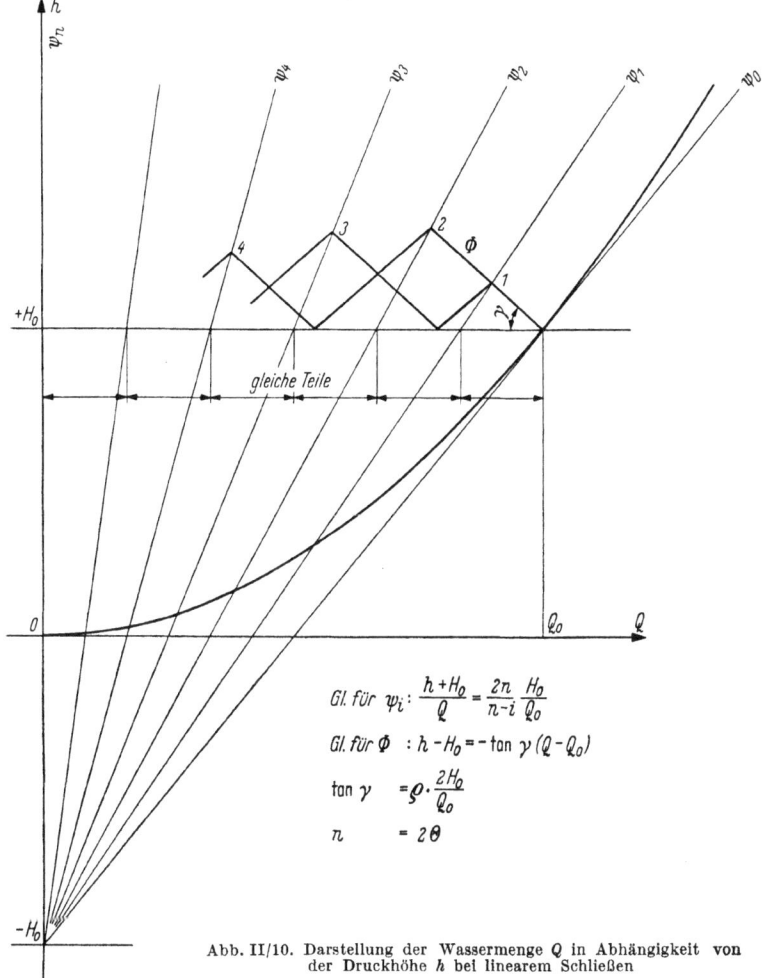

Abb. II/10. Darstellung der Wassermenge Q in Abhängigkeit von der Druckhöhe h bei linearem Schließen

Nach Eliminierung von Q erhalten wir:
$$h = \frac{Q_0 \dfrac{n+2}{2n} + \dfrac{H_0}{\tan\gamma}}{\dfrac{n-2}{2n} \dfrac{Q_0}{H_0} + \dfrac{1}{\tan\gamma}}.$$

Der Überdruck, bezogen auf die Fallhöhe H_0, wird:

$$B_* = \frac{h - H_0}{H_0} = \frac{\frac{2}{n}}{\frac{n-2}{2n} + \frac{H_0}{Q_0} \frac{1}{\tan\gamma}}.$$

Führen wir in diese Gleichung nachfolgende Ausdrücke ein:

$$n = 2\Theta \quad \left(\text{da } \Theta = \frac{\tau}{\mu}, \quad n = \frac{\tau}{L/a} \quad \text{und} \quad \mu = \frac{2L}{a}\right)$$

und

$$\tan\gamma = \frac{aW_0}{gQ_0} = \varrho \frac{2H_0}{Q_0} \quad \left(\text{da } \varrho = \frac{aW_0}{2gH_0}\right),$$

erhalten wir:

$$B_* = \frac{h - H_0}{H_0} = \frac{\frac{1}{\Theta}}{\frac{\Theta - 1}{2\Theta} + \frac{1}{2\varrho}} = \frac{\frac{2\varrho}{\Theta}}{1 + \varrho\left(1 - \frac{1}{\Theta}\right)}.$$

Dieses Ergebnis ist identisch mit dem Ausdruck für B_{*1}, berechnet nach der analytischen Methode von CALAME und GADEN für den Fall des direkten Stoßes, wo $\varrho < 1$ (s. S. 15).

Wenn die Ordinaten der Punkte 2_A und 4_A gleich sind, so bedeutet das, daß der Überdruck am Ende jeder Phase derselbe ist:

$$h_2 = h_4 = \ldots,$$

somit:

$$\frac{Q_0}{H_0 + h} = \frac{n-1}{2n} \frac{Q_0}{H_0},$$

woraus

$$H_0(n + 1) = h(n - 1).$$

Mittels dieser Gleichung ergibt sich B_* zu:

$$B_* = \frac{h - H_0}{H_0} = \frac{2}{n - 1}$$

oder (da $n = 2\Theta$):

$$B_* = \frac{1}{\Theta - \frac{1}{2}},$$

was dem Ausdruck auf S. 15 entspricht, wenn wir $\varrho = 1$ in die Gleichungen für B_{*1} oder B_{*n} einführen.

Die graphische Berechnung hat den Vorteil, daß sie nicht nur den größten Überdruck angibt, sondern auch erlaubt, die örtlichen Druckhöhen und Wassermengen in jedem beliebigen Punkt der Rohrleitung zu jedem beliebigen Zeitpunkt festzustellen.

Übereinstimmung zwischen analytischer und graphischer Berechnung 31

Wollen wir beispielsweise den Zustand im Augenblick der Zwischenzeiten $^1/_2\Delta t$, $1^1/_2\Delta t$, $2^1/_2\Delta t$ usw. ermitteln, so genügt es, die Kennlinien des Abschlußorgans für diese Zwischenzeiten zu zeichnen und die Beobachter von A und B zu den Zeiten $-^1/_2\Delta t$, $^1/_2\Delta t$, $1^1/_2\Delta t$ usw. abzuschicken.

Durchfluß und Druck zu einem gegebenen Augenblick an irgendeiner Stelle der Rohrleitung zwischen beiden Endpunkten kann ebenfalls

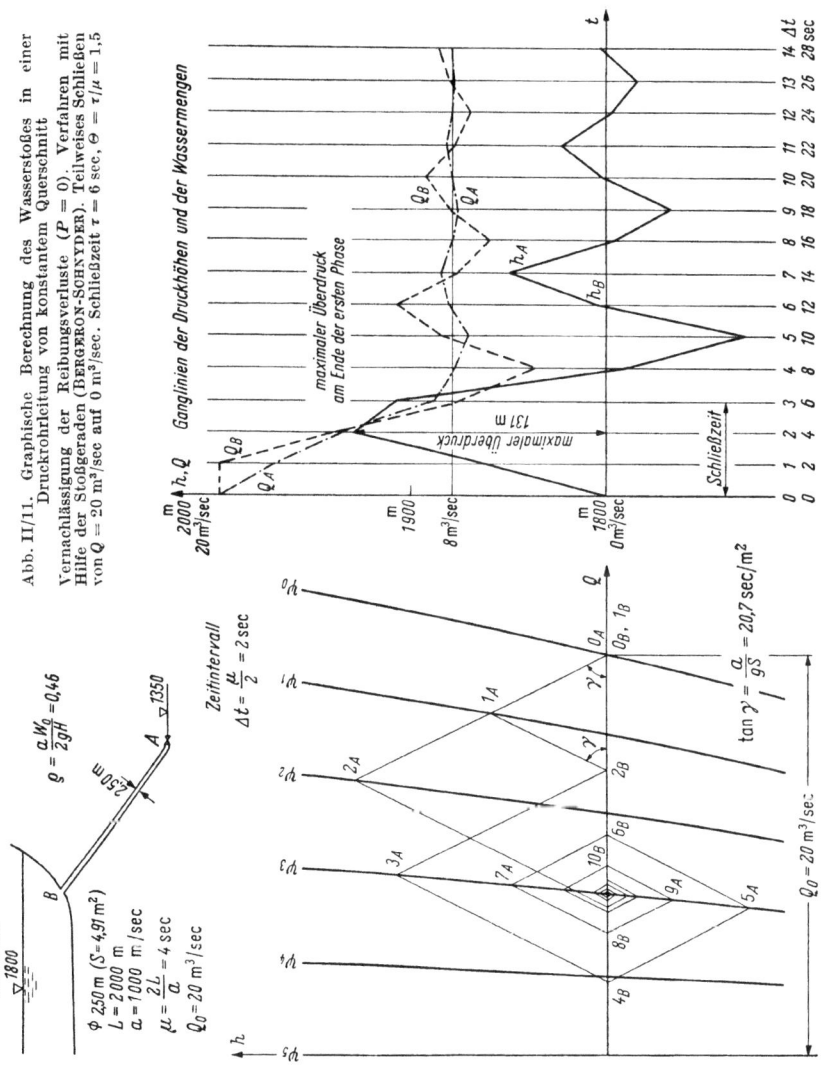

Abb. II/11. Graphische Berechnung des Wasserstoßes in einer Druckrohrleitung von konstantem Querschnitt Vernachlässigung der Reibungsverluste ($P = 0$). Verfahren mit Hilfe der Stoßgeraden (BERGERON-SCHNYDER). Teilweises Schließen von $Q = 20$ m³/sec auf 0 m³/sec. Schließzeit $\tau = 6$ sec, $\Theta = \tau/\mu = 1,5$

leicht erhalten werden, da der entsprechender Zustandspunkt in der Ebene (h, Q) durch den Schnittpunkt zweier Stoßgeraden erhalten wird, welche zwei Beobachtern zugeordnet sind, die von den Enden der Rohrleitung zu einer Zeit $\dfrac{L'}{a}$ vor dem betrachteten Zeitpunkt abgegangen sind. L' stellt die Entfernung des betrachteten Leitungsquerschnitts nach beiden Endpunkten der Druckleitung dar. Die Koordinaten des Schnittpunkts der Stoßgeraden $2_A - 3_B$ mit $2_B - 3_A$ in Abb. II/8 bestimmen somit den Zustand in der Mitte des Rohrabschnitts zwischen A und B zur Zeit $2^1/_2 \Delta t$.

c) Teilweiser Schließvorgang

Die Abb. II/11 stellt den Druckstoß für teilweises, lineares Schließen des Absperrorgans dar, wobei die Gesamtdisposition der Zuleitung dieselbe ist wie in Abb. II/8. Da die Durchflußmenge, im Gegensatz zum vollständigen Schließvorgang, am Ende des teilweisen Schließens nicht konstant ist sondern um die neue Beharrungswassermenge schwankt, geht die Dämpfung der Schwingungen sehr rasch vor sich, obwohl wir die Druckhöhenverluste infolge mehrfacher Umwandlung der Druckenergie des Wassers in Formänderungsenergie und umgekehrt vernachlässigt haben. In Wirklichkeit ist der Einfluß dieser Druckhöhenverluste auf die Schwingungsdämpfung sehr stark.

4. Einführung der Druckhöhenverluste in die Berechnung

In den bisher behandelten Beispielen wurden die Fallhöhenverluste als vernachlässigbar betrachtet. Diese Vereinfachung ist nicht immer zulässig, wenn wir tatsächliche Betriebsvorgänge richtig erfassen wollen. Es ist daher notwendig, den Einfluß der Reibungsverluste in unsere Untersuchungen einzubeziehen. Zu diesem Zweck wollen wir annehmen, daß diese Druckhöhenverluste der Wirkung einer Querschnittsverengung, hervorgerufen durch eine unendlich große Anzahl unendlich kleiner Scheibenringe, verteilt auf die Länge der Druckleitung, gleichkommen. Für die graphische Untersuchung wählen wir eine, dem Gesamtdruckverlust entsprechende, endliche Anzahl fiktiver Stauscheiben. Die Rohrleitung wird auf diese Art und Weise in verschiedene Abschnitte unterteilt. Wir lassen nun die Beobachter innerhalb dieser Abschnitte hin- und herwandern. Wenn zwei Beobachter sich am Ort einer Stauscheibe begegnen, so werden beide wohl dieselbe Wassermasse messen, jedoch Druckhöhen feststellen, die um den Betrag der Druckverluste, infolge der Querschnittsverengung, verschieden sind.

Bei der Untersuchung der Triebwasserleitung einer Wasserkraftanlage, bestehend aus Druckstollen, Wasserschloß und Druckrohrleitung, interessieren uns Druckhöhe und Wassermenge lediglich am

Ort des Wasserschlosses und am unteren Ende der Druckrohrleitung, jedoch nicht in den Zwischenpunkten. Für die graphische Untersuchung ist es praktisch und im allgemeinen genügend genau, die Fallhöhenverluste jedes Leitungsabschnitts auf eine Stauscheibe an einem Ende desselben zu konzentrieren. Die Kennlinien ψ der Absperrvorrichtung, welche sich an dieser Stelle befinden, werden durch neue Kennlinien ψ' ersetzt, die wir erhalten, indem wir je nach der Fließrichtung zu den Kurven ψ die Ordinatenwerte einer Parabel $h = P_0 \left(\dfrac{Q}{Q_0}\right)^2$ hinzufügen oder abziehen. P_0 stellt den Gesamtdruckverlust für die Wassermenge des Beharrungszustands Q_0 dar (Abb. II/12). Der Schnittpunkt $\overline{M}$ der Stoßgeraden der Rohrleitung mit der Neigung $\tan\gamma = -\dfrac{a}{gS}$ (oder $+\dfrac{a}{gS}$) mit den Kennlinien ψ' entspricht daher dem Zustand einer Stelle der Rohrleitung unmittelbar vor (oder nach) der fiktiven Staublende. Der Zustandspunkt M, dessen Koordinaten Druck und Durchfluß am Abschlußorgan bestimmen, wird erhalten, indem man den entsprechenden Ordinatenwert der Parabel der Reibungsverluste abzieht (oder dazuzählt). Man kann auch die Ordinatenwerte der Parabel der Reibungsverluste von den Ordinaten der Stoßgeraden abziehen. Der Punkt M für den Zustand an der Absperrvorrichtung ergibt sich dann im Schnittpunkt der so erhaltenen Kurve mit der Kennlinie ψ.

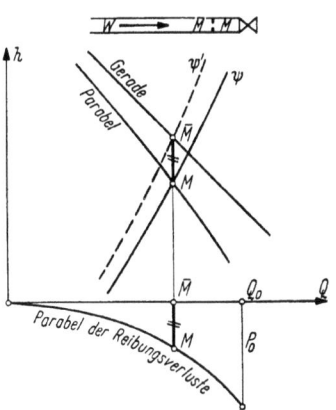

Abb. II/12. Wirkung der Druckhöhenverluste und Darstellung der charakteristischen Kurve ψ des Absperrorgans am Ende der Druckleitung. Die gesamten Fallhöhenverluste der Rohrleitung sind auf die fiktive Durchflußblende nahe der Absperrvorrichtung konzentriert

Beispiel. Wasserstoß in der Zuleitung einer Wasserkraftanlage, bestehend aus Druckstollen, Wasserschloß und Druckschacht unter Berücksichtigung der Druckhöhenverluste (Abb. II/13, a—f).

Die Charakteristiken der Zuleitung sind aus der schematischen Darstellung Abb. II/13a zu entnehmen. Die Fallhöhenverluste, P_0 im Druckstollen und P_0'' im Druckschacht, werden an den Enden der erwähnten Leitungsabschnitte konzentriert angenommen: beim Eintritt des Druckstollens in das Speicherbecken zwischen den Punkten C und $\overline{C}$ und am unteren Ende des Druckschachts zwischen den Punkten $\overline{A}$ und A.

Es wird der Betriebsvorgang, vollkommenes Schließen des Schiebers im Punkt A in 30 sec bei einem Durchfluß von 45 m³/sec, untersucht; die graphische Darstellung der Änderung des Durchflußquerschnitts in

Abhängigkeit der Zeit. Abb. II/13b entspricht einem nichtlinearen Schließgesetz. Als Zeitintervall wählen wir $\Delta t = 1{,}5\,\text{sec}$, was der Laufzeit der Welle L''/a'' im Druckschacht von A nach B'' entspricht. Die Druck-

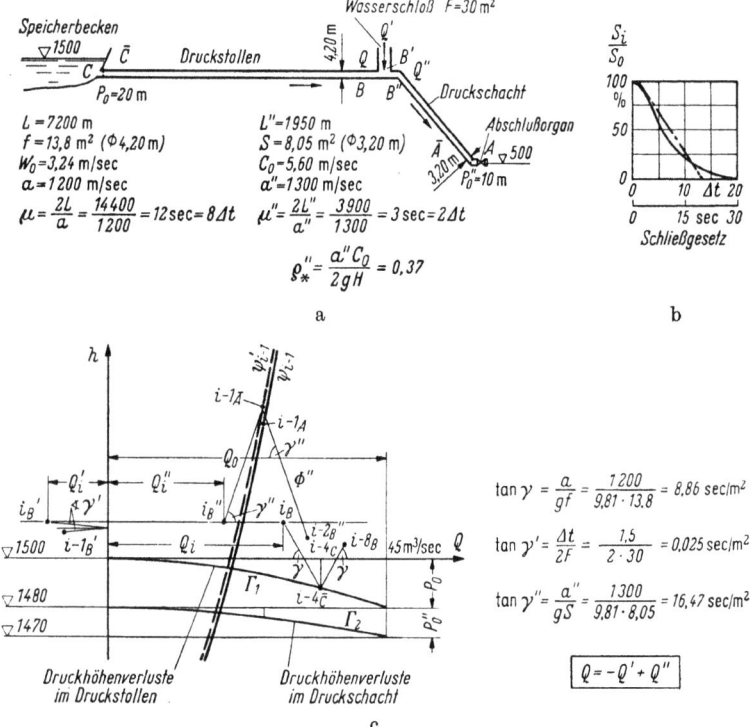

Abb. II/13 a—c
Graphische Berechnung des Wasserstoßes in der Zuleitung einer Hochdruckanlage (Druckstollen, Wasserschloß, Druckschacht). Berücksichtigung der Reibungsverluste ($P \neq 0$). Verfahren mit Hilfe der Stoßgeraden (BERGERON-SCHNYDER). Vollkommenes Schließen von $Q = 45\,\text{m}^3/\text{sec}$ auf $0\,\text{m}^3/\text{sec}$. Schließzeit $\tau = 30$ sec. Zeitintervall $\Delta t = \mu''/2 = 1{,}5$ sec
a) Schematischer Längsschnitt und Kennwerte der Hochdruckanlage; b) Schließgesetz;
c) Grundzüge der graphischen Konstruktion

welle benötigt somit zum Durcheilen des Druckstollens von B nach C $4\Delta t$, und die Schließzeit beträgt $20\Delta t$.

Die Kennlinien ψ_i des Schiebers sind Parabeln mit gemeinsamem Scheitelpunkt ($h = 500$, $Q = 0$). Die Schnittpunkte dieser Kurvenschar mit den Parabeln der Druckverluste Γ_2 des Druckschachts nehmen die Abszissenwerte $Q_i = Q_0 \dfrac{S_i}{S_0}$ an, wobei das Verhältnis $\dfrac{S_i}{S_0}$ durch das Schließgesetz bestimmt ist.

Die Kennlinien ψ'_i des Punkts $\bar{A}$, in unmittelbarer Nähe an der Wasserseite der gedachten Stauscheibe gelegen, gehen aus den Kenn-

Einführung der Druckhöhenverluste in die Berechnung 35

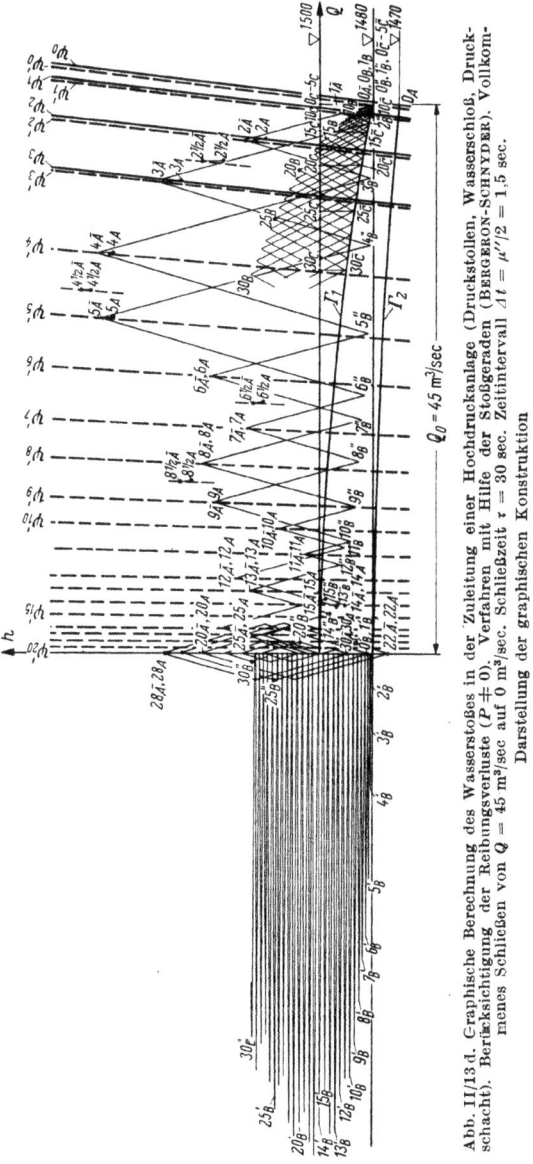

Abb. II/13 d. Graphische Berechnung des Wasserstoßes in der Zuleitung einer Hochdruckanlage (Druckstollen, Wasserschloß, Druckschacht). Berücksichtigung der Reibungsverluste ($P \neq 0$). Verfahren mit Hilfe der Stoßgeraden (BERGERON-SCHNYDER). Vollkommenes Schließen von $Q = 45$ m³/sec auf 0 m³/sec. Schließzeit $\tau = 30$ sec. Zeitintervall $\Delta t = \mu''/2 = 1{,}5$ sec. Darstellung der graphischen Konstruktion

linien ψ_i hervor, indem man zu diesen die Ordinatenwerte der Parabel Γ_2 der Reibungsverluste im Druckschacht hinzufügt; die Kurvenscharen $\overline{\psi_i}$ sind daher ebenfalls Parabeln mit gemeinsamem Scheitelpunkt ($h = 500$,

3*

$Q = 0$). Ihre Schnittpunkte mit der Parallelen zur Q-Achse auf Höhe $h = 1480$ haben die Abszissenwerte $Q_i = Q_0 \frac{S_t}{S}$. Vom Augenblick $i = 20\Delta t$ fallen die Parabeln ψ_i und ψ_i' mit der Koordinatenachse $Q = 0$ zusammen. Die Approximation dieser graphischen Berechnung besteht darin, daß wir die gesamten Reibungsverluste des Druckschachts

t	$h_{B'}$	Q'	Q_m'	$\Delta h_{B'} = -\frac{Q_m'}{20}$	$h_{B'}$	Q'	Q_m'	$\Delta h_{B'} = -\frac{Q_m'}{20}$
0	1480,00	0	0	0	16	1499,50	−38,80	−38,25	1,92
1	1480,00	0	−0,72	0,04	17	1501,50	−41,30	−40,05	2,00
2	1480,04	−1,45	−3,72	0,19	18	1503,54	−40,20	−40,75	2,04
3	1480,23	−5,99	−8,70	0,44	19	1505,49	−37,60	−38,90	1,95
4	1480,67	−11,41	−14,98	0,75	20	1507,40	−38,60	−38,10	1,91
5	1481,42	−18,55	−21,05	1,05	21	1509,39	−41,00	−39,80	1,99
6	1482,47	−23,55	−24,47	1,22	22	1511,38	−38,60	−39,80	1,99
7	1483,69	−25,40	−27,05	1,37	23	1513,22	−34,80	−36,70	1,84
8	1485,06	−28,70	−30,45	1,52	24	1514,98	−35,60	−35,20	1,76
9	1486,58	−32,20	−33,50	1,68	25	1516,81	−37,70	−36,65	1,83
10	1488,26	−34,80	−34,90	1,75	26	1518,64	−35,40	−36,55	1,83
11	1490,01	−35,00	−35,65	1,78	27	1520,31	−31,40	−33,40	1,67
12	1491,79	−36,30	−37,80	1,89	28	1521,90	−32,20	−31,80	1,59
13	1493,68	−39,30	−39,35	1,97	29	1523,56	−34,20	−33,20	1,66
14	1495,65	−39,40	−38,55	1,93	30	1525,21	−31,70	−32,95	1,65
15	1497,58	−37,70			31				

Abb. II/13 e
Graphische Berechnung des Wasserstoßes in der Zuleitung einer Hochdruckanlage (Druckstollen, Wasserschloß, Druckschacht). Berücksichtigung der Reibungsverluste ($P \neq 0$). Verfahren mit Hilfe der Stoßgeraden (BERGERON-SCHNYDER). Vollkommenes Schließen von $Q = 45$ m³/sec auf 0 m³/sec. Schließzeit $\tau = 30$ sec. Zeitintervall $\Delta t = \mu''/2 = 1,5$ sec
Analytische Ermittlung des Drucks am Orte des Wasserschlosses mittels Anwendung der Differenzengleichung $\Delta h = \frac{\Delta t}{F} Q_m'$

an seinem unteren Ende konzentriert annehmen und folglich deren Wirkung nach Beendigung des Abschlußvorgangs vernachlässigen. Da aber von diesem Augenblick an der Durchfluß im Druckschacht sehr gering ist, kommt dieser Vernachlässigung nur geringe Bedeutung zu.

Wir wollen ferner annehmen, daß das Speicherbecken genügend groß ist, so daß die Energielinie auf gleicher Höhe bleibt. Die Kennlinie von Punkt C ist daher die Horizontale auf Höhe $h = 1500$ und die von Punkt $\overline{C}$, der in Fließrichtung unmittelbar hinter der fiktiven Stauscheibe liegt, die Parabel $\varGamma_1$, welche den Reibungsverlusten im Druckstollen entspricht.

Der Ort der Abzweigung des Wasserschlosses ist mit B, B' oder B'' bezeichnet, je nachdem ob er als Punkt am Ende des Druckstollens, des Wasserschlosses oder des Druckschachts aufgefaßt wird.

Einführung der Druckhöhenverluste in die Berechnung 37

Der Konstruktionsvorgang ist schematisch in Abb. II/13c dargestellt. Zu jedem Zeitpunkt i begegnen sich am unteren Ende des Wasserschlosses zwei Beobachter: der eine kommt vom Druckschacht mit

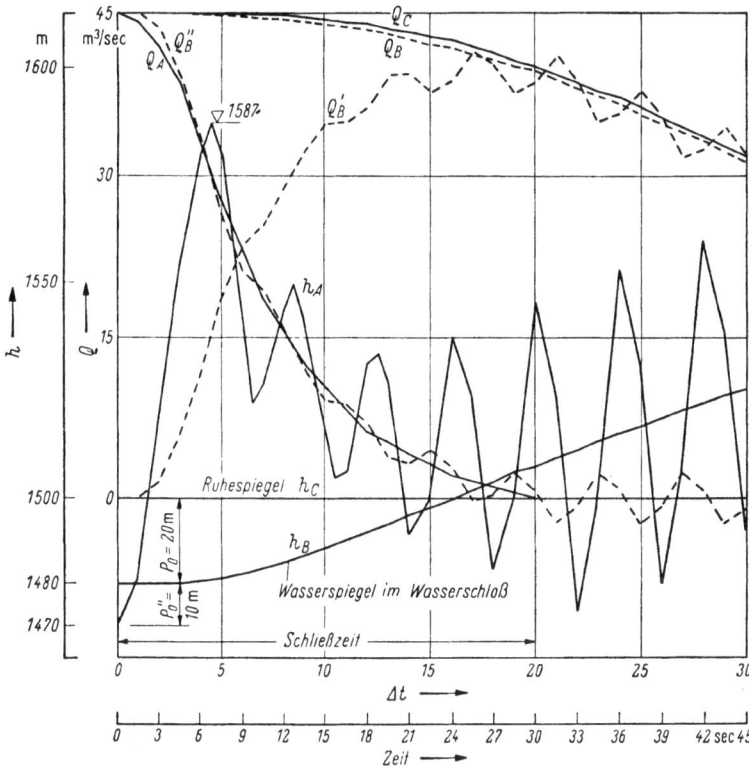

Abb. II/13f
Graphische Berechnung des Wasserstoßes in der Zuleitung einer Hochdruckanlage (Druckstollen, Wasserschloß, Druckschacht). Berücksichtigung der Reibungsverluste ($P \neq 0$). Verfahren mit Hilfe der Stoßgeraden (BERGERON-SCHNYDER). Vollkommenes Schließen von $Q = 45$ m³/sec auf 0 m³/sec. Schließzeit $\tau = 30$ sec. Zeitintervall $\Delta t = \mu''/2 = 1{,}5$ sec
Ganglinien der Wassermengen Q und der Druckhöhen h in verschiedenen Punkten der Triebwasserleitung

der Schnelligkeit a'' im Punkt B'' an, von welchem er $2\Delta t$ vorher abging; der andere, der sich mit der Schnelligkeit a im Druckstollen bewegt, kommt im Punkt B an, den er $8\Delta t$ früher verließ.

Dem vom ersten Beobachter zurückgelegte Weg im Druckschacht entspricht in der graphischen Konstruktion der gebrochene Linienzug $(i-2)_{B''}$, $(i-1)_{\overline{A}}$, $i_{B''}$ mit der Neigung $\tan \gamma = \pm \dfrac{a''}{gS}$, wobei der Punkt $(i-1)_{\overline{A}}$ im Schnittpunkt der Stoßgeraden, die mit der Neigung $\tan \gamma = a''/gS$ durch den Punkt $(i-2)_{B''}$ geht, mit der Kennlinie ψ'_{i-1}

liegt. Der vom zweiten Beobachter im Druckstollen zurückgelegte Weg findet seine Wiedergabe im gebrochenen Linienzug $(i-8)_B$, $(i-4)_{\overline{C}}$, i_B mit der Neigung $\tan \gamma = \pm \dfrac{a}{gf}$. Der Zustandspunkt $(i-4)_{\overline{C}}$ ergibt sich als Schnittpunkt der Stoßgeraden durch $(i-8)_B$ mit der Neigung $\tan \gamma = +\dfrac{a}{gf}$ und der Parabel $\varGamma_1$.

Da die Druckhöhen in den Punkten B, B' und B'' identisch sind, müssen auch die Punkte i_B und $i_{B''}$ auf einer Horizontalen durch den Zustandspunkt $i_{B'}$ für das untere Ende des Wasserschlosses liegen.

Ferner müssen die Abszissenwerte von i_B, $i_{B'}$ und $i_{B''}$ der Kontinuitätsgleichung entsprechen, d. h., die Bedingung $Q_i = -Q_{i'} + Q_{i''}$ muß erfüllt sein.

Diese beiden Bedingungen bestimmen die Lage der Punkte i_B, $i_{B''}$ und $i_{B'}$. Der Punkt $i_{B'}$ entspricht dem Zustand zum Zeitpunkt i am unteren Ende des Wasserschlosses; seine Lagebestimmung geht aus dem Konstruktionsschema der Abb. II/13c hervor, welches der Differentialgleichung $dh = \dfrac{Q' dt}{F}$ in Differenzenform

$$\varDelta h = \frac{\varDelta t}{F} Q'_m = \frac{\varDelta t}{2F} Q'_{i-1} + \frac{\varDelta t}{2F} Q'_i$$

entspricht. Q'_m ist dabei der mittlere Durchfluß während des betrachteten Zeitintervalls $\varDelta t$.[1]

Wenn jedoch der Querschnitt des Wasserschlosses groß oder veränderlich ist, so wird die beschriebene Konstruktion umständlich. Es ist dann vorteilhafter, die Berechnung mit Hilfe von Gleichung $\varDelta h = \dfrac{\varDelta t}{F} Q'_m$ analytisch durchzuführen, wobei wir den Wert Q'_m überschlägig abschätzen. Eine Überprüfung der beiden Grundgleichungen, Gleichheit

---

[1] Die Analogie der Konstruktion für die Schwingungsvorgänge im Wasserschloß und derjenigen für die der Wellenfortpflanzung in der Triebwasserleitung ist nicht zufällig. In Wirklichkeit ändert sich der Zustand zwischen dem Punkt B' und dem freien Wasserspiegel im Wasserschloß mit den Wellen, welche diesen Weg mit der Geschwindigkeit a' in einer extrem kurzen Zeit $\dfrac{L'}{a'}$ durchlaufen. Würden wir für die graphische Konstruktion diese Zeit als Einheit benützen, erhielten wir für dieses Zeitintervall $\varDelta t$ einen vielfach gebrochenen Linienzug mit dem Winkelkoeffizienten $\pm \dfrac{a'}{gF}$.

Es ist praktisch, ihn durch einen Linienzug mit dem Winkelkoeffizienten $\pm \dfrac{\varDelta t}{2F}$ zu ersetzen, was durchaus zulässig ist, wenn wir $\varDelta t$ genügend kurz annehmen. Für den Fall eines sehr langen Wasserschlosses, könnte man sehr gut den tatsächlichen Wasserstoß in diesem berücksichtigen und die ganze Konstruktion mit dem Zeitintervall $\dfrac{L'}{a'}$ durchführen. Der Konstruktionsgang bleibt der gleiche.

der Druckhöhen und Kontinuitätsbedingung, zeigt, ob Q'_m genügend genau in die Berechnung eingeführt wurde. Wenn dies nicht der Fall ist, muß die Berechnung neuerlich mit einem verbesserten Wert von Q'_m begonnen werden; im allgemeinen wird eine wiederholte Berechnung nur für die ersten Punkte der graphischen Konstruktion nötig sein, für die weiteren ist eine genügend genaue Abschätzung von Q'_m verhältnismäßig leicht möglich, so daß mit einem einmaligen Rechengang das Auslangen gefunden wird. Die Abb. II/13d zeigt die Anwendung des graphischen Verfahrens, während die Tabelle der Abb. II/13e die analytische Berechnung wiedergibt.

Da wir wünschen, daß 2 Beobachter sich zu jedem Zeitpunkt i an der Abzweigung $B - B' - B''$ begegnen, muß die graphische Konstruktion die Bewegungen folgender Beobachter ausdrücken:

2 Beobachter im Druckschacht, welche sich im Zeitintervall Δt folgen, wobei der eine zur Zeit 0 und der andere zur Zeit $1\Delta t$ von B'' abgeht.

8 Beobachter im Druckstollen, die mit einem Zeitintervall Δt vom Punkt B abgehen, wobei die Abgangszeiten $-2\Delta t$, $-1\Delta t$, 0, $1\Delta t$, $2\Delta t$, $3\Delta t$, $4\Delta t$ und $5\Delta t$ betragen. Da keine Welle in $B - B''$ vor dem Zeitpunkt $1\Delta t$, in $\overline{C}$ nicht vor dem Zeitpunkt $5\Delta t$ ankommt, fallen die Punkte 0_B, 1_B, $0_{B''}$, $1_{B''}$ und $0_{\overline{C}}$ bis $5_{\overline{C}}$ mit dem Punkt $0_{\overline{A}}$ zusammen.

Hat man die Zustandspunkte für die Leitungsquerschnitte $\overline{A}$, B, B', B'' und $\overline{C}$ einmal aufgefunden, erhält man sehr leicht die entsprechenden für die Endpunkte des Druckschachts, Punkt A, und des Druckstollens, Punkt C. Der Zustandspunkt des Schiebers i_A hat immer dieselbe Abszisse wie $i_{\overline{A}}$, da der Durchfluß selbstverständlich unmittelbar vor und nach der fiktiven Stauscheibe derselbe ist. Seine Ordinate weist jedoch eine Differenz auf, welche der Reibungsverlusthöhe für den zugehörigen Durchfluß entspricht. Dieser Wert wird aus der Parabel Γ_2 erhalten. Wenn wir in der graphischen Konstruktion die charakteristischen Kurven ψ_i dargestellt haben, was nicht unbedingt erforderlich ist, so ist i_A der Zustandspunkt auf der Kennlinie ψ_i, der dieselbe Abszisse wie $i_{\overline{A}}$ auf der Kennlinie ψ'_i hat.

Der Zustandspunkt i_C für den Einlauf in den Druckstollen hat dieselbe Abszisse wie $i_{\overline{C}}$ und liegt auf der Parallelen zur Q-Achse auf Höhe $h = 1500$, da der Wasserspiegel im Staubecken konstant angenommen wurde.

Aus Abb. II/13f entnehmen wir die Änderung der Wassermenge und der Druckhöhen in den verschiedenen Punkten der Triebwasserleitung in Abhängigkeit von der Zeit. Wir stellen fest, daß die Wassermenge Q_A am Schieber sich nach einer, dem Schiebergesetz der Abb. II/13b ähnlichen Beziehung ändert, während der Durchfluß Q'' am oberen Ende des Druckschachts um den Wert Q_A pendelt, wobei sich die Rohrleitung abwechselnd mit der Periode $4\Delta t$ oder $2\mu''$ zusammenzieht oder ausdehnt. Der Durchfluß des Druckstollens Q_C nimmt infolge des Wasserschlosses nur sehr langsam ab, da dieses sehr rasch eine große Wassermenge $Q'_{B'}$ aufnimmt. Nach Beendigung des Schließvorgangs pendelt $-Q'_{B'}$ um Q_B ebenfalls mit der Periode $2\mu''$; der Mittelwert von $-Q'_{B'}$ ist gleich dem von Q_B. Diese Tatsache entspricht dem bekannten Vorgang bei der Schwingung des Wassers zwischen Druckstollen und Wasserschloß. h_A stellt die Druckhöhe beim Abschlußorgan dar; die graphische Konstruktion gibt unmittelbar die Ordinaten von h_A für alle ganzzahligen Werte von Δt. Man kann jedoch leicht die Ordinatenwerte der ,,Spitzen" bestimmen, wenn wir Zwischenwerte unter Anwendung der bereits auf S. 29 beschriebenen Methode einführen. Der größte Überdruck oberhalb des Ruhewasserspiegels erreicht 87 m. Die schematische Berechnung von S. 15, in welcher die Reibungsverluste vernachlässigt und ein lineares Schließgesetz angenommen wurde, ergab einen Überdruck von 94 m. Zu Vergleichszwecken haben wir in Abbildung II/13b die entsprechende Schließgerade strichliert eingetragen. Nach Beendigung des Schließens schwingt die Druckhöhe h_A, mit derselben Periode $2\mu''$ wie die Wassermenge $Q''_{B''}$, um h_B, welche die Spiegellage im Wasserschloß angibt. Behandelt man dasselbe Problem mittels der graphischen Methode von SCHOKLITSCH (s. S. 57 bis 63), so kann man feststellen, daß die Kurve von h_B am Anfang identisch ist mit der, welche man erhält, wenn man die Massenschwingung des Wassers zwischen Druckstollen und Wasserschloß untersucht.

5. Analogie zwischen dem Strömungsvorgang in der Druckrohrleitung bei Auftreten eines Wasserstoßes mit dem im Leitungsabschnitt Druckstollen-Wasserschloß

Wie wir auf S. 11 ff. gesehen haben, verursacht der Schließvorgang im Druckstollen eine hin- und hergehende Bewegung des Wassers. Bei der Druckrohrleitung sprechen wir eher von einer Druckwelle, um den nichtstationären Strömungsvorgang zu charakterisieren. In Wirklichkeit handelt es sich um zwei analoge Vorgänge, da beide durch eine Umformung von lebendiger Energie in Arbeit gekennzeichnet sind. Man sollte daher vermeiden, diese Vorgänge getrennt zu betrachten, wie dies häufig geschieht.

Diese Analogie muß unter anderem erlauben, zu beweisen, daß die Berechnungsmethoden der Abschn. II, III u. VII, auf einen konkreten Fall angewendet, dasselbe numerische Ergebnis liefern (Abschn. VIII).

In den beiden Leitungsabschnitten, Druckrohr und Druckstollen, sind Schwingungsvorgänge zu beobachten. Wenn es sich um einen Schließvorgang handelt, kommt es im Druckrohr zu einer wiederholten

Speicherung und Abgabe eines gewissen Wasservolumens. Dieses Wasservolumen beträgt jedoch nur einige Kubikmeter oder einige 10 Kubikmeter. Durch das wiederholte Ausdehnen und Zusammenziehen der Druckrohrleitung verhält sich diese wie eine Feder. Die dabei auftretenden Druckhöhen können einige 100 Meter betragen, da die Dilationsmöglichkeiten der Druckrohrleitung sehr beschränkt sind. Die Periode dieser Wechselbewegung beträgt nur einige Sekunden.

Die Schwingungsdämpfung wird hauptsächlich durch die Erwärmung des Druckrohrs infolge der wechselnden Verformung, die wir in der Berechnung nicht berücksichtigen, und nur zum geringen Teil durch Reibungsverluste, die wir berücksichtigen können, verursacht (s. S. 32f.). Handelt es sich um einen teilweisen Schließvorgang, so konnten wir auf S. 32 feststellen, daß der Druckstoß unabhängig von den Reibungsverlusten gedämpft wird.

Im Druckstollen und im Wasserschloß wird die lebendige Kraft in Reibungsarbeit, aber hauptsächlich in Arbeit umgewandelt, welche nötig ist, um eine bedeutende Wassermasse von einigen 100 Kubikmetern emporzuheben. Die Verformungen der Auskleidung von Druckstollen und Wasserschloß sind sehr geringfügig und daher vernachlässigbar. Die Druckänderungen bewegen sich in der Größenordnung von einigen Metern oder 10 Metern, da die Energieumwandlung sich über große Wasservolumen vollzieht. Die Frequenz der wechselnden Bewegung ist ebenfalls viel geringer, die Periode beträgt im allgemeinen einige Minuten.

In Abb. II/13 haben wir gesehen, daß die Wasserbewegung im Druckstollen und im Wasserschloß mittels der graphischen Methode von BERGERON-SCHNYDER untersucht werden kann; eine praktische Anwendung der Methode finden wir auch auf S. 156ff. Erstreckt sich das Interesse der Untersuchung lediglich auf das Studium der Abwicklung des Strömungsvorgangs in Druckstollen und Wasserschloß, dann ist die Methode von BERGERON-SCHNYDER unnötig kompliziert. Es ist dann dem auf S. 57ff. in den Grundzügen beschriebenen graphischen Verfahren der Vorzug zu geben.

III. Allgemeine Theorie zur Berechnung des Wasserschlosses beliebiger Form

1. Qualitative Analyse der Schwingungsvorgänge

Wie wir auf S. 1ff. gesehen haben, bleibt der Wasserspiegel im Wasserschloß nur dann konstant, wenn die Bewegung des Wassers in der gesamten Triebwasserleitung stationär ist. Sobald die Absperrvorrichtung (Turbinenleitapparat oder Gehäuseverschluß) betätigt wird,

wird ein Schwingungsvorgang im Wasserschloß ausgelöst. Die Aufschlagswassermenge wird dadurch verkleinert oder vergrößert, so daß sich in der Wassersäule des Druckstollens ein Überschuß oder Mangel an kinetischer Energie einstellt; das Wasserschloß absorbiert oder liefert vorübergehend diese Energie durch eine Wasserspiegelhebung oder -senkung. Nach einer gewissen Zeit stellt sich ein neuer Gleichgewichtszustand ein. Der Übergang von einem stationären Zustand zum anderen vollzieht sich im allgemeinen nicht asymptotisch, sondern ist durch Schwingungen im Wasserschloß gekennzeichnet.

Betrachten wir beispielsweise den im Kraftwerksbetrieb öfters vorkommenden Fall des raschen Schließens der Absperrvorrichtung infolge eines Kurzschlusses mit nachfolgender Abschaltung der Zentrale (siehe Abb. I/9, S. 12). Vor dem Kurzschluß ist die Betriebswassermenge im Druckstollen und in der Druckrohrleitung dieselbe, der Beharrungsspiegel im Wasserschloß liegt unterhalb des Ruhespiegels des Staubeckens. Die Differenz beider Wasserspiegel entspricht den Fallhöhenverlusten im Druckstollen. Nach einer gewissen Zeit nach dem Kurzschluß, wenn in der ganzen Zuleitung der Durchfluß auf Null gesunken ist, stellt sich ein neuer Beharrungszustand (Ruhezustand) ein, nachdem der Wasserspiegel im Wasserschloß bis auf die Höhe des Ruhespiegels angestiegen ist. Im Augenblick unmittelbar nach dem Kurzschluß sinkt der Durchfluß in der Druckrohrleitung beinahe auf Null, während er im Druckstollen noch unverändert anhält und in das Wasserschloß abgeleitet wird, wodurch der Wasserspiegel darin rasch ansteigt und eine Druckerhöhung am unteren Ende des Wasserschlosses bewirkt. Die in Bewegung befindliche Wassersäule des Druckstollens wird dadurch einer anwachsenden Kraftwirkung entgegen der Fließrichtung ausgesetzt, welche die Wassersäule abbremst. Innerhalb einiger 10 Sekunden kommt sie zum völligen Stillstand. In diesem Augenblick ist der Durchfluß in der ganzen Triebwasserleitung wohl Null, der Wasserspiegel im Wasserschloß jedoch im allgemeinen viel höher als der Ruhespiegel, so daß die Kraftwirkung gegen die ursprüngliche Fließrichtung anhält. Dadurch wird die Wassersäule neuerlich in Bewegung versetzt, diesmal aber in Richtung Staubecken, wobei der Wasserspiegel im Wasserschloß absinkt und sich auf diese Art eine schaukelnde Bewegung des Wassers zwischen dem Wasserschloß und dem Speicherbecken einstellt. Wir bezeichnen diesen Schwingungsvorgang als *Massenschwingung*. Eine Dämpfung dieser Schwingungen wird durch Reibungsverluste bewirkt. Aus dieser Betrachtung erkennt man leicht, daß im Augenblick, wo der Wasserspiegel im Wasserschloß seine höchste Lage erreicht, die kinetische Energie des Druckstollens, abgesehen von Energieverlusten, in potentielle Energie umgeformt ist. Diese Feststellung wird im folgenden als Grundlage zu einem Berechnungsverfahren herangezogen (s. S. 52ff.).

Zur Bestimmung der Abmessungen des Wasserschlosses ist es notwendig, die höchste und tiefste Wasserspiegellage beim Auf- und Abschwingen des Wassers zu berechnen. Im allgemeinen werden diese äußersten Wasserspiegellagen durch extreme Schließ- und Öffnungsvorgänge erreicht.

Man sollte es vermeiden, den Wasserstoß in der Druckrohrleitung und die Massenschwingung im Druckstollen getrennt zu betrachten. Sobald die in Bewegung befindliche Wassersäule der Triebwasserleitung mehr oder weniger rasch abgebremst wird, stellt sich in der Druckrohrleitung eine Speicherung der Wassermasse (Durchfluß $Q_T = C_0 S$) ein, wobei die Wassersäule stark zusammengedrückt wird und das Druckrohr sich ausweitet. Da die Speichermöglichkeiten im Druckrohr gering sind, ist der Druckanstieg sehr hoch. Im Falle plötzlichen vollständigen Schließens beträgt beispielsweise das aufgespeicherte Wasservolumen in der Druckrohrleitung vom Querschnitt S und der Länge l

$$\mho = \frac{C_0 S l}{a} \quad (a = \text{Schnelligkeit der Welle}).$$

Für die Werte $C_0 = 5$ m/sec, $S = 2$ m², $l = 1000$ m und $a = 1000$ m/sec ergibt sich ein unbedeutendes Volumen von: $\mho = \dfrac{5 \cdot 2 \cdot 1000}{1000} = 10 \,\text{m}^3$. Wie wir auf S. 6 gesehen haben, erreicht der Überdruck den Wert:

$$A = \frac{a C_0}{g} = \frac{1000 \cdot 5}{9{,}81} \cong 500 \,\text{t/m}^2.$$

Im Augenblick, wo die abgestoppte, zusammengedrückte Wassersäule bei der Einmündung des Wasserschlosses ankommt, findet sie eine Ausweichmöglichkeit, wo sie sich ohne großen Druck ausbreiten kann. Von diesem Augenblick an vollzieht sich die Energieumwandlung über ein bedeutendes Wasservolumen, wobei der Druckanstieg nicht groß sein braucht. Für das vorherige Zahlenbeispiel erhalten wir folgende Werte:

Druckrohr: Volumen ~ 10 m³, Überdruck ~ 500 t/m²
Wasserschloß: Volumen ~ 250 m³, Überdruck ~ 20 t/m².

Das Anwachsen der Wassermasse folgt unmittelbar auf den Druckstoß. In einem Wasserschloß normaler Ausbildung stellen sich diese beiden Vorgänge nacheinander ein, ohne sich gegenseitig stark zu beeinflussen. Im Falle eines Drosselwasserschlosses tritt jedoch eine nennenswerte Beeinflussung ein, da es zu einem stärkeren Druckanstieg kommt sobald die Druckwelle beim Wasserschloß ankommt.

Zusammenfassend kann gesagt werden, daß sich im Falle vollständigen Schließens beide Vorgänge, Wasserstoß und Massenschwingung, einstellen und wie folgt charakterisieren lassen.

Wasserstoß: Das Druckrohr, vergleichbar mit einer Feder, die sich innerhalb kurzer Zeit (einige Sekunden oder Sekundenbruchteile) ausdehnt und zusammenzieht, absorbiert oder stößt ein kleines Wasservolumen (einige Kubikmeter) aus. Der dabei auftretende Überdruck ist durch die Elastizitätseigenschaften des Druckrohrs und des Wassers bestimmt und kann einige hundert Meter erreichen.

Massenschwingung: Das Speicherbecken und das Wasserschloß verbunden durch den Druckstollen verhalten sich wie zwei kommunizierende Gefäße. Es ergibt sich daher eine Wasserspiegelschwankung — wobei man im allgemeinen die des Staubeckens vernachlässigt — mit wechselweiser Verschiebung eines großen Wasservolumens von einigen 100 Kubikmetern, bald gegen, bald in normaler Fließrichtung. Die Kadenz dieser Wasserbewegung, welche einige Minuten erreichen kann, ist wesentlich langsamer als die des Wasserstoßes im Druckrohr. Der Überdruck im Druckstollen hängt vom schwingenden Wasservolumen ab und übersteigt selten einige 10 Meter.

Diese Betrachtungsweise ist dazu bestimmt, die qualitative Analogie beider Vorgänge augenscheinlich zu machen.

2. Im Kraftwerksbetrieb zu berücksichtigende Lastfälle

Die zwei heftigsten Betriebsvorgänge, welche wir bei der Bemessung berücksichtigen müssen, sind: *das rasche und vollständige Schließen* der Absperrorgane bei Abschaltung der Zentrale infolge Kurzschluß und das der Rohrbruchverschlüsse am oberen Ende der Druckrohrleitung infolge Leitungsbruchs.

Diese beiden sehr raschen Schließvorgänge können bei Vollbelastung der Turbinen auftreten. Wir wollen daher als ungünstigsten Lastfall plötzliches vollständiges Schließen[1] bei höchstem Speicherspiegel annehmen. Die Reibungsverluste im Druckstollen und Wasserschloß werden, wenn sie nicht mit Genauigkeit angegeben werden können, gering angesetzt. Die Abmessungen des Wasserschlosses müssen genügend groß sein, um ein Überlaufen zu verhindern. Eine Ausnahme bilden Wasserschloßtypen mit Überlauf. Bei der Bemessung ist eine Sicherheitshöhe vorzusehen; ferner muß die Luft einwandfrei entweichen können.

Der Betriebsvorgang für eine *Steigerung der Beaufschlagung* kann nicht so rasch ablaufen wie der Schließvorgang. Es geht nicht mehr darum, die Aufschlagswassermenge einer Turbine, deren Generator nicht mehr mit dem Leitungsnetz in Verbindung ist, abzustoppen, sondern

---

[1] Ausnahmsweise kann es vorkommen, daß der Lastfall des vollständigen Schließens nicht der ungünstigste ist. Wir werden dies bei der Betrachtung der Drosselwasserschlösser feststellen können.

die Geschwindigkeit des Maschinensatzes, Turbine und Generator, der Belastung entsprechend zu erhöhen oder, wenn die Turbine bereits leer läuft und parallelgeschaltet ist, den Generator bei Leistungsanforderung des Netzes zu belasten. Im allgemeinen werden 2 Fälle der Bemessung zugrunde gelegt: die Wiederinbetriebsetzung des ganzen Kraftwerks (dieser Betriebsvorgang benötigt meist einige Minuten, da die Turbinen der Reihe nach geöffnet werden); oder die Betriebsaufnahme von 1 oder 2 Gruppen innerhalb weniger Sekunden unter der Annahme, daß die Turbinen bereits leer laufen. Die Bedingungen für Belastungssteigerung sind in jedem Einzelfall genau zu untersuchen, da sie von der Leistung der Zentrale, der Anzahl der Maschinengruppen und von den Besonderheiten des Leitungsnetzes abhängen. Sie werden im allgemeinen von der Betriebsführung vorgeschrieben.[1]

Bei der Berechnung des tiefsten Abschwingens des Wasserspiegels im Wasserschloß als Folge einer Belastungssteigerung wird vom tiefsten Beckenspiegel ausgegangen, welcher selbstverständlich mit der vorgesehenen Beaufschlagung der Turbinen vereinbar sein muß. Wenn die Reibungsverluste im Druckstollen nicht hinreichend bekannt sind, werden sie eher ungünstig groß angenommen. Beim Abschwingen muß unbedingt der Eintritt von Luft in die Druckrohrleitung verhindert werden. Wir sehen auch hier eine genügende Sicherheitshöhe vor und tragen der Möglichkeit der Ausbildung eines Wirbels Rechnung.

Außer den extremen Lastfällen, Öffnen und Schließen, ist es in manchen Fällen nötig, auch eine *Folge von Betriebsvorgängen* zu untersuchen. Beispielsweise sind manche Kraftwerke mit einer automatischen Einrichtung zur Wiedereinschaltung einer Maschinengruppe ausgerüstet, die in Tätigkeit tritt, sobald die allgemeine Abschaltung infolge Kurzschluß erfolgt ist. Es kann nämlich vorkommen, daß die Ursache eines Kurzschlusses zufällig ist. Die Wiedereinschaltung einer Gruppe erlaubt es, zu sehen, ob der Kurzschluß andauert. Wenn dies der Fall ist, schaltet sich die Maschinengruppe wieder ab, andernfalls kann der Betrieb wieder voll aufgenommen werden.

Für die Berechnung setzt man im allgemeinen voraus, daß die Belastungsvergrößerung linear ansteigend oder plötzlich, von einer Betriebswassermenge zu einer größeren, erfolgt und daß nach Beendigung des Betriebsvorgangs die Wassermenge konstant bleibt. Diese Annahme entspricht nicht ganz der Wirklichkeit, da, wie wir auf S. 46 sehen werden, die Turbinenregler die Tendenz haben, die Schwingungen zu vergrößern. Bei der Bemessung eines Wasserschlosses ist also auch notwendig, die Wirkung der Turbinenregler zu berücksichtigen, besonders dann, wenn die Fallhöhe gering ist.

---

[1] Für eine Vorbemessung kann man eine plötzliche Belastungsvergrößerung infolge Einschaltens der letzten oder der beiden letzten Maschinensätze annehmen.

3. Qualitative Analyse der Wirkung der Turbinenregulierung

Die Turbinenregler sind dazu bestimmt, die Drehzahl der Turbinen trotz Schwankungen im Energieverbrauch des Versorgungsnetzes konstant zu halten, damit die Frequenz des vom Kraftwerk abgegebenen Stroms beibehalten bleibt. Ohne Turbinenregler würde sich die Drehzahl der Turbinen bei Druckveränderungen ebenfalls ändern. Aufgabe der Turbinenregler ist es daher, die Aufschlagwassermenge der Belastung derart anzupassen, daß die Drehzahl konstant bleibt. Bei jedem Ansteigen oder Absinken des Wasserspiegels im Wasserschloß, beispielsweise als Folge einer Änderung der Leistungsabgabe der Zentrale, wird der Leitapparat der Turbinen von den Turbinenreglern etwas geschlossen oder geöffnet. Mit diesem Schließ- oder Öffnungsvorgang werden jedoch die Druckhöhen verändert, indem infolge von Nachströmen des Wassers aus dem Druckstollen der Wasserspiegel im Wasserschloß ansteigt oder absinkt, wodurch Rückwirkungen auf die Leistung auftreten und die Turbinenregler neuerlich zum Eingreifen veranlaßt werden. Diese Wasserspiegelschwankungen, die sich ohne Regulierung von selbst beruhigen würden, können durch die Wirkungsweise der Regler andauern oder sogar verstärkt werden, wenn der Wasserschloßquerschnitt zu klein ist. Im letzteren Falle bleiben die Turbinenregler ständig in Tätigkeit, wodurch der Turbinenbetrieb andauernd stark gestört wird. Außerdem kann es vorkommen, daß die Turbinen gerade in dem Moment abgeschaltet werden, wo im Wasserschloß der Wasserspiegel einige Meter über der hydraulischen Drucklinie liegt. Ein derartiger Schließvorgang könnte unangenehme Folgen haben. Indem man dem Wasserschloß einen hinreichend großen horizontalen Querschnitt gibt, kann diese Unstabilität der Schwingungen vermieden werden. Dieses Problem, um so wichtiger, je kleiner die Fallhöhe ist, wird eingehender in Abschn. V, S. 88, behandelt.

Bemerkt sei noch, daß bei der Annahme einer plötzlichen Leistungsänderung, gefolgt von einer Periode konstanter Leistung, den Massenschwingungen infolge plötzlicher Änderung der Aufschlagwassermenge noch die Wirkung der Turbinenregler zu überlagern ist. Diese verstärkt die Schwingungen im Wasserschloß und ergibt größere Schwingungsweiten als jene, die lediglich aus der Berechnung der Massenschwingungen hervorgehen.

4. Dämpfung der Schwingungen

Die schwingende Bewegung des Wassers im Druckstollen und im Wasserschloß bewirken Druckschwankungen in der Druckrohrleitung. Die Turbinenregler haben die Aufgabe, zu verhindern, daß diese Druckänderungen Abweichungen in der Stromfrequenz zur Folge haben. Vom

Standpunkt des Kraftwerksbetriebs ist es daher wünschenswert, daß die Spiegelschwankungen infolge Entnahmeänderungen so rasch als möglich zur Ruhe kommen. Wenn keine besonderen Vorkehrungen getroffen werden, wird die Dämpfung der Schwingungen durch Reibungsverluste in der Triebwasserleitung bewirkt. Wären diese Null, so würden die Spiegelschwankungen unendlich lang andauern. Da aber anderseits die Reibungsverluste für den Kraftwerksbetrieb einen ständigen Leistungsverlust bedeuten, so werden diese auf ein Minimum reduziert. Wünscht man dennoch, daß die Schwingungen im Wasserschloß stark abgedämpft werden, so muß man in diesem Energieverluste verursachen. Dies kann durch folgende Maßnahmen erreicht werden (Abb. III/1):

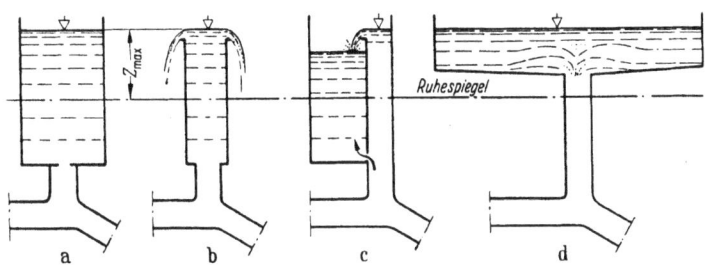

Abb. III/1. Schematische Darstellung einiger Wasserschlösser, die eine verstärkte Dämpfung der Schwingungen hervorrufen

a) durch den Einbau einer Drosselöffnung im unteren Teil des Wasserschlosses zur Erzielung eines großen Druckhöhenverlustes (Drosselwasserschloß),

b) durch den Einbau eines Entlastungsüberlaufs, welcher durch die Abgabe eines gewissen Wasservolumens dessen potentielle Energie eliminiert (Wasserschloß mit Überlauf),

c) durch eine Kombination beider Dispositionen a) und b) (Differentialwasserschloß); Einmündung eines Steigschachts in einen erweiterten Schacht, der an seinem unteren Ende mit dem Steigschacht durch eine Drosselöffnung in Verbindung steht,

d) durch die Anordnung einer erweiterten Kammer am oberen Ende eines Steigschachts, wo das Wasser sich ausbreiten kann (offenes Kammerwasserschloß).

Bei der Wahl eines Wasserschlosses für eine Wasserkraftanlage muß man die aus den Eigenheiten jedes Wasserschloßtyps entstehenden Vor- und Nachteile überprüfen, um sich auf den am besten geeigneten festlegen zu können. In den folgenden Abschnitten werden die verschiedenen Wasserschloßtypen im einzelnen behandelt. Bemerkt sei noch, daß die hier angeführten Typen alle einen geringeren Rauminhalt beanspruchen als ein Wasserschloß mit konstantem Querschnitt (Schachtwasserschloß).

48 Allgemeine Theorie zur Berechnung des Wasserschlosses beliebiger Form

Bei der allgemeinen Untersuchung der Wasserschlösser oder bei der Ausarbeitung eines Vorprojekts kann man den einen oder anderen Faktor, z. B. Dauer des Betriebsvorgangs, Wirkung der Turbinenregler, Druckverluste im Wasserschloß oder in der Druckrohrleitung usw., welcher bei den beschriebenen Vorgängen eine Rolle spielt, vernachlässigen. Zum Studium des Ausführungsprojekts ist es jedoch unumgänglich notwendig, alle diese Faktoren zu berücksichtigen und mehrere mögliche Betriebslastfälle zu untersuchen, wie teilweises oder vollständiges Öffnen und Schließen der Absperrorgane mit und ohne Wirkung der Turbinenregler, sowie aufeinanderfolgende Betriebsvorgänge, die jeweils zum ungünstigsten Zeitpunkt eingeleitet werden.

5. Grundgleichungen

In dem schematischen Längenprofil einer Hochdruckanlage (Abbildung III/2) sind die im folgenden verwendeten Bezeichnungen angegeben:

L Länge des Druckstollens
f Querschnitt des Druckstollens
W Fließgeschwindigkeit im Druckstollen (positiv in Fließrichtung zur Zentrale)

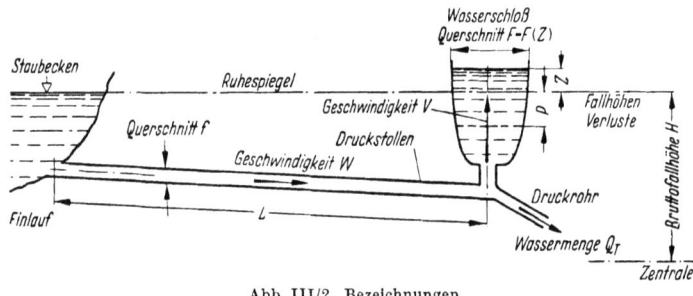

Abb. III/2. Bezeichnungen

P Druckhöhenverluste im Druckstollen bei einer Fließgeschwindigkeit W (Vorzeichen wie W)
F Querschnitt des Wasserschlosses (meist in Abhängigkeit von Z)
Z Wasserspiegelhöhe im Wasserschloß bezogen auf den Ruhespiegel (positiv nach oben)
V Fließgeschwindigkeit im Wasserschloß (positiv nach oben)
Q_T Aufschlagwassermenge (gleich dem Durchfluß in der Zuleitung; Ausnahme Wasserstoß)
t Zeit
H Bruttofallhöhe

Die fünf von der Zeit t abhängigen Veränderlichen sind W, P, Z, V, Q_T [F kann ebenfalls eine Veränderliche von Z sein, jedoch ist in diesem Fall die Funktion $F = F(Z)$ bekannt]. Sämtliche Bezeichnungen werden mit einem Index$_{(0)}$ versehen, wenn es sich um Werte handelt, die im Beharrungszustand auftreten (z. B. W_0 = Fließgeschwindigkeit im Druckstollen im Beharrungszustand).

Um die Wasserbewegung berechnen zu können, benötigen wir fünf Beziehungen zwischen den fünf Veränderlichen und der Zeit.

Die erste Beziehung erhalten wir unter Anwendung des zweiten NEWTONschen Axioms (Kraft = Masse × Beschleunigung) auf den Druckstollen, den wir horizontal annehmen wollen. Vernachlässigt sei die Trägheit des Wassers im Wasserschloß mit geringer Masse und kleiner Fließgeschwindigkeit:

$$\underbrace{\frac{\gamma}{g} L f}_{\text{Masse}} \underbrace{\frac{dW}{dt}}_{\text{Beschleunigung}} = \underbrace{-\gamma f (Z + P)}_{\text{Kraft}}{}^1.$$

Nach Kürzung von γf erhalten wir folgende Differentialgleichung:

$$\frac{L}{g} \frac{dW}{dt} + Z + P = 0. \tag{III/1}$$

Eine zweite Beziehung erhalten wir aus der Kontinuitätsbedingung (Raumgleichung), welche ausdrückt, daß der Zusammenhang der Wassersäule am Ort der Einmündung des Wasserschlosses in den Druckstollen erhalten bleibt.

$$\underbrace{fW}_{\substack{\text{Zufluß aus}\\\text{dem Druckstollen}}} = \underbrace{FV}_{\substack{\text{Zufluß zum}\\\text{Wasserschloß}}} + \underbrace{Q_T}_{\substack{\text{Abfluß in die}\\\text{Druckrohrleitung}}}$$

$$fW = FV + Q_T. \tag{III/2}$$

Eine weitere Beziehung ergibt sich aus der Definitionsgleichung für die Geschwindigkeit

$$V = \frac{dZ}{dt}. \tag{III/3}$$

Ferner wissen wir aus Erfahrung, daß die Druckhöhenverluste proportional zum Quadrat der Fließgeschwindigkeit angesetzt werden können, so daß

$$\frac{P}{W^2} = \pm \frac{P_0}{W_0^2} \quad \text{(Werte im Beharrungszustand),}$$

woraus:

$$P = \pm P_0 \left(\frac{W}{W_0}\right)^2. \tag{III/4}$$

---

[1] Wenn der Druckstollen nicht horizontal angenommen werden kann, dann müßte in dieser Gleichung im zweiten Glied noch die Gewichtskomponente in der Achse des Druckstollens hinzugefügt werden oder im ersten Glied die Horizontalkomponente der Geschwindigkeit W eingeführt werden.

Das Vorzeichen $\pm$ ergibt sich aus der Vorzeichengleichheit zwischen P und W; W^2 bleibt positiv, selbst wenn W das Vorzeichen wechselt.

Außerdem ist die Aufschlagwassermenge Q_T vom Kraftwerksbetrieb her bekannt. Q_T ist eine Funktion der Zeit, wenn wir Betriebsvorgänge für Steigerung oder Verringerung der Beaufschlagung ohne Berücksichtigung des Reglereffekts betrachten. Q_T ist eine Funktion der Fallhöhe, wenn wir eine Regelung auf konstante Leistung vorsehen.

Im ersten Fall schreiben wir:

$$Q_T = Q_T(t).\tag{III/5 A}$$

Im zweiten Fall erhalten wir Q_T aus der Gleichsetzung der Leistung für den stationären Zustand, $N_0 = \dfrac{\gamma Q_0 (H - P_0) \eta}{75}$, zur Leistung zur Zeit t, $N = \dfrac{\gamma Q_T (H + Z) \eta}{75}$. η bezeichnet den Wirkungsgrad. Somit wird:

$$Q_T = Q_0 \frac{H - P_0}{H + Z}.\tag{III/5 B}$$

Der Auswertung dieser fünf Grundgleichungen seien noch einige Bemerkungen vorausgeschickt.

6. Bemerkungen zu den Grundgleichungen

1. Im Wasserschloß kann in seinem unteren Teil eine Drosselöffnung vorhanden sein (Abb. III/1a). Wir wollen die Reibungsverluste infolge dieses Dämpfungswiderstands mit R_0 für die Aufschlagwassermenge im Beharrungszustand und mit R für eine beliebige Wassermenge bezeichnen. In diesem Falle müssen wir an der ersten Grundgleichung eine Ergänzung vornehmen und schreiben:

$$\frac{L}{g} \frac{dW}{dt} + Z + P + R = 0.\tag{III/1'}$$

Da R proportional zum Quadrat der in das Wasserschloß eintretenden Wassermenge FV ist, so wird:

$$R = R_0 \left(\frac{FV}{Q_0}\right)^2.\tag{III/6}$$

2. Wenn das Wasserschloß aus zwei oder mehreren untereinander in Verbindung stehenden Schächten besteht (Differentialwasserschloß, Abb. III/1c), so ist die in das Wasserschloß eintretende Wassermenge der Gl. (III/2) nicht mehr gleich FV, sondern der Summe gebildet aus FV und der Wassermenge, die in den anschließenden Schacht eintritt. Die Gl. (III/2) wird somit durch eine Gleichungsgruppe ersetzt. Wir wollen uns damit eingehender in Abschn. VII, S. 123 (Differentialwasserschlösser), befassen.

Bemerkungen zu den Grundgleichungen 51

3. Die Druckhöhenverluste P im Druckstollen setzen sich zusammen aus den Reibungsverlusten entlang des Stollens, den Eintrittsverlusten und der Geschwindigkeitshöhe $\frac{W^2}{2g}$ an der Einmündung des Wasserschlosses in den Stollen. Die Geschwindigkeitshöhe $\frac{W^2}{2g}$ stellt keine eigentliche Verlusthöhe dar, da sie in den Turbinen wiedergewonnen werden kann.

Bei Vorberechnungen wird manchmal die Geschwindigkeitshöhe $\frac{W^2}{2g}$ bei der Berechnung der Reibungsverluste vernachlässigt, die sich somit zu klein ergeben. Die Annäherung hat beim Schachtwasserschloß zur Folge, daß beim Schließen der Turbinen der größte Spiegelausschlag im Wasserschloß etwas zu groß wird und sich beim Öffnen etwas zu gering ergibt. Bei einer Vorberechnung geht es jedoch hauptsächlich darum, das erforderliche Wasserschloßvolumen mit genügender Genauigkeit zu bestimmen. Die Differenz der Wasserspiegellagen für höchstes Aufschwingen berechnet ohne und mit Berücksichtigung des Ausdrucks $\frac{W^2}{2g}$, ist im allgemeinen größer als die für tiefstes Abschwingen. Eine Berechnung mit Vernachlässigung der Energiehöhe $\frac{W^2}{2g}$ ergibt daher einen etwas zu großen Schwallrauminhalt, so daß man sich auf der sicheren Seite befindet.

4. Das Vorzeichen $\pm$ in Gl. (III/4), Definitionsgleichung für die Reibungsverluste P, verhindert die Aufstellung einer allgemeinen Gleichung der Wasserbewegung. Eine mathematische Erfassung des Problems wird möglich, wenn man von einer der folgenden Voraussetzungen ausgeht:

a) Vernachlässigung der Reibungsverluste.

b) Berücksichtigung von nur einem Vorzeichen, d. h. Aufstellung einer Bewegungsgleichung, die nur gültig ist so lange die Geschwindigkeit W ihr Vorzeichen nicht ändert.

c) Einführung von Differenzenquotienten.

5. Die üblichen Betriebsvorgänge finden in nachfolgenden Bedingungsgleichungen ihren Ausdruck:

a) plötzliches, vollkommenes Schließen:

Anfangsbedingung: Gleichung $Q_T = Q_0$,
Gl. (III/5 A) $\qquad Q_T = 0$,

b) plötzliches Öffnen von Teil- auf Vollast:

Anfangsbedingung: Gleichung $Q_T = Q_A$,
Gl. (III/5 A) $\qquad Q_T = Q_0$,

4*

c) allmähliches, vollkommenes Öffnen, Öffnungszeit τ:

Anfangsbedingung: Gleichung $Q_T = 0$,

$$t < \tau : Q_T = Q_0 \frac{t}{\tau},$$

Gl. (III/5 A) $\quad t > \tau : Q_T = Q_0$,

d) plötzliches, teilweises Öffnen mit Regelung auf konstante Leistung:

Anfangsbedingung: Gleichung $Q_T = Q_A$,

Gl. (III/5 B) $\quad\quad Q_T = Q_0 \dfrac{H - P_0}{H + Z}.$

7. Lösung mit Hilfe des Energieerhaltungssatzes

Bei dieser Berechnungsmethode macht man vom Energieerhaltungssatz Gebrauch, indem man für einen bestimmten Fall die Energien für Anfangs- und Endzustand berechnet und diese gleichsetzt. Wir wollen im folgenden einige Sonderfälle untersuchen:

a) Plötzliches, vollkommenes Schließen bei Vernachlässigung der Druckhöhenverluste im Druckstollen ($P = 0$)

Anfangszustand: Durchfluß im Druckstollen Q_0; der Wasserspiegel im Wasserschloß liegt unbeweglich auf Höhe des Ruhespiegels, da wir die Reibungsverluste vernachlässigen. Die in stationärer Bewegung befindliche Wassermasse des Druckstollens hat die kinetische Energie:

$$\underbrace{L f \frac{\gamma}{g}}_{\text{Masse}} \frac{W_0^2}{2}.$$

Endzustand: Fließgeschwindigkeit Null im Druckstollen und im Wasserschloß. Der Wasserspiegel im Wasserschloß in gesuchter Höchstlage $Z_{\max}$. Die potentielle Energie der in den Schwallraum eingeströmten Wassermasse ist gleich der aufgespeicherten Arbeit, die erforderlich ist, um das Gewicht $\mho \gamma$ auf die Höhe Z_g zu heben. Sie beträgt somit:

$$\mho \gamma Z_G,$$

worin

$\mho$ Volumen der in das Wasserschloß eingeströmten Wassermasse
Z_g Höhe des Schwerpunkts des eingeströmten Volumens

Beide Energien müssen gleich sein, und wir erhalten:

$$L f \frac{W_0^2}{2g} = \mho Z_G. \quad (\text{III}/7)$$

Auf der linken Seite dieser Gleichung befindet sich die bekannte Größe der kinetischen Energie, auf der rechten Seite ein Produkt, welches für ein bestimmtes Wasserschloß nur vom größten Spiegelanstieg $Z_{\max}$ abhängt, der somit berechnet werden kann.

Man erkennt leicht, daß bei einer Variation von Z_G, hervorgerufen durch eine Änderung der Verteilung des Wasservolumens im Wasserschloß, sich ᘓ in entgegengesetztem Sinn verändert. Um das Wasserschloß wirtschaftlich zu dimensionieren, liegt es in unserem Interesse, ᘓ so klein als möglich zu halten. In diesem Sinn ist es daher vorteilhaft, Z_G zu vergrößern, indem wir das Volumen im oberen Teil des Wasserschlosses konzentrieren.

Im Falle eines Schachtwasserschlosses mit konstantem Querschnitt ist $Z_G = \frac{1}{2} Z_{\max}$. Konzentriert man jedoch das Volumen um $Z_{\max}$, so können wir annähernd $Z_G \cong Z_{\max}$ setzen. Wir sehen daraus, daß Z_G sich verdoppelt hat und das Volumen um die Hälfte kleiner wurde. Obwohl diese Berechnung sehr schematisch ist, gibt sie dennoch den Grenzwert einer möglichen Einsparung an Schwallraum.

b) Plötzliches, vollkommenes Schließen bei Berücksichtigung der Druckhöhenverluste im Druckstollen ($P \neq 0$)

(s. Abb. III/3)

Der Beharrungswasserspiegel im Wasserschloß ist durch die hydraulische Drucklinie gegeben und liegt um den Betrag der Reibungsverlusthöhe $-P_0 (< 0)$ unterhalb des Ruhespiegels. Die Reibungsverluste ändern sich mit W^2. Der höchste Spiegelausschlag wird daher größer sein als für $P = \text{konst}$, aber immerhin unter dem für $P = 0$ liegen.

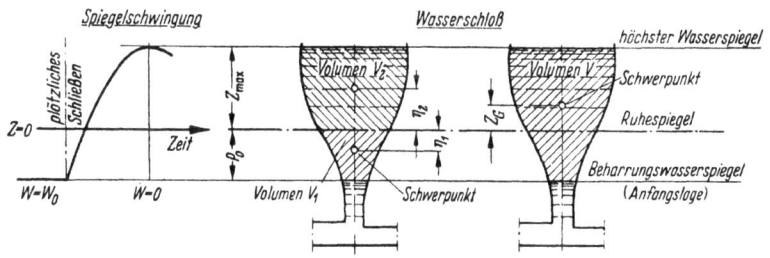

Abb. III/3
Plötzliches, vollkommenes Schließen. Verfahren mit Hilfe des Energieerhaltungssatzes
Berücksichtigung der Druckhöhenverluste im Druckstollen ($P \neq 0$)

In die Gleichung der Energiebilanz müssen wir noch zwei zusätzliche Glieder einführen:

1. Die Arbeit, welche aufgebracht wird, um den Wasserspiegel vom Ruhespiegel $Z = 0$ auf den Beharrungsspiegel $Z = -P_0$ abzusenken. Diese Arbeit wird bei einem Gegendruck vom Staubecken geleistet und vom Druckstollen übertragen. Es handelt sich daher um eine

54 Allgemeine Theorie zur Berechnung des Wasserschlosses beliebiger Form

Energie, die gleichzeitig mit der kinetischen Energie des Druckstollens umgeformt werden muß.

2. Die durch Reibung verursachte Arbeit im Druckstollen und im Wasserschloß bei steigendem Wasserspiegel.

$$\underbrace{\gamma L f \frac{W_0^2}{2g}}_{\substack{\text{Kinetische Energie} \\ \text{des Druckstollens}}} - \underbrace{\mho_1 \eta_1 \gamma}_{\substack{\text{Arbeit zur Spiegelsenkung} \\ \text{im Schwallraum (während des} \\ \text{Betriebsvorgangs frei werdend)} \\ \text{[Vorzeichen (−) da } \eta_1 < 0]}} = \underbrace{\mho_2 \eta_2 \gamma}_{\substack{\text{Arbeit zur Spiegel-} \\ \text{hebung im Schwall-} \\ \text{raum}}} + \underbrace{\overline{\mho}_f}_{\text{Reibungsarbeit}}.$$

$\mho_1, \mho_2$ Wasservolumen unter- und oberhalb des Ruhespiegels
$\mho = \mho_1 + \mho_2$ Gesamtvolumen
η_1, η_2, Z_G Höhen der Schwerpunkte der Rauminhalte $\mho_1$, $\mho_2$ und $\mho$ in bezug auf den Ruhespiegel
$\mho_1 \eta_1$, $\mho_2 \eta_2$, $\mho Z_G$ Statische Momente der Volumen $\mho_1$, $\mho_2$ und $\mho$ in bezug auf den Ruhespiegel

Man erkennt leicht, daß:

$$\mho_1 \eta_1 + \mho_2 \eta_2 = \mho Z_G,$$

somit
$$L f \frac{W_0^2}{2g} = \mho Z_G + \frac{\overline{\mho}_f}{\gamma}. \tag{III/7'}$$

Die Reibungsarbeit ist mit W zeitlich veränderlich. Aus einem Vergleich mit den Ergebnissen aus den Differentialgleichungen (s. S. 80f. u. 111ff.) kann sie im nachhinein bestimmt werden.

c) Andere Betriebsvorgänge

Mittels des Energieerhaltungssatzes können nur plötzliche Betriebsvorgänge bei Vernachlässigung der Reibungsverluste genau erfaßt werden. Wenn diese gering sind und die zu untersuchenden Betriebsvorgänge rasch ablaufen, so ist das Verfahren noch anwendbar, und man erhält auf einfache Art interessante Aufschlüsse. Seine praktische Anwendung bleibt daher gewöhnlich auf Vorentwürfe beschränkt. Es kann jedoch sehr nützlich sein, Ergebnisse von anderen, oft langwierigen und komplizierten Berechnungen damit zu überprüfen.

8. Lösung mit Hilfe finiter Differenzen

Mittels dieser Methode können die kompliziertesten Berechnungen von Wasserschlössern (langsame Betriebsvorgänge bei beliebigem, zeitlichem Ablauf, Wasserschloß mit beliebiger Form, Wirkung der Turbinenregler usw.) erfaßt werden. Eine allgemeine Lösung kann jedoch nicht gefunden werden, so daß jeder Fall für sich behandelt werden muß. Die Ergebnisse können mit jeder gewünschten Genauigkeit erhalten werden, der hierzu nötige Zeitaufwand kann allerdings beachtlich sein. Der Vorteil dieses Verfahrens gegenüber analytischen Verfahren liegt darin, daß Lösungen ohne weitere Vereinfachungen als die, die in den Grundgleichungen enthalten sind, gefunden werden können. Ein Nachteil ist, daß wir nicht auf direktem Wege allgemeine Ergebnisse erhalten und diese nicht diskutieren können.

Das Verfahren verwendet die Grundgleichungen (III/1) bis (III/5); die Differentiale dZ, dW, dt werden durch die finiten Differenzen ΔZ, ΔW und Δt ersetzt. Gl. (III/3) ermöglicht es, V in Gl. (III/2) zu eliminieren.

Wir erhalten somit folgende Gleichungsgruppe:

$$\frac{L}{g}\frac{\Delta W}{\Delta t} + Z + P = 0, \tag{III/1a}$$

$$f W = F\frac{\Delta Z}{\Delta t} + Q_T, \tag{III/2a}$$

$$P = \pm P_0\left(\frac{W}{W_0}\right)^2, \tag{III/4}$$

$$Q_T = Q_T(t). \tag{III/5A}$$

Betriebslastfälle mit Regelung der Leistung (III/5B) werden in Abschn. V., S. 88, eingehend behandelt.

Mit Hilfe dieser Gleichungen soll nun der Zustand (Z, W) zur Zeit $(t + \Delta t)$ bestimmt werden, unter der Voraussetzung, daß der Zustand zur Zeit t bekannt ist.

a) Verfahren von Pressel [14]

(s. Abb. III/4)

Man geht von einer Schätzung der Geschwindigkeit zur Zeit $(t + \Delta t)$ aus und berechnet die mittlere Geschwindigkeit $\overline{W}$ für das Zeitintervall Δt. Mit Hilfe der Gl. (III/2a) können wir dann die Spiegeldifferenz ΔZ berechnen, da die Wassermenge Q_T (als Funktion von t) und der Wasserschloßquerschnitt F (als Funktion von Z) bekannt sind. Die neue Wasserspiegellage $(Z_1 + \Delta Z)$ und der Mittelwert $\overline{Z}$ können somit ebenfalls bestimmt werden. Aus Gl. (III/1a) erhalten wir ΔW, da die Reibungsverluste P (als Funktion von W) bekannt sind. Der auf diese Weise berechnete Wert von ΔW muß mit dem anfänglich geschätzten Wert

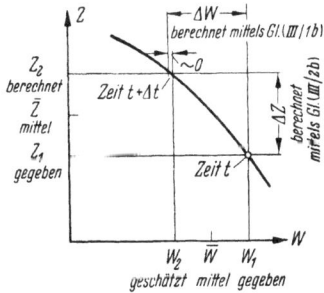

Abb. III/4. Verfahren von PRESSEL

übereinstimmen. Wenn man Δt genügend klein wählt (z. B. 5 bis 10 sec), so ist die erhaltene Genauigkeit im allgemeinen hinreichend. Für die

Berechnung ist es praktisch, die Gl. (III/1a) und (III/2a) wie folgt umzuformen:

$$\Delta W = -\frac{g}{L}\Delta t(Z+P), \qquad \text{(III/1 b)}$$

$$\Delta Z = \frac{\Delta t}{F}(fW - Q_T). \qquad \text{(III/2 b)}$$

Folgender Berechnungsgang ist einzuhalten:

1. Zeichnerische (oder tabellarische) Darstellung, A, des Wasserspiegelquerschnitts F in Abhängigkeit von Z.

2. Zeichnerische Darstellung, B, der Reibungsverluste P in Abhängigkeit von der Fließgeschwindigkeit W.

3. Graphische Darstellung des Schließgesetzes, C, d. h. der Wassermenge Q_T in Abhängigkeit von der Zeit.

4. Durchführung der tabellarischen Berechnung nach nebenstehendem Schema:

Δt	Willkürlich gewählt
t	
$\overline{Q}_{T\,\text{mittel}}$	Gegeben durch Kurve C
Z_{Anfang}	Ergibt sich aus der Berechnung für das vorangegangene Zeitintervall
W_{Anfang}	Ergibt sich aus der Berechnung für das vorangegangene Zeitintervall
W_{Ende}	Geschätzt
$\overline{W}_{\text{mittel}}$	
ΔZ	Berechnet mit Hilfe von Gl. (III/2 b) und von Kurve A
Z_{Ende}	
$\overline{Z}_{\text{mittel}}$	Gegeben durch Kurve B
$\overline{P}_{W\,\text{mittel}}$	
ΔW	Berechnet mit Hilfe von Gl. (III/1 b)
W_{Ende}	Berechnet mit Hilfe von W_{Anfang} und ΔW. Vergleich mit geschätztem W_{Ende}, welches identisch sein muß

Das beschriebene Verfahren ist infolge des schrittweisen Vorgehens ziemlich zeitraubend und eintönig. Rechenfehler können sich einstellen, die leicht bis ans Ende der Berechnung mitgeschleppt werden.

b) Vereinfachtes Verfahren

Eine wesentliche Vereinfachung des Verfahrens von PRESSEL wird erzielt, wenn man die Berechnung nicht mit den Mittelwerten der Veränderlichen, sondern mit den Randwerten jedes Differenzenabschnitts durchführt. Eine Berechnung mit Schätzwerten wird somit vermieden. Die Veränderlichen werden wie folgt in die Berechnung eingeführt:

W, P Randwerte am Beginn des Differenzenabschnitts
Z Randwerte am Ende des Differenzenabschnitts

Beim Aufschwingen des Wasserspiegels als Folge einer plötzlichen, vollständigen Entlastung wird beispielsweise der Randwert von W am

Beginn des Intervalls zu groß sein. Da $Q_T = 0$, wird ΔZ, berechnet nach Gleichung (III/2b), sich ebenfalls etwas zu groß ergeben. Der Wasserspiegel am Ende des Intervalls auf Höhe Z liegt höher als Z_{mittel}, die Reibungsverluste am Beginn des Abschnitts sind auch größer als deren Mittelwert. Damit wird aber auch der absolute Wert von ΔW, berechnet nach Gl. (III/1b), zu groß.

Die Durchführung der Berechnung entspricht daher dem genauen Verfahren mit einem etwas zu groß gewählten Zeitintervall Δt. Die größte Abweichung in den Ergebnissen wird sich daher beim zeitlichen Ablauf des Vorgangs einstellen. Dies ist jedoch nicht sehr störend, da uns hauptsächlich die extremen Wasserspiegellagen interessieren.

Die tabellarische Berechnung kann nach folgendem vereinfachten Schema durchgeführt werden:

Beide Verfahren können zur Berechnung von Wasserschlössern beliebiger Form herangezogen werden. Die für jeden Einzelfall erforderlichen kleinen Umänderungen lassen sich leicht vornehmen. Einige praktische Beispiele für die graphische Durchführung der Berechnung des vereinfachten Verfahrens finden sich in den Abschnitten für die Berechnung der Drosselwasser-, Differentialwasserschlösser usw.

Δt	Willkürlich gewählt
t	
Z	Ergibt sich aus der Berechnung des vorangegangenen Zeitintervalls
W	Ergibt sich aus der Berechnung des vorangegangenen Zeitintervalls
Q_T	Gegeben durch Kurve C
ΔZ	Berechnet mit Hilfe von Gl. (III/2b) und von Kurve A; hinzugefügt zu Z
P_W	Gegeben durch Kurve B
ΔW	Berechnet mit Hilfe von Gl. (III/1b); hinzugefügt zu W[1]

9. Graphische Lösung mit Hilfe des Verfahrens von Schoklitsch

Dieses Verfahren beruht auf der graphischen Auswertung der Grundgleichungen in Differenzenform (vereinfachtes Verfahren). Die Berechnung läßt sich ziemlich rasch durchführen, die erzielbare, zeichnerische Genauigkeit ist von derselben Größenordnung wie die, die man von vornherein mit der Einführung von Differenzenquotienten in Kauf nehmen muß. Außerdem bietet das Verfahren den großen Vorteil der Übersichtlichkeit. Rechenfehler können meist unmittelbar aufgefunden werden.

Für den Zeitabschnitt Δt wird ein Festwert angenommen. Damit wird der Ausdruck $-\frac{g}{L} \Delta t$ in Gl. (III/1b) zu einem konstanten Faktor,

---

[1] Zur Berechnung von ΔW verwenden wir den Wert Z der folgenden Linie, d. h. den Wert $(Z + \Delta Z)$.

58 Allgemeine Theorie zur Berechnung des Wasserschlosses beliebiger Form

und wir erkennen, daß zwischen der Geschwindigkeitsänderung ΔW und dem Gegendruck $(Z + P)$, den das Wasserschloß auf den Druckstollen ausübt, Proportionalität besteht. Wenn im unteren Teil des Wasserschlosses ein Dämpfungswiderstand vorgesehen ist, dann muß dieser Gegendruck noch um die Druckhöhenverluste R infolge der Drosselung vergrößert werden. Da die Werte der Wassermengen interessanter sind als die der Fließgeschwindigkeiten, so wollen wir beide Seiten der Gl. (III/1 b) mit dem Stollenquerschnitt f multiplizieren. Wir erhalten damit

$$\underbrace{\Delta W f}_{\substack{\text{Differenz}\\\text{der Wasser-}\\\text{mengen}}} = - \underbrace{\frac{g f}{L} \Delta t}_{\substack{\text{Festwert,}\\\text{wenn}\\\Delta t \text{ konst.}}} \underbrace{(Z + P)}_{\text{ev.} + R} = \underbrace{\text{konst.} \, \Lambda.}_{\text{Gegendruck}} \qquad \text{(III/1 c)}$$

Um Gl. (III/2 b) auch für Wasserschloßarten mit veränderlichem Querschnitt anwenden zu können, multiplizieren wir sie mit F. Sie geht damit in eine Inhaltsgleichung über und läßt sich wie folgt anschreiben:

$$\underbrace{\Delta Z F}_{\substack{\Delta C \\ \text{Inhaltsänderung} \\ \text{des Schwallraums}}} = \underbrace{f W \Delta t}_{\substack{\Delta C_1 \\ \text{Zufluß aus dem} \\ \text{Druckstollen im} \\ \text{Zeitabschnitt } \Delta t}} - \underbrace{Q_T \Delta t}_{\substack{\Delta C_2 \\ \text{Abfluß in die} \\ \text{Druckrohrleitung im} \\ \text{Zeitabschnitt } \Delta t}} \qquad \text{(III/2 c)}$$

Folgender Rechengang ist einzuhalten (Abb. III/5):

1. Festlegung der Maßstäbe für die Höhen (Z, P), die Wassermengen $(f W)$ und die Volumen $(\Delta C, \Delta C_1, \Delta C_2)$ und Wahl des Zeitabschnitts Δt.

2. Auftragen der Parabel der Reibungsverluste im Druckstollen:

$$P = \pm P_0 \left(\frac{f W}{f W_0}\right)^2.$$

Diese besteht aus 2 Halbparabeln, welche durch die Punkte $(f W_0, -P_0)$ und $(-f W_0, +P_0)$ gehen.

3. Auftragen der Kurve für den Wasserschloßinhalt

$$C = \int F(Z) \, dZ \quad \text{(Summenlinie).}$$

4. Auftragen der Inhaltsgeraden für den Druckstollen:

$$\Delta C_1 = f W \Delta t.$$

5. Auftragen der Inhaltslinie für die Druckrohrleitung in Abhängigkeit von der Zeit:

$$\Delta C_2 = Q_T(t) \Delta t.$$

Diese Kurve charakterisiert den Betriebsvorgang. Meistens ist sie eine Gerade, da man für langsame Betriebsvorgänge häufig annimmt, daß sich die Wassermenge proportional zur Zeit ändert. Bei der Berechnung von plötzlichen Belastungsänderungen erübrigt sich das Auftragen dieser Kurve.

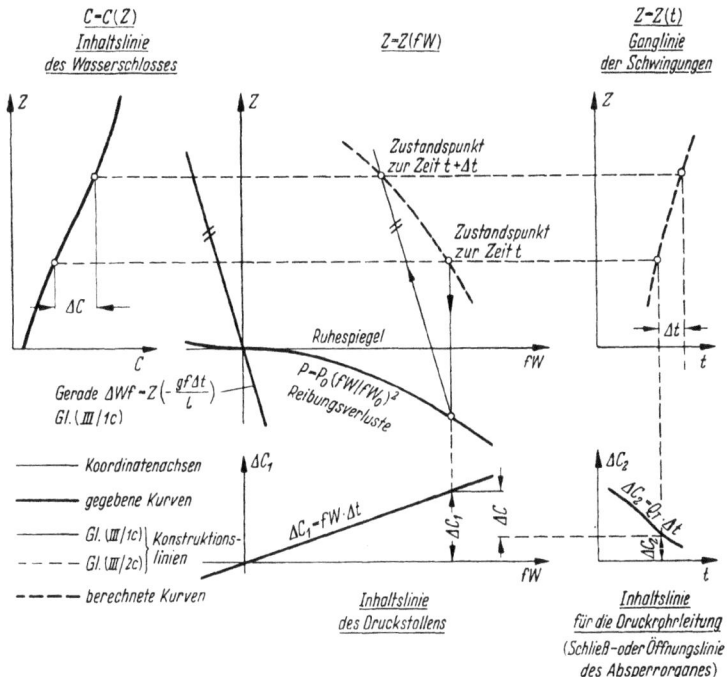

Abb. III/5. Graphisches Verfahren von SCHOKLITSCH. Auffindung des Zustandspunkts zur Zeit $(t + \Delta t)$ vom bekannten Punkt zur Zeit t ausgehend. Wasserschloß mit veränderlichem Querschnitt, ohne Überlauf und ohne Dämpfungswiderstand; beliebiger Schließvorgang, ohne Wirkung der Turbinenregulierung. Berücksichtigung der Reibungsverluste im Druckstollen $(P \neq 0)$

Nach Beendigung dieser Vorarbeit kann die eigentliche Konstruktion begonnen werden. Ausgegangen wird vom bekannten Zustandspunkt (fW, Z) zur Zeit t, gesucht wird der Zustandspunkt zur Zeit $(t + \Delta t)$. Zu diesem Zweck wird wie folgt vorgegangen (s. Abb. III/5 und Zahlenbeispiel Abb. III/6):

a) Bestimmung des Wasserinhalts ΔC_1 des Druckstollens auf der entsprechenden Inhaltsgeraden innerhalb des Zeitabschnitts Δt.

b) Bestimmung des von der Druckrohrleitung im Zeitabschnitt Δt aufgenommenen Wasserinhalts ΔC_2 auf der entsprechenden Inhaltskurve.

c) Berechnung der Inhaltsänderung des Wasserschlosses ΔC aus der Differenz der Inhalte ΔC_1 und ΔC_2.

d) Übertragung dieses Volumens ΔC in die Inhaltskurve des Wasserschlosses. Damit wird die Spiegeldifferenz ΔZ im gewählten Zeitabschnitt bestimmt, und die Ordinate des neuen Zustandspunkts für die weitere Konstruktion festgelegt. Die beschriebenen Konstruktionsabschnitte a) bis d) stellen die graphische Auswertung der Gl. (III/2c) dar.

60 Allgemeine Theorie zur Berechnung des Wasserschlosses beliebiger Form

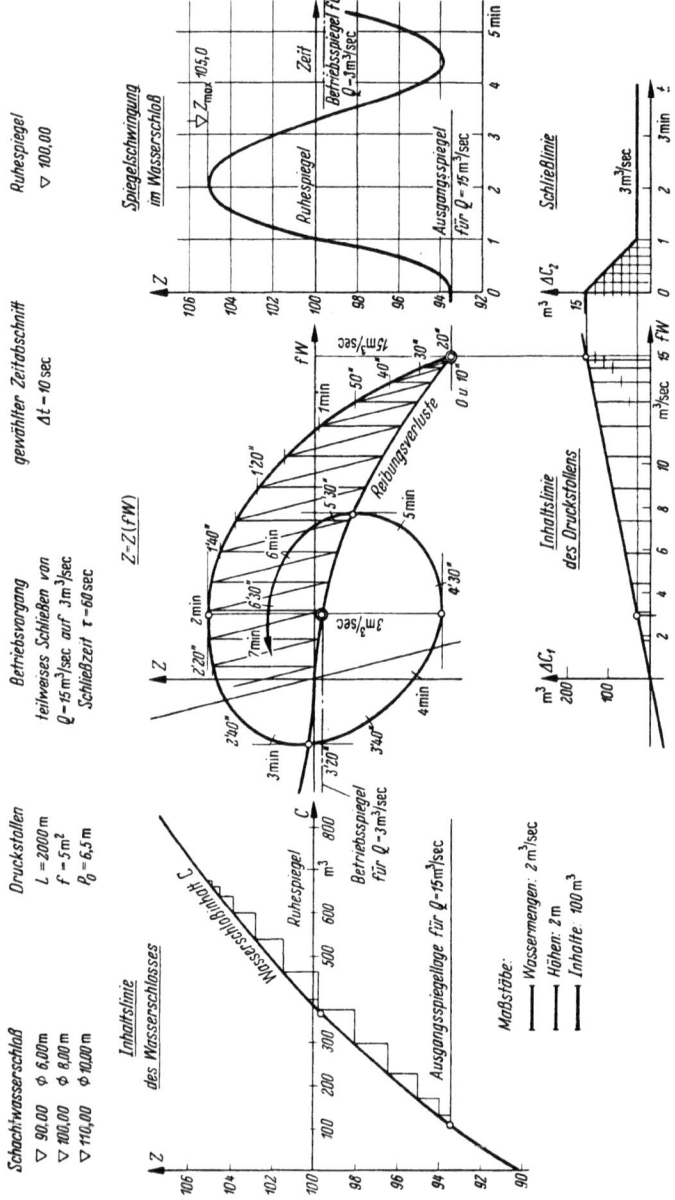

Abb. III/6. Zeichnerische Ermittlung der Spiegelbewegung in einen Schachtwasserschloß mit veränderlichem Querschnitt bei Belastungsverminderung. Teilweises Schließen von $Q = 15$ m³/sec auf 3 m³/sec. Schließzeit $\tau = 60$ sec

e) Bestimmung des Gegendrucks unterhalb (oder oberhalb) des Zustandspunkts. Ist keine Drosselöffnung vorhanden, so befindet sich der entsprechende Punkt auf der Parabel der Reibungsverluste.

f) Bestimmung der Änderung der Wassermenge $\Delta W f$ im gewählten Zeitabschnitt. Da diese proportional zu $(Z + P)$ ist, so wird sie durch eine Gerade mit der Neigung $-\frac{g f \Delta t}{L}$ dargestellt. Man zeichnet eine Parallele zu dieser Geraden durch den aufgefundenen Punkt. Der Schnittpunkt mit der Horizontalen auf Höhe $(Z + \Delta Z)$ bestimmt die Lage des Zustandspunkts zur Zeit $(t + \Delta t)$.

Der eingeschlagene Konstruktionsvorgang entspricht vollkommen einer graphischen Auswertung des auf S. 56f. beschriebenen vereinfachten Verfahrens; besonders trifft dies für die eingeführten Werte der Veränderlichen am Anfang und am Ende des gewählten Zeitabschnitts zu.

Wir erhalten auf diese Art und Weise in der Ebene (fW, Z) eine spiralförmige Kurve, auf welcher wir die abgelaufene Zeit in den Zustandspunkten eintragen. Die Wasserspiegelschwankungen im Wasserschloß sind durch diese Spirale eindeutig bestimmt. Durch den höchsten und tiefsten Punkt dieser Kurve mit horizontaler Tangente sind die extremen Wasserspiegellagen festgelegt. Die zeitliche Abwicklung des Vorgangs wird jedoch übersichtlicher in einer Kurve $Z = Z(t)$ in einer Ebene (Z, t) dargestellt.[1]

Erwähnt seien noch einige Besonderheiten der Kurve $Z = Z(fW)$ für den einfachen Fall eines Wasserschlosses mit veränderlichem Querschnitt ohne Drosselung und ohne Überlauf:

1. Nach Beendigung der Entnahmeverringerung weist die Spirale $Z = Z(fW)$ horizontale Tangenten in Punkten auf, die auf einer Vertikalen mit dem Abszissenwert der neuen Betriebswassermenge liegen, da zu diesen Zeitpunkten der Zufluß aus dem Druckstollen gleich ist dem Abfluß in die Steilrohrleitung.

2. Die Tangenten der Kurve $Z = Z(fW)$ in ihren Schnittpunkten mit der Parabel der Reibungsverluste sind vertikal, da zu diesen Zeiten kein Gegendruck vorhanden ist. Der entsprechende Wert von ΔW wird ebenfalls Null.

3. Die Spirale $Z = Z(fW)$ konzentriert sich um den Zustandspunkt des neuen Beharrungszustands.

Für den Sonderfall des Schachtwasserschlosses ist die Inhaltskurve desselben eine Gerade. Bei passender Wahl der Maßstäbe ist es möglich, die Volumendifferenzen im Höhenmaßstab abzulesen, ohne die Inhaltskurve zu benützen. Sie kann daher weggelassen werden.

---

[1] In den folgenden Abschnitten finden wir noch weitere Beispiele für die Anwendung des graphischen Verfahrens von SCHOKLITSCH.

10. Vergleich der Methode von Bergeron-Schnyder mit dem Verfahren von Schoklitsch

Das Verfahren von BERGERON-SCHNYDER ermöglicht die Bestimmung der Änderungen der Druckhöhen und der Wassermenge in jedem beliebigen Punkt der Zuleitung, im besonderen am unteren Ende A der Steilrohrleitung, am unteren Ende B' des Wasserschlosses, ober- und unterhalb davon in den Punkten B'' und B (siehe numerisches Beispiel Abb. III/7). In diesen Punkten können entsprechende Diagramme für Durchfluß und Druck gezeichnet werden.

Die Diagramme für die Punkte A, B'' und B' am Ende der Triebwasserleitung sind gebrochene Linienzüge. Sie lassen besonders deutlich die starke Druckänderung am unteren Ende A des Druckschachts, die kleine, aber rasche Hin- und Herbewegung des Wassers am Eintritt B'' der Steilrohrleitung und am unteren Ende B' des Wasserschlosses erkennen. Ferner bemerkt man, daß der Druck am Ende des Druckstollens (Punkt B) nur langsam ansteigt und von einer sehr langsamen Hin- und Herbewegung des Wassers (Spirale) begleitet ist.

Für den Bereich am Orte des Wasserschlosses können mit dem Verfahren von SCHOKLITSCH ähnliche Diagramme erhalten werden. In den Punkten B'' und B' gibt die Kurve jedoch nicht die rasche Hin- und Herbewegung des Wassers aus der Druckrohrleitung wieder. Ansonsten ist die Übereinstimmung mit der Kurve nach BERGERON-SCHNYDER gut.

Für den Punkt B ist die Übereinstimmung der beiden Kurven ebenfalls eine gute. Auf S. 35, Abb. II/13d, sind die Punkte dieser Spiralen vollständig eingezeichnet.

Wir können auch feststellen, daß die schaukelnde Bewegung des Wassers beim Eintritt in den Druckschacht (Punkt B'') dem Auf- und Abschwingen des Wasserspiegels im Wasserschloß in B' entspricht. Wie wir schon in Abschn. III/1, S. 41, feststellen konnten, läßt uns diese Übereinstimmung neuerlich erkennen, daß der Wasserstoß dem Schwingungsvorgang im Druckstollen qualitativ analog ist. Im Gegensatz zum ersteren, raschen Vorgang ist der zweite sehr langsam.

11. Allgemeine Bemerkungen

In diesem Abschnitt, der sich mit der allgemeinen Theorie zur Berechnung der Wasserschlösser befaßt, haben wir besonders Rechenverfahren mit Anwendung von Differenzengleichungen, deren Lösung auf rechnerischem oder graphischem Wege erfolgen kann, hervorgehoben, da diese die Behandlung jedes beliebigen Falls der Praxis gestatten.

In den folgenden Abschnitten wird jeder einzelne Wasserschloßtyp eingehender behandelt. Wir werden sehen, daß für einfache Betriebsvorgänge öfters analytische Methoden direkt zum Ziele führen, deren Ergebnisse besonders zum Aufstellen von Vorprojekten nützlich sind.

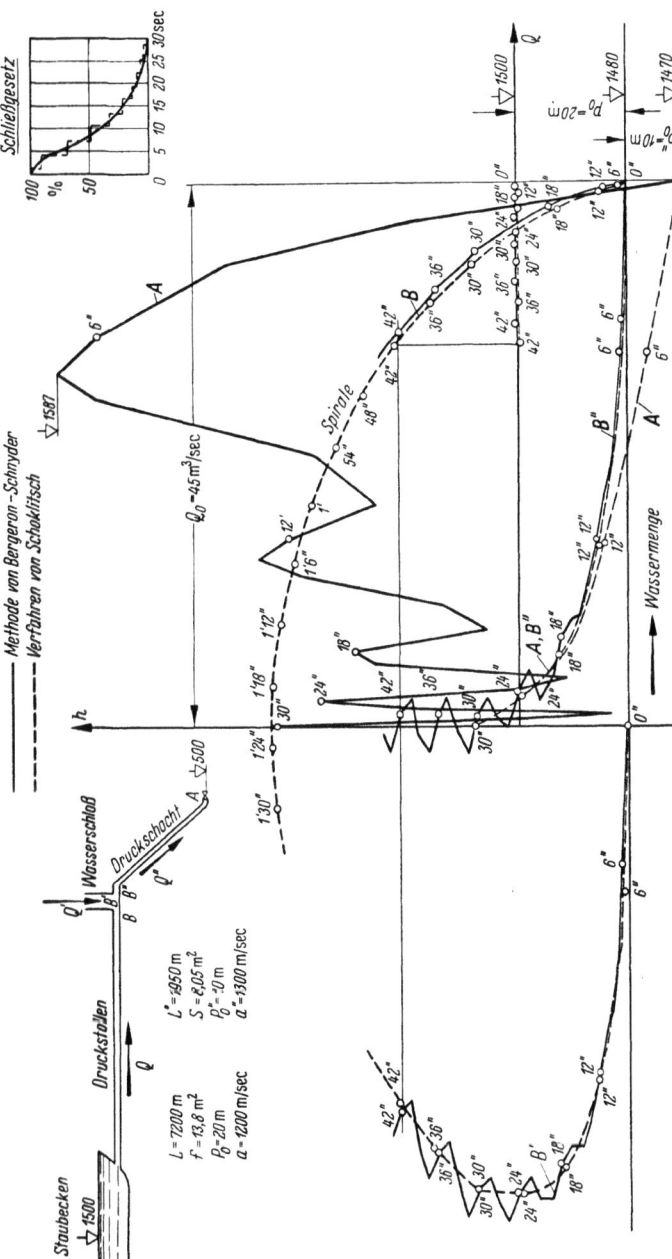

Abb. III/7. Vergleich der Ergebnisse nach der Methode von BERGERON-SCHNYDER und dem Verfahren von SCHOKLITSCH. Berücksichtigung der Reibungsverluste ($P \neq 0$). Hochdruckanlage; Zuleitung bestehend aus Druckstollen, Wasserschloß, Druckschacht. Vollkommenes, nichtlineares Schließen von $Q = 45$ m³/sec auf 0 m³/sec. Schließzeit $\tau = 30$ sec

Wir wollen uns zunächst eingehend mit dem Schachtwasserschloß befassen. Obwohl dieser Wasserschloßtyp selten ausgeführt wird, so ist er dennoch von Interesse, um nützliche Schlußfolgerungen hinsichtlich des Einflusses verschiedener Parameter einer Wasserkraftanlage ziehen zu können.

IV. Schachtwasserschloß

1. Einleitung

Die Untersuchung von Schachtwasserschlössern, die nur selten ausgeführt werden, ist dennoch von großem theoretischem Interesse, da für diese Wasserschloßart die Grundgleichungen in ihrer einfachsten Form beibehalten werden können und eine analytische Behandlung weitgehendst ermöglichen. Die Wirkung einiger Parameter, wie z. B. die Dauer des Betriebsvorgangs, kann in allgemeiner Form angegeben werden. Diese Untersuchung kann daher als Grundlage zur Berechnung komplizierter Wasserschloßtypen dienen.

Die Begründung für die seltene Ausführung von Schachtwasserschlössern läßt sich in zwei Punkten zusammenfassen: Einerseits wird infolge des gleichbleibenden Querschnitts das Aushubvolumen größer und teurer in der Ausführung als jenes von aufgelösten Wasserschloßtypen (Kammerwasserschloß, Drosselwasserschloß usw.). Andererseits, da die Dämpfung der Schwingungen sehr gering ist, dauern diese lange an.

Wir wollen unsere Untersuchung zunächst auf einfache, plötzliche oder langsame Betriebsvorgänge ohne Berücksichtigung der Fallhöhenverluste in der Triebwasserleitung beschränken. Will man diese berücksichtigen, so ist es zweckmäßig, in der Berechnung dimensionslose Größen einzuführen.

Vom Einfluß der Turbinenregelung wollen wir in diesem Abschnitt absehen, unter der Annahme, daß der Übergang von einer Beaufschlagung zur anderen direkt erfolgt. Die Wirkung der Turbinenregelung wird im Abschnitt V, S. 88, eingehend behandelt.

2. Schwingungen infolge plötzlichen, vollkommenen Schließens bei Vernachlässigung der Druckhöhenverluste im Druckstollen ($P = 0$)

Im Abschnitt III wurden folgende Grundgleichungen aufgestellt (S. 49 und 50):

$$\frac{L}{g} \frac{dW}{dt} + Z + P = 0, \qquad \text{(III/1)}$$

$$f W = F V + Q_T, \qquad \text{(III/2)}$$

$$V = \frac{dZ}{dt}, \qquad \text{(III/3)}$$

$$P = \pm P_0 \left(\frac{W}{W_0}\right)^2, \qquad \text{(III/4)}$$

$$Q_T = Q_T(t). \qquad \text{(III/5 A)}$$

Gemäß unseren Annahmen sind $P = 0$ und $Q_T = 0$. Führen wir Gl. (III/3) in Gl. (III/2) ein, erhalten wir

$$W = \frac{F}{f} \frac{dZ}{dt}$$

und daraus mit Gl. (III/1):

$$\frac{LF}{gf} \frac{d^2 Z}{dt^2} + Z = 0. \quad (IV/1)$$

Diese Gleichung stellt die Differentialgleichung des Schwingungsvorgangs dar, deren Lösung durch das allgemeine Integral wie folgt angegeben werden kann:

$$Z = Z_* \sin\left(\frac{2\pi t}{T_*} + \varphi\right). \quad (IV/2)$$

Diese Beziehung ist der mathematische Ausdruck für einen Vorgang, welcher offenbar durch eine Sinuskurve graphisch dargestellt werden kann. Es handelt sich daher bei der Wasserbewegung im Wasserschloß um eine Sinusschwingung mit der Schwingungsweite Z_* und der Schwingungsdauer

$$T_* = 2\pi \sqrt{\frac{LF}{gf}}. \quad (IV/3)$$

Die noch unbekannten Werte von Z_* und φ, welche im allgemeinen Integral vorkommen, sind durch die Randbedingungen bestimmt.

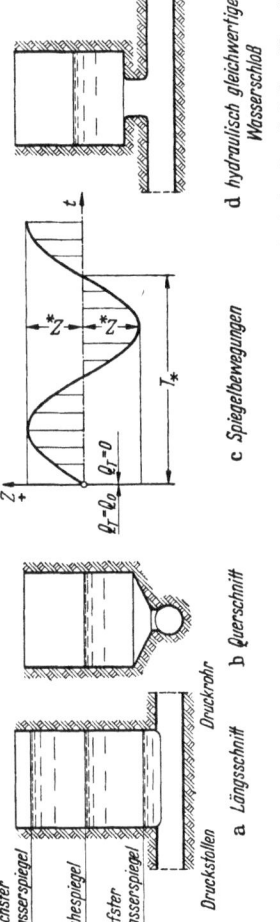

Abb. IV/1. Plötzliches vollkommenes Schließen. Vernachlässigung der Reibungsverluste im Druckstollen ($P = 0$)

Im Beharrungszustand vor der plötzlichen Entlastung beträgt die Wassermenge Q_0; der Wasserspiegel im Wasserschloß liegt auf der Höhe des Ruhespiegels, so daß $Z = 0$ (Abb. IV/1).

Die Randbedingungen zur Zeit $t = 0$, unmittelbar nach der Entlastung können somit wie folgt angeschrieben werden

$$Z = 0, \quad Q_T = 0, \quad fW = Q_0.$$

Führen wir die Bedingungsgleichung $Z = 0$ in Gl. (IV/2) ein, so wird $\varphi = 0$. Gl. (IV/2) nach t differenziert, ergibt für $t = 0$:

$$\frac{dZ}{dt} = \frac{2\pi}{T_*} Z_*.$$

Für $t = 0$ wird Gl. (III/2) zu $Q_0 = FV_0 + 0$, daraus erhalten wir:
$$V_0 = \frac{Q_0}{F} = \frac{dZ}{dt} = \frac{2\pi}{T_*} Z_*.$$
Führen wir in diese Gleichung für T_* den Ausdruck nach Gl. (IV/3) ein, so folgt

$$Z_* = \frac{Q_0 T_*}{2\pi F} = \frac{Q_0}{F} \sqrt{\frac{LF}{gf}} = Q_0 \sqrt{\frac{L}{gfF}} = W_0 \sqrt{\frac{Lf}{gF}} = V_0 \sqrt{\frac{LF}{gf}}. \quad \text{(IV/4)}$$

Für die Bewegungsgleichung erhalten wir demnach folgenden Ausdruck:

$$Z = W_0 \sqrt{\frac{Lf}{gF}} \sin\left(\sqrt{\frac{gf}{LF}}\, t\right) = Z_* \sin \frac{2\pi t}{T_*}. \quad \text{(IV/5)}$$

Für eine gegebene Anlage ist somit, bei Vernachlässigung der Fallhöhenverluste, das höchste Aufschwingen infolge plötzlichen Schließens durch Z_* festgelegt.

Bemerkung: Für das tiefste Abschwingen infolge plötzlichen, vollkommenen Öffnens ergibt sich derselbe Wert für Z_*. Auf ähnliche Weise können wir auch die maximalen Spiegelschwankungen für plötzliches, teilweises Schließen oder Öffnen bestimmen.

Aufschlagswassermenge zu Beginn des Betriebsvorgangs Q_A.
Aufschlagswassermenge am Ende des Betriebsvorgangs Q_B.

Die Gln. (IV/1), (IV/2) und (IV/3) bleiben unverändert, der Wasserspiegel führt also auch in diesen Fällen Sinusschwingungen mit der Periode T_* aus. Mit den Randbedingungen
$$Z = 0 \quad \text{und} \quad V_0 = \frac{Q_A - Q_B}{F}$$
wird $\varphi = 0$, und wir erhalten
$$Z_{\max} = (Q_A - Q_B) \sqrt{\frac{L}{gfF}}. \quad \text{(IV/6)}$$

Die Schwingungsweite ist somit der Differenz der Wassermengen proportional.

Abschließend wollen wir nochmals erwähnen, daß die gefundenen Ergebnisse nur für *plötzliche Betriebsvorgänge bei Vernachlässigung der Reibungsverluste* gültig sind. Wenn diese tatsächlich gering sind und auch die Schließ- oder Öffnungszeiten kurz sind, so können die Spiegelschwankungen durch Anwendung der erhaltenen Gleichungen in erster Näherung berechnet werden.

3. Einführung dimensionsloser Größen

Um den Einfluß der Druckhöhenverluste P und der Dauer der Betriebsvorgänge untersuchen zu können, wollen wir nach CALAME und GADEN[1] dimensionslose Größen in die Berechnung einführen. Die Spiegelausschläge werden auf die größte Schwingungsweite Z_*, die

---

[1] CALAME und GADEN haben als erste dimensionslose Größen in die Berechnung der Schwingungen in Wasserschlössern eingeführt.

Zeiten auf die Perioden der Schwingungen T_* bezogen. In ähnlicher Weise verfahren wir mit den anderen Veränderlichen, indem wir den Durchfluß und die Fließgeschwindigkeiten auf deren Werte Q_0 und W_0 im Beharrungszustand beziehen. Die Einführung dimensionsloser Größen bietet zahlreiche Vorteile für die mathematische Untersuchung der Schwingungsvorgänge, da ein Vergleich verschiedener Ergebnisse leichter durchgeführt werden kann, die algebraische Schreibweise vereinfacht wird und die Zahl der Parameter um vier verringert werden kann. Dies ist besonders wichtig, da eine graphische Darstellung und das Zeichnen von Diagrammen für Ergebnisse in Abhängigkeit von sechs Parametern praktisch unmöglich, hingegen für nur zwei Parameter sehr leicht ist.[1]

Im folgenden wollen wir die dimensionslosen Größen mit dem entsprechenden Kleinbuchstaben der reellen Größen bezeichnen. Eine Ausnahme mag nur die Zeit bilden.

$$z = \frac{Z}{Z_*}, \quad p = \frac{P}{Z_*}, \quad p_0 = \frac{P_0}{Z_*}, \quad q = \frac{Q_T}{Q_0},$$
$$w = \frac{W}{W_0} \quad v = \frac{V}{Q_0/F} \quad t' = \frac{t}{T_*}$$

(IV/7)[2]

Die Gln. (III/1) bis (III/5 A) nehmen nach Einführung der dimensionslosen Größen an Stelle der reellen Werte folgende Form an:

a) $\dfrac{1}{2\pi} \dfrac{dw}{dt'} + z + p = 0$,

b) $w = v + q$,

c) $v = \dfrac{1}{2\pi} \dfrac{dz}{dt'}$,

(IV/8)[3]

d) $p = \pm p_0 w^2$,

e) $q = q(t')$ (Kennlinie der Absperrvorrichtung).

Zur Kontrolle wollen wir den bereits bekannten Schwingungsvorgang infolge plötzlichen, vollständigen Schließens unter Vernachlässigung der Reibungsverluste berechnen.

---

[1] Nach GARDEL [10] kann die Einführung dimensionsloser Größen und die Wahl der Vergleichswerte auf noch vorteilhaftere und allgemeinere Weise mit Hilfe einer Dimensionsanalyse vorgenommen werden.

[2] CALAME und GADEN bezeichnen die fiktive Geschwindigkeit $U = Q_T/F$ und $u = U/V_0$. Somit entspricht u in unserer Schreibweise $q = Q_T/Q_0$.

[3] Der einzige Zahlenwert im Gleichungssystem (IV/8), $\dfrac{1}{2\pi}$ in den Gln. a) und c), tritt infolge des Koeffizienten 2π der Schwingungsperiode T_* auf. Man könnte auch diesen Faktor verschwinden lassen, wenn wir die Zeit auf $\dfrac{T_*}{2\pi} = \sqrt{\dfrac{LF}{gf}}$ statt auf T_* beziehen würden. Die relative Zeit wäre damit aber weniger einfach definiert.

Für $t' > 0$ wird $p = 0$ und $q = 0$, somit $w = v$.
Nach Eliminierung von p, q, w und v erhalten wir:

$$\frac{1}{4\pi^2} \frac{d^2 z}{dt'^2} + z = 0.$$

Daraus, unter Berücksichtigung der Randbedingungen $z = 0$ und $v = 1$, die Schwingungsgleichung mit dimensionslosen Größen

$$z = \sin 2\pi t', \qquad \text{(IV/9)}$$

welche mit Gl. (IV/5), wie zu erwarten war, übereinstimmt.

4. Allmähliche, teilweise oder vollständige Belastungsverminderung oder -steigerung bei Vernachlässigung der Reibungsverluste im Druckstollen ($P = 0$)

Betrachten wir zunächst lineare, langsame Betriebsvorgänge, bei denen sich der Durchfluß proportional zur Zeit ändert. Ganz allgemein geht also die Wassermenge Q_A in der Zeit τ in Q_B über oder, in dimensionslosen Größen ausgedrückt, q_A in der Zeit $\Theta = \dfrac{\tau}{T_*}$ in q_B.

Der Beginn des Betriebsvorgangs erfolge zur Zeit $t' = 0$.
Folgende Bedingungsgleichungen können angeschrieben werden:

Vor dem Beginn des Betriebsvorgangs

$$q = q_A \qquad\qquad t' < 0,$$

Während des Betriebsvorgangs

$$q = q_A + \frac{t'}{\Theta}(q_B - q_A) \qquad 0 < t' < \Theta, \qquad \text{(IV/10)}$$

Nach Abschluß des Betriebsvorgangs

$$q = q_B \qquad\qquad t' > \Theta.$$

Bemerkt sei noch, daß bei den vorausgesetzten Betriebsvorgängen der linearen Veränderung der Wassermenge keine lineare Verschiebung der Absperrvorrichtung entspricht. Einerseits ist der tatsächliche Durchflußquerschnitt mit Berücksichtigung der Einschnürung am Orte des Schiebers im allgemeinen nicht der Verschiebung des Verschlusses proportional, andererseits hängt der Durchfluß auch von der Druckhöhe am Schieber ab. Letztere ist von der Spiegellage im Wasserschloß abhängig, die ebenfalls veränderlich ist. Dennoch begnügt man sich mit dieser Annäherung, da die Abmessungen des Wasserschlosses dadurch nur unbedeutend beeinflußt werden, die Berechnung jedoch sehr vereinfacht wird. Ist eine genauere Erfassung des Vorgangs erwünscht, so kann diese mit Hilfe einer diskontinuierlichen Rechenmethode erreicht werden.

Allmähliche, teilweise oder vollständige Belastungsverminderung

Da jeder Betriebsvorgang zeitlich begrenzt ist, unterscheiden wir zwei Bewegungsgleichungen, eine (a) während der Entnahmeänderung ($0 < t' < \Theta$) und eine andere (b) nach der Entnahmeänderung ($t' > \Theta$). Wie vorausgesetzt ist $p = 0$.

Eliminieren wir v, w und q in den Gln. (IV/8) und (IV/10), so können wir folgende zwei Differentialgleichungen anschreiben:

(a) $\qquad \dfrac{1}{4\pi^2} \dfrac{d^2 z}{dt'^2} + z = \dfrac{q_A - q_B}{2\pi\Theta} \qquad (0 < t' < \Theta)$,

(b) $\qquad \dfrac{1}{4\pi^2} \dfrac{d^2 z}{dt'^2} + z = 0 \qquad (t' > \Theta)$,
$\hfill$ (IV/11)

deren Lösung durch die allgemeinen Integrale

(a) $\qquad z = a \sin(2\pi t' + \varphi) + \dfrac{q_A - q_B}{2\pi\Theta} \qquad (0 < t' < \Theta)$,

(b) $\qquad z = b \sin(2\pi t' + \psi) \qquad (t' > \Theta)$
$\hfill$ (IV/12)

wiedergegeben wird.

Die Randbedingungen lauten:

(a) $\qquad$ Für $t' = 0$: $\quad z = 0$, $\quad w = q = q_A$, $\quad$ daher $\quad v = 0$.

(b) $\qquad$ Für $t' = \Theta$: $\quad z = z_1$, $\quad q = q_B$, $\quad v = v_1$,

worin z_1 und v_1 die Werte von z und v im ersten Abschnitt der Bewegung zur Zeit $t' = \Theta$ darstellen. Die entsprechenden Integrationskonstanten sind daher:

$$a = \frac{q_A - q_B}{2\pi\Theta} \quad \text{und} \quad \varphi = \frac{\pi}{2}.$$

Die Bewegungsgleichung für den ersten Abschnitt lautet somit:

$z = \dfrac{q_A - q_B}{2\pi\Theta}(1 - \cos 2\pi t')$ $\quad$ (gültig für $0 < t' < \Theta$). $\qquad$ (IV/13a)

Setzen wir $t' = \Theta$, so finden wir die Werte für z_1 und v_1 am Ende des Betriebsvorgangs

$$z_1 = \frac{q_A - q_B}{2\pi\Theta}(1 - \cos 2\pi\Theta),$$

$$\left|\frac{dz}{dt'}\right|_{t'=\Theta} = \frac{q_A - q_B}{\Theta} \sin 2\pi\Theta.$$

Die beiden Ausdrücke stellen die Anfangsbedingungen für den zweiten Abschnitt der Bewegung dar und erlauben uns, die Integrationskonstanten b und ψ zu berechnen

$$b = \frac{q_A - q_B}{2\pi\Theta} \sqrt{2(1 - \cos 2\pi\Theta)} = \frac{q_A - q_B}{\pi\Theta} \sin\pi\Theta,$$

$$\psi = -\pi\Theta.$$

Die Bewegungsgleichung, gültig für den zweiten Abschnitt, läßt sich also wie folgt anschreiben:

$$z = \frac{q_A - q_B}{\pi \Theta} \sin \pi \Theta \sin(2\pi t' - \pi \Theta) \quad \text{(gültig für } t' > \Theta\text{)}. \quad \text{(IV/13b)}$$

Wir können feststellen, daß die Ordinatenwerte z immer proportional zur Differenz der Wassermenge bleiben. Wir konnten dieselbe Tatsache auch schon bei den plötzlichen Betriebsvorgängen bemerken. Der Extremwert z_m wird während oder nach Beendigung der Entnahmeänderung zu einer Zeit $t' < \Theta$ oder $t' > \Theta$ erreicht, je nachdem ob die Fließgeschwindigkeit v im Wasserschloß zur Zeit $t' = \Theta$ bereits negativ oder noch positiv ist. Diese Geschwindigkeit, für welche die Gln. (IV/13a) und (IV/13b) denselben Wert ergeben, ist durch folgenden Ausdruck bestimmt:

$$(v)_{t'=\Theta} = \frac{1}{2\pi} \frac{dz}{dt'} = \frac{q_A - q_B}{2\pi \Theta} \sin 2\pi \Theta.$$

Sie wird Null, wenn $2\pi \Theta$ gleich Null oder gleich π ist, somit $\Theta = 0$ oder $\frac{1}{2}$ ist. Wenn $\Theta < \frac{1}{2}$ ist sie positiv, denn $2\pi \Theta < \pi$, $\sin 2\pi \Theta > 0$ und $v > 0$; in diesem Falle wird der Extremwert von z am Ende des Betriebsvorgangs erreicht. In der Tabelle, s. u., sind diese Ergebnisse übersichtlich dargestellt.

Der Fall $0 < \Theta < \frac{1}{2}$ wird an Hand eines numerischen Beispiels in Abb. IV/2 untersucht.

Der Quotient $\left(\dfrac{z_m}{q_A - q_B}\right)$, der nur von der Dauer des Betriebsvorgangs abhängt, kann graphisch als Funktion von $\Theta = \dfrac{\tau}{T_*}$ wiedergegeben werden (Abb. IV/3).

Dauer des Betriebsvorgangs	Zeitpunkt der extremen Spiegellage	Maximaler Spiegelausschlag	Gleichung
$\Theta = 0$	$t' = \dfrac{1}{4}$	$z_m = q_A - q_B$	(IV/13b)
$0 < \Theta < \dfrac{1}{2}$	$t' = \dfrac{\Theta}{2} + \dfrac{1}{4}$ (nach Ende des Betriebsvorgangs)	$z_m = \dfrac{q_A - q_B}{\pi \Theta} \sin \pi \Theta$	(IV/13b)
$\Theta = \dfrac{1}{2}$	$t' = \dfrac{1}{2}$ (am Ende des Betriebsvorgangs)	$z_m = \dfrac{2(q_A - q_B)}{\pi}$ $= 0{,}637 (q_A - q_B)$	(IV/13a) oder (IV/13b)
$\Theta > \dfrac{1}{2}$	$t' = \dfrac{1}{2}$ (vor Ende des Betriebsvorgangs)	$z_m = \dfrac{q_A - q_B}{\pi \Theta}$	(IV/13a)
$\Theta = \infty$	—	$z_m = 0$	(IV/13a)

Allmähliche, teilweise oder vollständige Belastungsverminderung

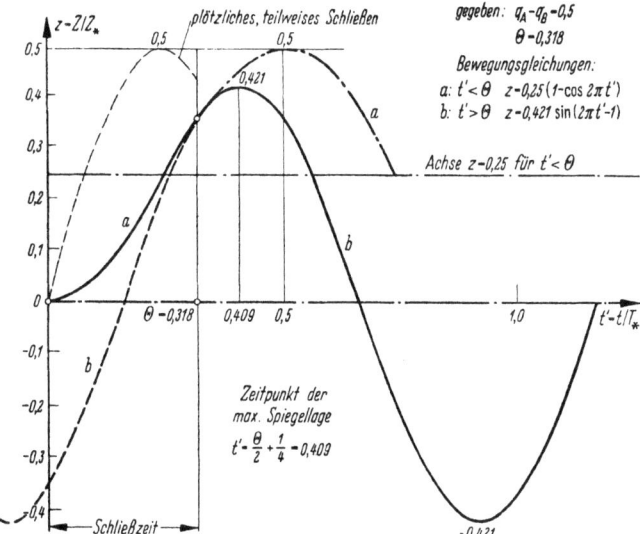

Abb. IV/2. Spiegelbewegungen in einem Schachtwasserschloß bei allmählicher Belastungsverminderung. Vernachlässigung der Fallhöhenverluste im Druckstollen ($P = 0$)

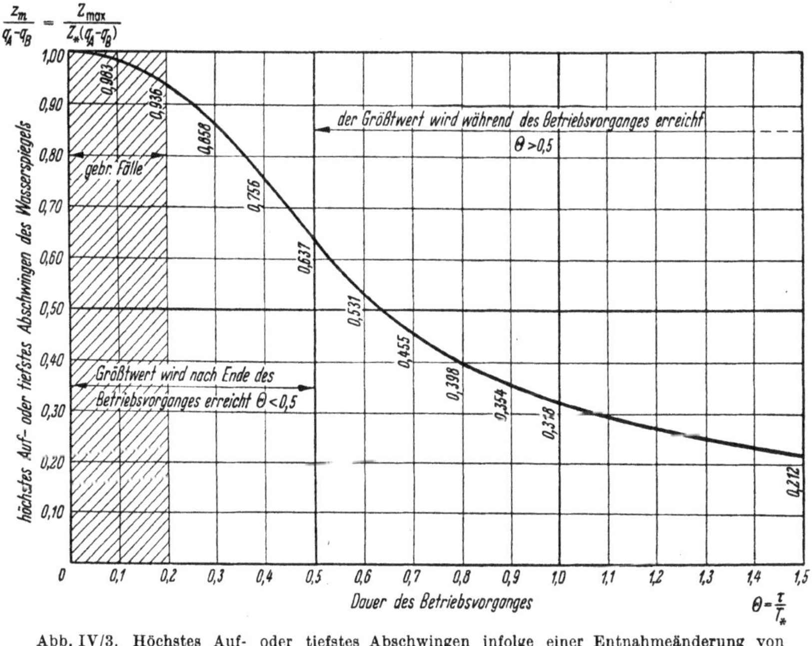

Abb. IV/3. Höchstes Auf- oder tiefstes Abschwingen infolge einer Entnahmeänderung von Q_A [m³/sec] auf Q_B [m³/sec] (Relativwerte q_A und q_B) in der Zeit τ (Relativwert $\Theta = \tau/T$). Vernachlässigung der Fallhöhenverluste im Druckstollen ($P = 0$)

Die Dauer der Betriebsvorgänge bewegt sich gewöhnlich in den Grenzen von 10 bis 30 sec. Wenn die Schwingungsperiode 200 sec beträgt, so nimmt Θ Werte zwischen 0,05 und 0,15 an, und wir können feststellen, daß in diesem Bereich die maximalen Schwingungsweiten beinahe unverändert bleiben. Die Abweichungen betragen weniger als 5%. Länger andauernde Betriebsvorgänge treten praktisch nur im Falle einer Belastungssteigerung von Null- auf Vollast einer Zentrale auf. Die Maschinengruppen werden nacheinander in Betrieb gesetzt und parallel geschaltet, was einige Minuten beanspruchen kann. Will man diesen Vorgang genau erfassen, so muß man berücksichtigen, daß in diesem Falle die Änderung der Betriebswassermenge durchaus nicht linear, ja nicht einmal kontinuierlich ist.

Man erkennt daraus, daß Schließvorgänge im allgemeinen genügend rasch vor sich gehen, so daß wir sie als plötzliche Vorgänge betrachten können. Langsame Öffnungsvorgänge ergeben nur dann den tiefsten Spiegelausschlag, wenn mehrere Maschinensätze in Gang gesetzt werden müssen.

5. Einfluß des Querschnitts des Wasserschlosses auf das höchste Auf- und tiefste Abschwingen sowie auf den Rauminhalt des Wasserschlosses bei Vernachlässigung der Reibungsverluste im Druckstollen ($P = 0$)

Der Absolutwert der größten Schwingungsweite beim Auf- oder Abschwingen wird aus dem Produkt des realtiven Wertes z_m mit Z_* erhalten. Ändert man den Wasserschloßquerschnitt F, so ändern sich auch Z_* und T_*. Wird F größer, wächst T_* proportional zu $\sqrt{F}$, Θ ändert sich mit $1/\sqrt{F}$, so daß, wie man auf Abb. IV/3 erkennen kann, z_m zunimmt. Z_* hingegen verändert sich im Verhältnis $1/\sqrt{F}$. Der Absolutwert der Schwingungsweite, Z_m, beim Auf- und Abschwingen ist daher das Produkt von zwei Faktoren, von z_m, welches anwächst, und von Z_*, welches abnimmt. Wenn $\Theta > \frac{1}{2}$, so zeigen die Werte der Tabelle auf Seite 70, daß z_m proportional zu $1/\Theta$ ist, daher auch zu $\sqrt{F}$; da Z_* proportional zu $1/\sqrt{F}$ ist, ist das Produkt Z_m unabhängig vom Wasserschloßquerschnitt F. Wir schließen daraus, daß es für sehr langsame Betriebsvorgänge keineswegs von Vorteil ist, den Wasserschloßquerschnitt zu vergrößern, um die Schwingungsweiten des Wasserspiegels zu verringern.

Nehmen wir nun an, daß die Dauer des Schließvorgangs gleich der des Öffnens ist und ferner die Reibungsverluste im Druckstollen zu vernachlässigen sind. Unter dieser Voraussetzung ist das Wasserschloßvolumen proportional zu $Z_m F = z_m Z_* F$.

Handelt es sich um plötzliche Vorgänge vollständiger Be- und Entlastung, so ergibt sich das Wasserschloßvolumen proportional zu $Z_* F$, daher auch zu $\sqrt{F}$. Das kleinste Volumen wird mit dem kleinsten Querschnitt und den größten Amplituden erhalten. Man ist jedoch in der Praxis dabei aus drei verschiedenen Gründen begrenzt:

1. Die Kosten pro m³ Schwallrauminhalt sind infolge des Einheitspreises für den Aushub, der bei kleinen Querschnitten zunimmt, keineswegs konstant. Auch den Kosten für die Auskleidung kommt größere Bedeutung zu.

2. Die maximale Druckhöhe im Druckstollen nimmt bei Verkleinerung des Querschnitts zu, einerseits weil der Wasserspiegel im Schwallraum höher aufschwingt und andererseits weil die Neigung des Druckstollens erhöht werden muß, um das Abschwingen bei Belastungssteigerung zu ermöglichen.

3. Um eine genügend rasche Dämpfung der kleinen Spiegelschwankungen infolge Regelung der Leistung zu erzielen, ist ein horizontaler Mindestquerschnitt des Wasserschlosses erforderlich (s. S. 92ff.).

Wie wir gesehen haben, hängen die größten Schwingungsweiten des Wasserschlosses für allmähliche Betriebsvorgänge mit $\Theta > \frac{1}{2}$ nicht vom Querschnitt F des Wasserschlosses ab. Das Volumen wächst somit mit F (und nicht mit $\sqrt{F}$, wie dies bei plötzlichen Betriebsvorgängen der Fall ist). Das Interesse, schlanke und hohe Wasserschlösser auszuführen, ist daher groß; die Wahl des geringsten Querschnitts erfolgt unter Berücksichtigung der drei oben erwähnten Bedingungen.

6. Plötzliches, vollkommenes Schließen mit Berücksichtigung der Reibungsverluste im Druckstollen ($P \neq 0$)

Für diesen Fall sind die Gln. (IV/8) gültig. Gemäß unserer Annahme wird $q = 0$ (IV/8e), daher $v = w$ (IV/8b). Mit Hilfe von Gl. (IV/8d) eliminieren wir p und w (oder v); die Gln. (IV/8) lassen sich daher wie folgt zusammenfassen:

$$\frac{1}{2\pi} \frac{dv}{dt'} + z \pm p_0 v^2 = 0,$$
$$v = \frac{1}{2\pi} \frac{dz}{dt'}. \tag{IV/14}$$

Für unseren Sonderfall wechselt $p_0 v^2$ das Vorzeichen bei jedem Maximum oder Minimum der Schwingungsweite und behält während der Zeit des Auf- oder Abschwingens dasselbe Vorzeichen bei. Wir haben daher je nach der Fließrichtung zwei verschiedene Gleichungen zu untersuchen. Die erste, mit der wir das höchste Aufschwingen berechnen können, ist die interessantere von beiden.

Die Integration kann am besten unter Eliminierung von t' in den Gln. (IV/14) vorgenommen werden, was zu folgender Differentialgleichung für v und z führt:

$$\frac{dv}{dt'} = \frac{dv}{dz}\frac{dz}{dt'} = \frac{dv}{dz}2\pi v,$$
$$v\frac{dv}{dz} + z + p_0 v^2 = 0. \qquad (\text{IV}/15)$$

Diese Gleichung können wir auch in folgender Form anschreiben

$$\frac{d}{dz}(v^2) + 2 p_0 v^2 = -2z. \qquad (\text{IV}/15')$$

Das Integral dieser Gleichung ohne dem Glied auf der rechten Seite ist

$$v^2 = C e^{-2 p_0 z} \quad (C = \text{Integrationskonstante}),$$

das vollständige Integral lautet:

$$v^2 = C e^{-2 p_0 z} + \frac{1}{2 p_0^2} - \frac{z}{p_0}. \qquad (\text{IV}/16)$$

Die Anfangsbedingungen erlauben die Berechnung der Integrationskonstanten C:
für $t' = 0$ wird $w = v = 1$ und $z = -p_0$, daraus

$$C = -\frac{1}{2 p_0^2} e^{-2 p_0^2}.$$

Die Bewegungsgleichung lautet daher:

$$v^2 = -\frac{1}{2 p_0^2} e^{-2 p_0(p_0 + z)} + \frac{1}{2 p_0^2} - \frac{z}{p_0}. \qquad (\text{IV}/17)$$

Wenn z sein Maximum erreicht, wird v voraussetzungsgemäß Null; die Werte von z_m berechnen sich aus der Lösung der Gl. (IV/18)

$$1 - e^{-2 p_0(p_0 + z_m)} - 2 p_0 z_m = 0. \qquad (\text{IV}/18)$$

Das Diagramm der Abb. (IV/4) stellt die graphische Darstellung der Gl. (IV/18) dar. Nach EYDOUX [9] ist es möglich, das erste Glied der Gl. (IV/18) in einer Reihe zu entwickeln. Daraus ergibt sich die Näherungslösung

$$z_m \cong 1 - \frac{2}{3} p_0 + \frac{1}{9} p_0^2 \qquad (\text{IV}/19)$$

oder noch weiter vereinfacht

$$z_m \cong 1 - 0{,}6 p_0 \quad (\text{gültig für } p_0 < 0{,}6), \qquad (\text{IV}/20)$$

welche in reellen Werten ausgedrückt zu

$$Z_m \cong Z_* - 0{,}6 P_0 \qquad (\text{IV}/20')$$

wird.

Die darauffolgende Spiegelsenkung, die bis unter den Wasserspiegel der stationären Anfangslage reichen kann, wird auf analoge Art berechnet.

Plötzliches Öffnen mit Berücksichtigung der Reibungsverluste im Druckstollen 75

Das allgemeine Integral hierfür weicht von dem der Gl. (IV/16) nur in den Vorzeichen ab; beide negativen Vorzeichen werden positiv.

Der Wert z_d für das erste Abschwingen sowie der für das zweite Aufschwingen sind ebenfalls in Abb. IV/4 zu finden.

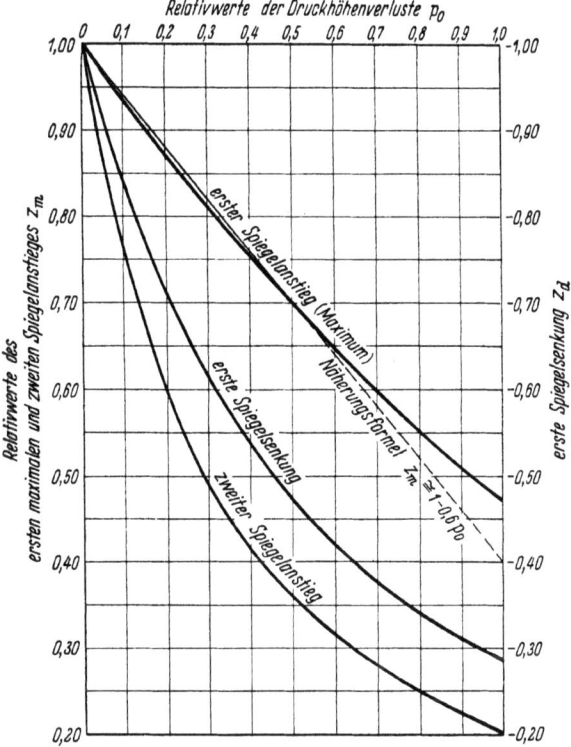

Abb. IV/4. Erster und zweiter Spiegelanstieg und erste Spiegelsenkung bei plötzlichem, vollkommenem Schließen. Berücksichtigung der Fallhöhenverluste im Druckstollen ($P \neq 0$)

Bemerkung: Die erhaltenen Ergebnisse können auch zur Berechnung der Schwingungen infolge plötzlichen, teilweisen Schließens von einer Wassermenge Q_A auf Null herangezogen werden. Q_A ist wie eine neue Wassermenge im Beharrungszustand zu betrachten; die Werte von Z_* und T_* sind neu zu berechnen.

7. Plötzliches Öffnen, vollkommen oder teilweise, mit Berücksichtigung der Reibungsverluste im Druckstollen

Wie wir im Abschnitt III gesehen haben, ist es nur im Falle kleiner Kraftzentralen mit einem Maschinensatz sinnvoll, eine plötzliche Steigerung der Beaufschlagung vom Leerlauf bis zur Vollast in Betracht zu ziehen. Im allgemeinen ist das tiefste Abschwingen des Wasserspiegels infolge teilweisen Öffnens zu ermitteln. Die tiefste Spiegelsenkung wird erreicht, wenn die Belastungssteigerung von einer bestimmten Teil- auf Vollast erfolgt (beispielsweise von $\frac{2}{3} Q_0$ auf $\frac{3}{3} Q_0$, wenn die Zentrale mit 3 Maschinensätzen ausgerüstet ist). Wir gehen neuerlich von den Gln. (IV/8) mit $q = 1$ aus:

$$\frac{1}{2\pi} \frac{dv}{dt'} + z \pm p_0 (v + 1)^2 = 0,$$
$$v = \frac{1}{2\pi} \frac{dz}{dt'}, \quad w = v + 1. \tag{IV/21}$$

Nach Eliminierung der Zeit t' erhalten wir:

$$v \frac{dv}{dz} + z + p_0 (v + 1)^2 = 0. \tag{IV/22}$$

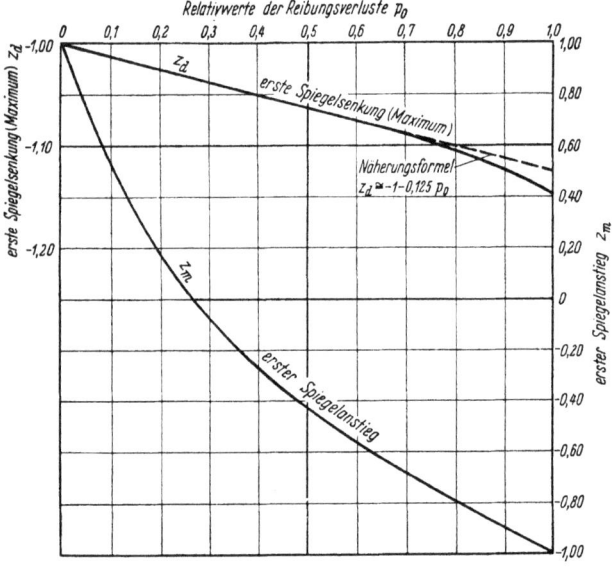

Abb. IV/5. Erste und zweite Spiegelsenkung und erster Spiegelanstieg bei plötzlichem, vollkommenem Öffnen. Berücksichtigung der Fallhöhenverluste im Druckstollen ($P \neq 0$)

Diese Gleichung läßt sich auf analytischem Wege nicht integrieren. Es ist jedoch möglich auf graphischem Wege einige Lösungen aufzufinden. CALAME und GADEN haben mittels eines graphisch-rechnerischen Verfahrens, welches auf S. 81 beschrieben wird, das tiefste Abschwingen infolge plötzlichen, vollständigen Öffnens für verschiedene Werte von

p_0 berechnet. Die entsprechenden Werte hierfür sind der Kurve in Abb. IV/5 zu entnehmen. Wie ersichtlich, ist diese Kurve im Bereich $p_0 < 0.8$ mit guter Näherung durch eine Gerade zu ersetzen:

$$z_d \cong -1 - 0{,}125\, p_0 \quad \text{(gültig für } p_0 < 0{,}8\text{)} \tag{IV/23}$$

ausgedrückt in reellen Größen:

$$Z_d \cong -Z_* - 0{,}125\, P_0. \tag{IV/23'}$$

Mit Hilfe desselben Verfahrens haben CALAME und GADEN das in Abb. IV/6 gezeigte Diagramm für teilweises Öffnen aufgestellt, welches uns erlaubt, auf raschem Wege das tiefste Abschwingen im Wasserschloß

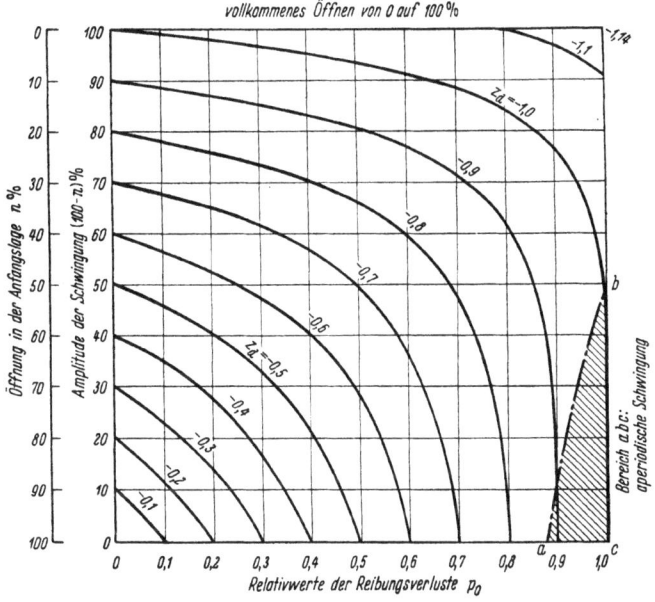

Abb. IV/6. Tiefste Spiegelsenkung bei plötzlicher Belastungssteigerung von Teil- auf Vollast. Berücksichtigung der Fallhöhenverluste im Druckstollen ($P \neq 0$)

bei Steigerung der Beaufschlagung von $n\%$ auf 100% unter Berücksichtigung der Reibungsverluste zu ermitteln. [Die Amplitude der Schwingungen wird somit $(100-n)\%$].

Bemerkung: In den vorangegangenen Berechnungen haben wir angenommen, daß die Aufschlagwassermenge nach Beendigung des Betriebsvorgangs konstant bleibt, also einem neuen Beharrungszustand entspricht. In Wirklichkeit wird die Wassermenge bei voller Öffnung der Turbinen von dem Zeitpunkt an, wo die Vollbeaufschlagung erreicht ist, noch etwas vom Wasserspiegel im Wasserschloß beeinflußt. Sobald nämlich der Spiegel absinkt, nimmt auch die Druckhöhe an der

Turbine ab und der Durchfluß wird geringer. Das Diagramm liefert uns daher etwas zu große Schwingungsweiten. Bei geringen Fallhöhen ist diese Rückwirkung bedeutender als bei großen, und es scheint angezeigt, sie zu berücksichtigen. Da wir bei der Berechnung die Wirkung der Turbinenregler (s. S. 46), welche die Tendenz haben, die Schwingungsweiten beim Abschwingen zu vergrößern, außer acht gelassen haben, erscheint es angebracht, in einer Vorberechnung den günstigen Einfluß der Verringerung des Durchflusses auf die Schwingungsweite zu vernachlässigen. Bei einer genauen Berechnung wird es jedoch nötig sein, den Einfluß der Turbinenregelung zu berücksichtigen.

8. Lineare, vollkommene Belastungsverminderung oder -steigerung mit Berücksichtigung der Reibungsverluste im Druckstollen ($P \neq 0$)

Wie wir bereits gesehen haben, geht die *langsame vollkommene Entlastung* im Vergleich zur plötzlichen nur in seltenen Fällen genügend langsam vor sich, um das höchste Aufschwingen des Wasserspiegels im Wasserschloß wirksam zu verringern; trotzdem ist dies nicht ausgeschlossen. Da es sich um keinen plötzlichen Vorgang handelt, haben wir neuerlich zwei Bewegungsgleichungen (s. S. 68f.) zu betrachten, die eine gültig während, die andere nach dem Betriebsvorgang. Letztere ist identisch mit Gl. (IV/15), entsprechend dem Zustand bei geschlossener Absperrvorrichtung. Die erste Bewegungsgleichung erhalten wir, wenn wir in unsere Untersuchung ein Schließgesetz einführen. Nehmen wir dieses linear an, so wird:

$$q = 1 - \frac{t'}{\Theta}.$$

Zurückgreifend auf die Gln. (IV/8) können wir schreiben:

$$w = v + q = v + 1 - \frac{t'}{\Theta},$$

$$\frac{dv}{dt'} = \frac{dv}{dz}\frac{dz}{dt'} = \frac{dv}{dz}2\pi v,$$

$$\frac{dw}{dt'} = \frac{dv}{dt'} - \frac{1}{\Theta} = 2\pi v \frac{dv}{dz} - \frac{1}{\Theta},$$

$$v\frac{dv}{dz} - \frac{1}{2\pi\Theta} + z + p = 0 \quad \text{(gültig für } t' \leqq \Theta\text{)}, \quad \text{(IV/24)}$$

mit
$$p = p_0\left(v + 1 - \frac{t'}{\Theta}\right)^2.$$

Der Fall des *langsamen Öffnens* ist interessanter, da die schrittweise Betriebsaufnahme der ganzen Zentrale unseren Annahmen sehr nahe kommt. Der Bewegungsvorgang wird ebenfalls durch zwei Gleichungen beschrieben, wovon die zweite, gültig nach Abschluß des Betriebsvorgangs, identisch ist mit Gl. (IV/22).

Unter Zugrundelegung eines linearen Öffnungsgesetzes ist während des Betriebsvorgangs

$$q = \frac{t'}{\Theta}, \quad \text{daher} \quad w = v + \frac{t'}{\Theta},$$

daraus erhalten wir nach einigen Umformungen

$$v \frac{dv}{dz} + \frac{1}{2\pi\Theta} + z + p = 0 \quad \text{(gültig für } t' \leq \Theta\text{)} \qquad \text{(IV/25)}$$

mit

$$p = p_0 \left(v + \frac{t'}{\Theta} \right)^2.$$

Die beiden Differentialgleichungen (IV/24) und (IV/25) sind einer analytischen Integration nicht zugänglich. CALAME und GADEN haben deren Lösung mit Hilfe des auf S. 81 ff. beschriebenen Verfahrens vorgenommen und die Schwingungsweiten für größtes Auf- und tiefstes Abschwingen für $0 < \Theta < 1$ und $0 < p_0 < 1$ berechnet. Diese Berechnungen wurden für die Aufstellung von Diagrammen[1] herangezogen. Abb. IV/7 gibt das entsprechende Diagramm gültig für allmähliches Öffnen wieder. Wie wir schon bei der Berechnung mit Vernachlässigung der Reibungsverluste bemerken konnten, findet das tiefste Abschwingen nach Beendigung des Betriebsvorgangs statt, wenn sich dieser nur auf kurze Zeit erstreckt und die Reibungsverluste gering sind, oder während des Betriebsvorgangs, wenn dieser langsam vor sich geht oder große Reibungsverluste auftreten.

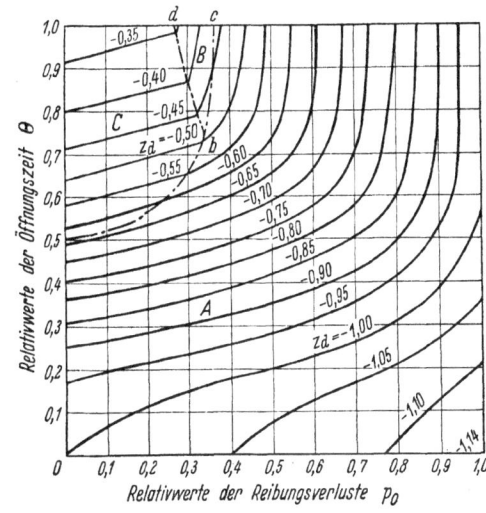

Abb. IV/7. Tiefste Spiegelsenkung bei linearem, vollkommenem Öffnen. Berücksichtigung der Fallhöhenverluste im Druckstollen ($P \neq 0$)

Bereich A: Tiefste Spiegelsenkung nach Beendigung des Betriebsvorgangs.

Bereich B: Auftreten von zwei Extremwerten der Spiegelsenkung, eine während, die andere nach Beendigung des Betriebsvorgangs; die letztere ist größer.

Bereich C: Tiefstes Abschwingen während des Betriebsvorgangs. Ein zweiter Extremwert der Spiegelsenkung kann sich nach Beendigung des Betriebsvorgangs einstellen, ist jedoch geringer als der erste (s. Beispiel der Abb. IV/12).

Entlang der Kurven abc und bd wird der oder ein Extremwert der Spiegelsenkung genau zum Zeitpunkt der Beendigung des Betriebsvorgangs erreicht.

---

[1] CALMAE, J., u. D. GADEN: Zit. [5], S. 84, 101, 115 und 118.

9. Verfahren mit Anwendung des Energieerhaltungssatzes

a) Plötzliches, vollkommenes Schließen ohne Berücksichtigung der Reibungsverluste im Druckstollen ($P = 0$)

Aus Abschn. III/7, S. 52, übernehmen wir folgende Beziehung

$$L f \frac{W_0^2}{2g} = \mho Z_G. \tag{III/7}$$

Für ein Schachtwasserschloß (konstanter Querschnitt) gilt

$$\mho = F Z_{\max} \quad \text{und} \quad Z_G = \tfrac{1}{2} Z_{\max},$$

daraus erhalten wir:

$$L f \frac{W_0^2}{2g} = F \frac{Z_{\max}^2}{2}, \quad \text{so daß} \quad Z_{\max} = W_0 \sqrt{\frac{L f}{g F}}.$$

Dieser Wert für Z_* ist derselbe wie der auf S. 66 berechnete.

b) Plötzliches, vollkommenes Schließen mit Berücksichtigung der Reibungsverluste im Druckstollen ($P \neq 0$)

Auf Seite 54 stellten wir folgende Gleichung auf

$$L f \frac{W_0^2}{2g} = \mho Z_G + \frac{\overline{\mho}_f}{\gamma}. \tag{III/7'}$$

Da der Ausdruck $z_m = \dfrac{Z_{\max}}{Z_*}$ mit Hilfe von Gl. (IV/18) oder unter Verwendung des Diagramms der Abb. IV/4 nunmehr bekannt ist, kann der Wert von $\overline{\mho}_f$ berechnet werden. Zu diesem Zwecke wollen wir annehmen, daß die Reibungsarbeit gleich ist der zur Hebung des Gewichts des Volumens $\mho$ notwendigen Arbeit auf eine Höhe, die den Reibungsverlusten P_0 im Beharrungszustand proportional ist:

$$\overline{\mho}_f = \gamma \mho P_0 \varepsilon \quad (\varepsilon = \text{Proportionalitätsfaktor})$$

$$\mho = F(Z_{\max} + P_0).$$

Damit wird Gl. (III/7') zu:

$$L f \frac{W_0^2}{2g} = F(Z_{\max} + P_0) \left[\frac{Z_{\max} - P_0}{2} + P_0 \varepsilon \right].$$

Dividieren wir diese Gleichung mit $\dfrac{F}{2}$ durch, so stellen wir fest, daß der Ausdruck auf der linken Seite durch Z_*^2 ersetzt werden kann. Somit

$$Z_*^2 = 2(Z_{\max} + P_0) \left[\frac{Z_{\max} - P_0}{2} + P_0 \varepsilon \right].$$

Führen wir die Relativwerte, nach neuerlichem Dividieren mit Z_*^2, in diese Gleichung ein, erhalten wir

$$1 = (z_m + p_0)[z_m - p_0 + 2 p_0 \varepsilon],$$

daraus

$$\varepsilon = \frac{1}{2 p_0} \left[\frac{1}{z_m + p_0} - (z_m - p_0) \right]. \tag{IV/26}$$

Führt man den Wert von z_m, berechnet unter Anwendung von Gl. (IV/8), in die gewonnene Beziehung ein, so läßt sich ε als Funktion von p_0 berechnen. Abb. IV/8 zeigt uns, daß ε annähernd konstant ist und sein Wert ungefähr 0,6 beträgt. Damit wird

$$\overline{\mathfrak{S}}_f \cong \gamma \mho \cdot 0{,}6 P_0. \quad (IV/27)$$

Dieser Wert von $\overline{\mathfrak{S}}_f$ in Gl. (III/7′) eingeführt, erlaubt es uns, den Wasserschloßquerschnitt für gegebenes Z_{max} zu ermitteln:

$$F = \frac{L f W_0^2}{g(Z_{max} + P_0)(Z_{max} + 0{,}2 P_0)}.$$

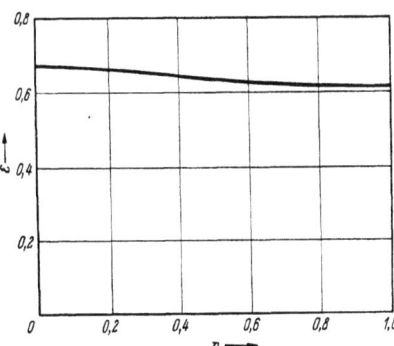

Abb. IV/8. Energieerhaltungssatz. Werte von ε als Funktion von p_0

Andererseits erhält man aus Gl. (IV/26) Werte für z_m, wenn man $\varepsilon = 0{,}6$ setzt.

$$z_m = \sqrt{1 + 0{,}16 p_0^2} - 0{,}6 p_0. \quad (IV/26')$$

Dieser Wert von z_m ist nur wenig verschieden von dem, der aus Gl. (IV/18) beziehungsweise aus dem Diagramm der Abb. IV/4 hervorgeht.

Für die Werte $p_0 < 0{,}6$ kann der Term $0{,}16 p_0^2$ vernachlässigt werden, und wir finden die auf S. 74 aufgestellte Gleichung für z_m wieder:

$$z_m \cong 1 - 0{,}6 p_0 \quad \text{(gültig für } p_0 < 0{,}6\text{)}. \quad (IV/20)$$

10. Graphisch-rechnerisches Verfahren von Calame und Gaden

Wie wir eben gesehen haben, ist es auf analytischem Wege nicht möglich, alle Fälle zu lösen. Aus diesem Grunde wurden numerische Verfahren (Verfahren von PRESSEL, S. 55ff.), graphische Verfahren (SCHOKLITSCH, S. 57ff.) und graphisch-rechnerische Verfahren entwickelt.

CALAME und GADEN haben unter Anwendung ihres graphisch-rechnerischen Verfahrens die Diagramme der Abb. IV/5, IV/6 und IV/7 aufgestellt. Grundsätzlich läßt sich dieses Verfahren auch auf andere Wasserschloßarten oder Wasserschloßsysteme [5, 8] anwenden, wenn auch die rechnerischen Schwierigkeiten dabei stark zunehmen. Die Methode beruht im Zeichnen der den Schwingungen entsprechenden Kurve $v = v(z)$ mit Hilfe kleiner Kreisbogen, deren Radius dem jeweiligen örtlichen Krümmungsradius der Kurve entspricht. Es wird nur mit Relativwerten gearbeitet.

Die Differentialgleichung der Bewegung wird wie folgt angeschrieben:

$$\frac{dv}{dz} = -\frac{f(z, v, t')}{v}. \quad (IV/28)$$

Für die Gl. (IV/15), (IV/22), (IV/24) und (IV/25) ist die Umformung rasch vorgenommen.

In der Ebene (v, z) ist die Neigung der Normalen an die Bewegungskurve (Abb. IV/9) gleich

$$-\frac{dz}{dv} = \frac{v}{f(z, v, t')}.$$

Nehmen wir an, daß der Punkt $B_n(z_1, v_1)$ der Kurve bekannt ist und wir den nächsten Punkt B_{n+1} auffinden wollen. Der Abszissenwert des Punktes B_n beträgt v_1, der Ordinatenwert, gemessen vom Schnittpunkt der Normalen mit der z-Achse, ist $f(z_1, v_1, t'_1) - z_1$. Letzterer läßt sich berechnen, wenn t'_1 bekannt ist. (Erstreckt sich die Untersuchung auf plötzliche Betriebsvorgänge, so ist die Funktion f von t' unabhängig; da $w = v +$ konst. kann der Ordinatenwert für den Schnittpunkt der Normalen mit der z-Achse graphisch bestimmt werden). Die Normale der Kurve durch den Punkt B_n kann somit gezeichnet werden. Der Schnittpunkt derselben mit der Normalen des vorhergehenden Punktes

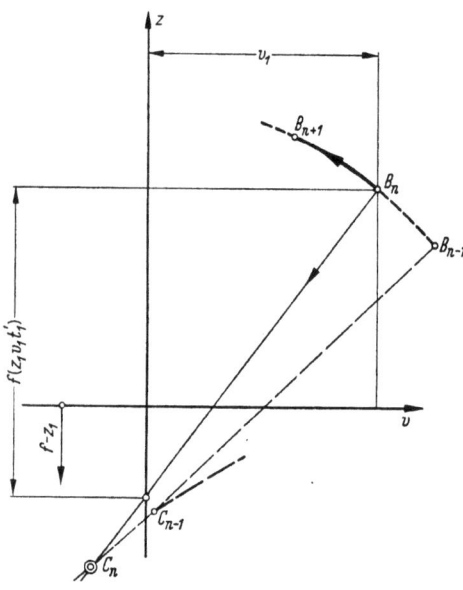

Abb. IV/9. Ermittlung eines Zustandspunkts nach der Methode CALAME u. GADEN

B_{n-1} bestimmt den Mittelpunkt C_n für das folgende Kreisbogenelement. Damit ist sein Krümmungsradius gegeben und der Bogenabschnitt, auf welchem B_{n+1} liegt, kann gezeichnet werden. Der Punkt B_{n+1} wird willkürlich gewählt. Zur Durchführung der Konstruktion ist es noch notwendig, den Anfangswert für den Krümmungsradius zu bestimmen; die allgemeine Gleichung für den Krümmungsradius lautet:

$$\varrho = \frac{[1 + (dv/dz)^2]^{3/2}}{d^2 v/d z^2}. \qquad (IV/29)$$

Man sucht zunächst den Kurvenpunkt (z_0, v_0) des Beharrungszustands auf, berechnet die Neigung $\left(-\dfrac{dz}{dv}\right)_0$ der Kurvennormalen in diesem Punkt und den Krümmungsradius ϱ_0. Die Grundlagen der Konstruktion sind somit gegeben.

Die Zeit wird mittels Gl. (IV/8c) bestimmt, die wir in Differenzenform anschreiben:
$$v = \frac{1}{2\pi} \frac{\Delta z}{\Delta t'},$$
folglich ist
$$\Delta t' = \frac{1}{2\pi} \frac{\Delta z}{v}. \quad (IV/30)$$

Daraus ergibt sich die in Abb. IV/10 gezeigte Konstruktion zur Auffindung des Zeitintervalls $\Delta t'$ zwischen den Punkten B_{n+1} und B_n. Wir wollen das Verfahren noch auf zwei Sonderfälle anwenden:

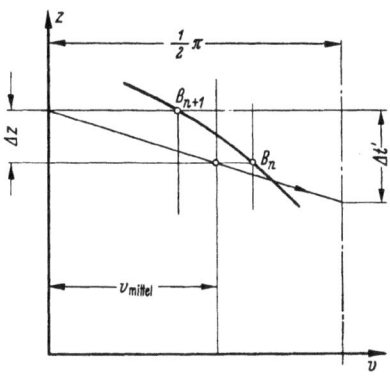

Abb. IV/10. Ermittlung des Zeitabschnitts nach der Methode CALAME u. GADEN

a) Plötzliches, vollkommenes Schließen ($p \neq 0$)

Aus Gl. (IV/15) erhalten wir:
$$\frac{dv}{dz} = -\frac{z + p_0 v^2}{v}. \quad (IV/31)$$

Der Ordinatenwert der Normalen für den Schnittpunkt auf der z-Achse ergibt sich in diesem Falle zu $p_0 v^2$.

Der Krümmungsradius für den Ausgangspunkt der Konstruktion wird aus den Anfangsbedingungen erhalten.

$$z = -p_0, \quad v = 1, \quad \frac{dv}{dz} = 0,$$

$$\frac{d^2v}{dz^2} = \frac{\partial}{\partial z}\left(\frac{dv}{dz}\right) + \frac{\partial}{\partial v}\left(\frac{dv}{dz}\right)\frac{dv}{dz}$$
$$= -\frac{1}{v} = -1,$$

woraus unter Anwendung von Gl. (IV/29):

$$\varrho = -1$$

wird.

In diesem Falle wird also
$$f(z, v, t') - z = p_0 v^2.$$

Aus Abb. IV/11 geht die Konstruktion der Kurve $v = v(z)$ hervor.

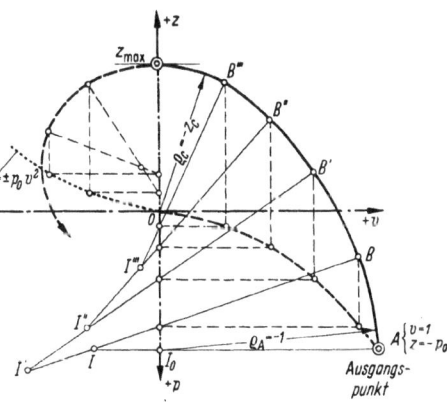

Abb. IV/11. Graphisch-rechnerisches Verfahren von CALAME u. GADEN. Plötzliches, vollkommenes Schließen. Berücksichtigung der Fallhöhenverluste im Druckstollen ($P \neq 0$)

b) Langsames lineares, vollkommenes Öffnen ($p \neq 0$)

Aus Gl. (IV/25) erhalten wir

$$\frac{dv}{dz} = -\frac{z + p + \dfrac{1}{2\pi\Theta}}{v} = -\frac{z + p_0\left(v + \dfrac{t'}{\Theta}\right)^2 + \dfrac{1}{2\pi\Theta}}{v} \qquad \text{(IV/32)}$$

(gültig für $t' \leqq \Theta$).

Der Ordinatenwert der Normalen für die Schnittpunkte auf der z-Achse ist

$$p_0\left(v + \frac{t'}{\Theta}\right)^2 + \frac{1}{2\pi\Theta}.$$

Nach Festlegung der Zeit t' muß dieser Wert für jeden Punkt der Kurve bestimmt werden.

Die Randbedingungen lauten:

$$z = 0, \quad v = 0, \quad p = 0, \quad \frac{dv}{dz} = \infty.$$

Der Ausgangswert für den Krümmungsradius ist

$$\varrho = \frac{1}{2\pi\Theta}.$$

Die Konstruktion ist gültig im Bereich $t' \leqq \Theta$. Sobald $t' > \Theta$ gilt Gl. (IV/22), woraus wir

$$\frac{dv}{dz} = -\frac{z + p_0(v+1)^2}{v} \qquad \text{(IV/33)}$$

bestimmen.

Für das weitere wird keine Berechnung benötigt. Abb. IV/12 zeigt das Ergebnis dieser Konstruktion für $\Theta = 1{,}0$ und $p_0 = 0{,}2$. Da die

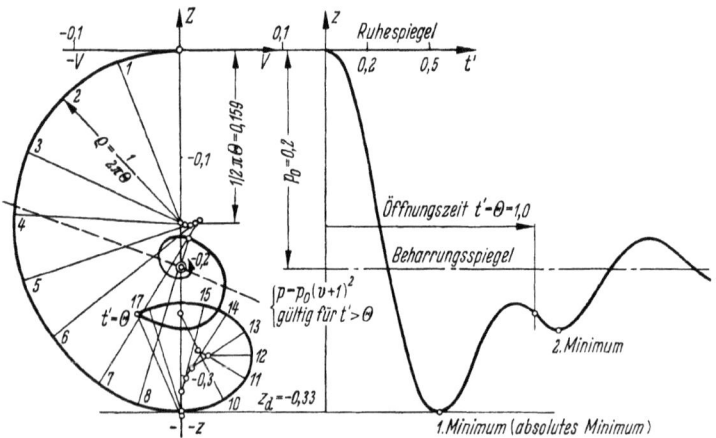

Abb. IV/12. Graphisch-rechnerisches Verfahren von CALAME u. GADEN. Lineares, vollkommenes Öffnen. Berücksichtigung der Fallhöhenverluste im Druckstollen ($P \neq 0$)

Belastungssteigerung langsam vorgenommen wurde, wird der Extremwert von z während des Betriebsvorgangs erreicht.

Die für die graphische Konstruktion Abb. IV/12 erforderliche numerische Berechnung der Ordinaten $f(z, v, t') - z$ wird am besten tabellarisch durchgeführt (s. Abb. IV/9). In diesem Sonderfall gilt hierfür nachstehende Gleichung

$$p + \frac{1}{2\pi\Theta} = p_0\left(v + \frac{t'}{\Theta}\right)^2 + \frac{1}{2\pi\Theta}.$$

Die Berechnung kann nur schrittweise erfolgen und wird damit ziemlich umständlich.

Nr.	z	Δz	v	v_m	$\Delta t'$	t'	$\frac{t'}{\Theta}$	$w = v + \frac{t'}{\Theta}$	$p = p_0 w^2$	$f - z = p + \frac{1}{2\pi\Theta}$
0	0		0			0	0	0	0	0,159
		−0,012		−0,030	0,064					
1	−0,012		−0,060			0,064	0,064	0,004	0	0,159
		−0,031		−0,084	0,059					
2	−0,043		−0,109			0,123	0,123	0,014	0	0,159
		−0,049		−0,126	0,062					
3	−0,092		−0,144			0,185	0,185	0,041	0	0,159
		−0,059		−0,151	0,062					
4	−0,151		−0,159			0,247	0,247	0,088	0,002	0,161
		−0,061		−0,155	0,063					
5	−0,212		−0,151			0,310	0,310	0,159	0,005	0,164
		−0,051		−0,137	0,059					
6	−0,263		−0,124			0,369	0,369	0,245	0,012	0,171
		−0,042		−0,102	0,066					
7	−0,305		−0,079			0,435	0,435	0,356	0,025	0,184
		−0,018		−0,060	0,048					
8	−0,323		−0,042			0,483	0,483	0,441	0,039	0,198
		−0,008		−0,021	0,061					
9	−0,331		0			0,544	0,544	0,544	0,059	0,218
		+0,008		+0,020	0,064					
10	−0,323		+0,040			0,608	0,608	0,648	0,084	0,243
		+0,017		+0,051	0,053					
11	−0,306		+0,063			0,661	0,661	0,724	0,105	0,264
		+0,023		+0,067	0,055					
12	−0,283		+0,071			0,716	0,716	0,787	0,124	0,283
		+0,024		+0,067	0,057					
13	−0,259		+0,064			0,773	0,773	0,837	0,140	0,299
		+0,016		+0,055	0,046					
14	−0,243		+0,046			0,819	0,819	0,865	0,149	0,308
		+0,010		+0,034	0,047					
15	−0,233		+0,022			0,866	0,866	0,888	0,158	0,317
		+0,002		+0,011	0,029					
16	−0,231		0			0,895	0,895	0,895	0,160	0,319
		−0,007		−0,014	0,080					
17	−0,238		−0,029			0,975	0,975	0,946	0,179	0,338

11. Graphisches Verfahren von Schoklitsch und Vergleich desselben mit der graphisch-rechnerischen Methode von Calame und Gaden

Das Verfahren von SCHOKLITSCH wurde auf S. 57 ff. beschrieben. Wie erinnerlich kann im Falle des Schachtwasserschlosses (konstanter Querschnitt) auf die Darstellung der Volumenskurve für das Wasserschloß bei passender Wahl der Maßstäbe für den Rauminhalt und die Höhen verzichtet werden.

Die dimensionslosen Größen können genau so wie in dem graphisch-rechnerischen Verfahren unmittelbar verwendet werden. Aus Gl. (III/1) und (III/2), S. 49, erhielten wir die Beziehungen (IV/8a) und (IV/8b), S. 67. Wir können also die Differenzengleichung (III/1a) und (III/2a) nach Einführung der Relativwerte wie folgt anschreiben

$$\frac{1}{2\pi} \frac{\Delta w}{\Delta t'} + z + p = 0,$$
$$w = \frac{1}{2\pi} \frac{\Delta z}{\Delta t'} + q(t').$$
(IV/34)

Die Gln. (III/1c) und (III/2c), S. 58, ergeben

a) $\Delta w = -2\pi \Delta t'(z+p)$, worin $p = \pm p_0 w^2$,
b) $\Delta z = 2\pi \Delta t'(w-q)$, worin $q = q(t')$.
(IV/35)

Im weiteren gehen wir genau so vor wie in Abschn. III/9, wobei wir die Koordinaten w und z wählen.

Abb. IV/13 zeigt eine praktische Anwendung des Verfahrens von SCHOKLITSCH für den Fall vollkommenen Schließens in 60 sec, gefolgt nach 4 Minuten von einer Öffnung in 30 sec. Da die Volumenskurve des Wasserschlosses durch eine Gerade mit der Neigung $+1$ dargestellt ist, könnte auf sie verzichtet werden.

Aus dem Vergleich des graphischen Verfahrens mit dem graphisch-rechnerischen ergibt sich, daß die Methode von CALAME und GADEN in den Fällen, wo keine Zwischenrechnung (plötzliche Betriebsvorgänge) für die Konstruktion erforderlich sind, rascher ist. In allen anderen Fällen ist das Verfahren von SCHOKLITSCH vorteilhafter. Es hat außerdem den Vorteil der Übersichtlichkeit, da sich an Hand der Konstruktion der Ablauf des Vorgangs verfolgen läßt. Ferner können ohne Schwierigkeiten neue Fälle (nichtlineare Betriebsvorgänge, aufeinanderfolgende Betriebsvorgänge, Sonderformen von Wasserschlössern) untersucht oder auch zusätzliche Parameter (Reibungsverluste, zusätzlichen Zufluß usw.) in die Berechnung eingeführt werden.

Bemerkt sei noch, daß beim graphisch-rechnerischen Verfahren, welches die Koordinaten (v, z) verwendet, die erhaltene Kurve einen Knickpunkt am Ende einer langsamen Entnahmeänderung aufweist, was beim graphischen Verfahren von SCHOKLITSCH mit den Koordinaten (w, z) nicht der Fall ist. Die Konstruktion der Kurve (v, z) ist daher

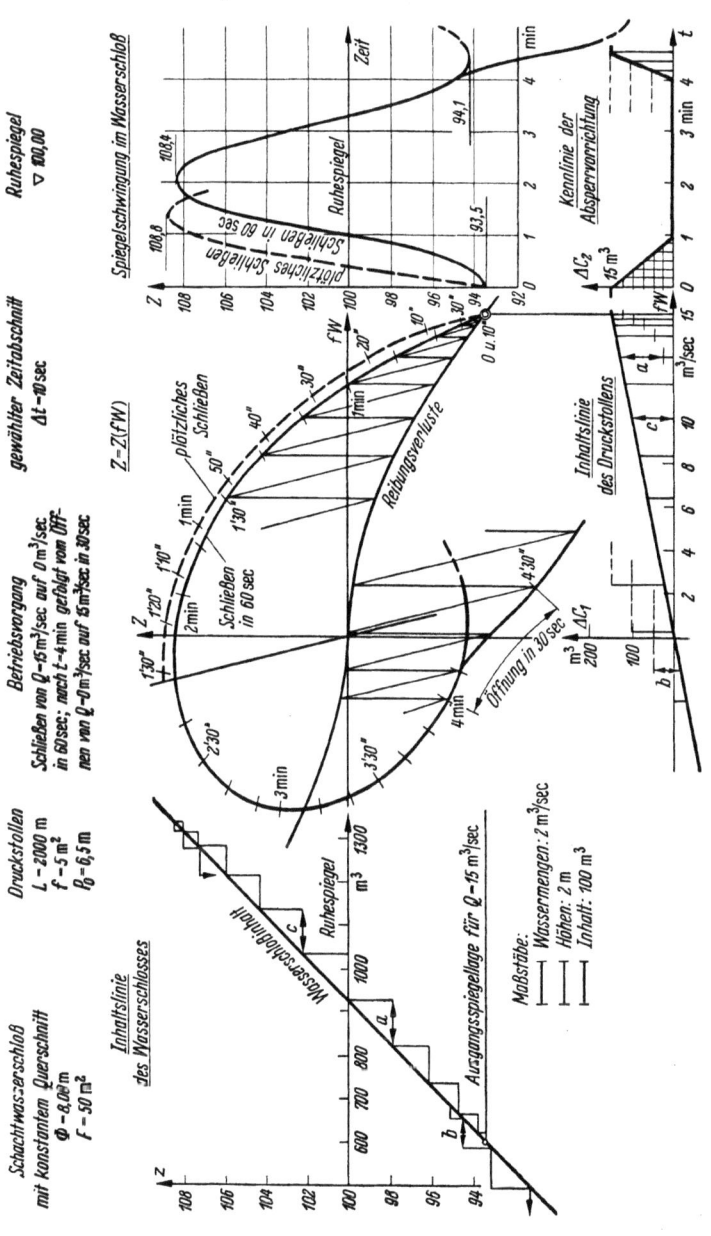

Abb. IV/13. Ermittlung der Spiegelbewegungen in einem Schachtwasserschloß von konstantem Querschnitt. Graphisches Verfahren von SCHOKLITSCH. *Betriebsvorgänge*: 1. Plötzliches, vollkommenes Schließen; 2. Langsames, vollkommenes Schließen, gefolgt von 3. allmählichem, vollkommenem Öffnen

in diesem Bereich ungenau und der Krümmungsradius für diesen Punkt muß somit nach Beendigung des Betriebsvorgangs berechnet werden.

V. Einfluß der Turbinenregulierung auf die Schwingungen im Wasserschloß

1. Einleitung

Die Regularität im Kraftwerksbetrieb wird durch eine automatische Einrichtung sichergestellt, welche die Aufgabe hat, die zwei Charakteristiken des elektrischen Stromes, Frequenz und Spannung, möglichst konstant zu halten. Zu diesem Zweck muß jede Turbine, um ihre Drehzahl bei Belastungsschwankungen unverändert beizubehalten, eine Regelung erfahren, welche die Aufschlagswassermenge der jeweiligen Belastung anpaßt. Bei Francis- und Propellerturbinen erfolgt die Regelung durch Änderung der Leitradstellung, bei Kaplanturbinen durch Verstellen des Leit- und Laufrades, bei Freistrahlturbinenen durch verstellbare Düsen und dem Strahlablenker. Bei Gehäuseturbinen werden außerdem noch vom Regler gesteuerte Druckregler vorgesehen, die bei raschem Schließen des Leitapparats infolge Zufälligkeiten im Leitungsnetz das vom Laufrad abgesperrte Wasser durch einen Nebenauslaß in das Unterwasser ableiten. Die Regelung der Beaufschlagung durch die Turbinenregler bei Belastungsschwankungen ist die Ursache von Schwingungen im Wasserschloß, welche Schwankungen der Druckhöhen bei den Turbinen hervorrufen, die neuerlich Anlaß zu einer Tätigkeit der Turbinenregler geben. Es ist daher Zweck der Regulierung, diese unangenehmen Rückwirkungen auf einen möglichst kurzen Zeitraum zu beschränken und den Übergang von einem Beharrungszustand zum anderen rasch herbeizuführen.

Eine komplette Analyse der Wirkung der Turbinenregelung, welche alle tatsächlich auftretenden Faktoren — Charakteristiken der Zuleitung (Druckstollen, Wasserschloß, Druckrohrleitung), der Maschinengruppen (Turbine, Generator, Regler) und des Leitungsnetzes — erfaßt, ist wohl möglich, jedoch kompliziert. Außerdem sind einige Bestimmungsstücke, im besonderen des Leitungsnetzes, schlecht definiert.

Die Schwingungen, welche durch die Wirkungsweise der Turbinenregler bei Schwankungen im Energieverbrauch oder im Falle eines Wasserstoßes ausgelöst werden, weisen eine hohe Schwingungszahl (Periode von einigen Sekunden) auf, während die Schwingungen im Wasserschloß wesentlich langsamer vor sich gehen (Periode von einigen Minuten). Wir können daher annehmen, daß sich die Tätigkeit der Turbinenregler im Verhältnis zu den Vorgängen im Wasserschloß auf einen so kurzen Zeitraum erstreckt, daß wir diesen Vorgang als plötzlichen betrachten können. Die Wirkung der Turbinenregler besteht somit im Gleichhalten der Drehmomente von Generator und Turbine und im Konstanthalten der Drehzahl.

Das Drehmoment des Generators unterliegt im Laufe eines Tags starken Schwankungen. Betrachtet man jedoch nur den Zeitraum von einigen Minuten, entsprechend der Dauer der Schwingungsvorgänge, so kann man feststellen, daß diese Schwankungen gering sind und sehr unregelmäßig auftreten. Wir wollen daher voraussetzen, daß die Änderungen des Drehmoments des Generators während des Schwingungsvorgangs im Wasserschloß gering sind, genügend rasch und unregelmäßig vor sich gehen, so daß wir dieses Drehmoment als konstant betrachten können. Mit diesen Annahmen bleibt auch die von der Turbine abgegebene Leistung konstant.

Die bisher angestellten Betrachtungen entsprechen dem Falle, wo eine oder mehrere Maschinengruppen einer einzigen Zentrale Strom in ein elektrisches Leitungsnetz abgeben. Im Sinne einer vorteilhafteren Verwendung verfügbarer Energie werden heute immer mehr Leitungsnetze verschiedener Kraftzentralen verbunden. Auch im Hinblick auf das Wasserschloß ist die Arbeitsweise im Verbundbetrieb sehr günstig. Da es im Kraftwerksbetrieb jedoch vorkommen kann, daß die Verbundleitung ausfällt, so muß jede Zentrale in der Lage sein, auch unabhängig zu arbeiten. In einer Vorberechnung wird man daher von der Berücksichtigung der günstigen Wirkung des Verbundbetriebs absehen.

Schwingungen im Wasserschloß mit großen Amplituden sind naturgemäß von einer Bewegung großer Wassermassen begleitet. Dabei entstehen Energieverluste, welche zur Dämpfung dieser Schwingungen beitragen. Untersuchen wir nur *kleine Schwingungen*, so gehen wir von einer ungünstigen Annahme aus. Außerdem erzielen wir bei der mathematischen Behandlung des Falls eine bedeutende Vereinfachung, da, wie wir sehen werden, die Differentialgleichung der Bewegung linear wird.

Eine Untersuchung von Fällen, wo *größere Schwingungsweiten* auftreten, ist ebenfalls möglich, nur müssen hierzu diskontinuierliche Rechenmethoden herangezogen werden.

Eine qualitative Untersuchung der Wirkung der Turbinenregulierung auf die Schwingungen im Wasserschloß findet sich bereits in den Abschnitten I/6 und III/3. Wir wollen daher unmittelbar auf die quantitative Analyse eingehen.

2. Schwingungen bei Regelung auf konstante Leistung Einfacher Fall

(Dieser Fall wurde bereits von THOMA unter Berücksichtigung der Reibungsverluste P im Druckstollen untersucht)

Im Jahre 1910 hat D. THOMA [20] die Ergebnisse seiner Untersuchung dieser Probleme veröffentlicht.[1] Einige Nebenwirkungen, die D. THOMA vernachlässigte, finden in den Abschn. V/4 und V/5 ihre Berücksichtigung.

---
[1] Siehe auch J. CALAME u. D. GADEN: Zit. [5], Kap. VIII.

90 Einfluß der Turbinenregulierung auf die Schwingungen im Wasserschloß

Die Grundgleichungen der Untersuchung bilden die Gln. (III/1) bis (III/4) und Gl. (III/5B), S. 49 und 50. Zum Studium der Schachtwasserschlösser benützen wir wieder die Relativwerte der Veränderlichen (s. S. 67). Die Gl. (III/5B) nimmt daher folgende Form an (Abb. V/1):

$$q = \frac{Q_T}{Q_0} = \frac{H - P_0}{H + Z} = \frac{h_0}{h_0 + p_0 + z}, \quad \text{worin} \quad h_0 = \frac{H - P_0}{Z_*}. \tag{V/1}$$

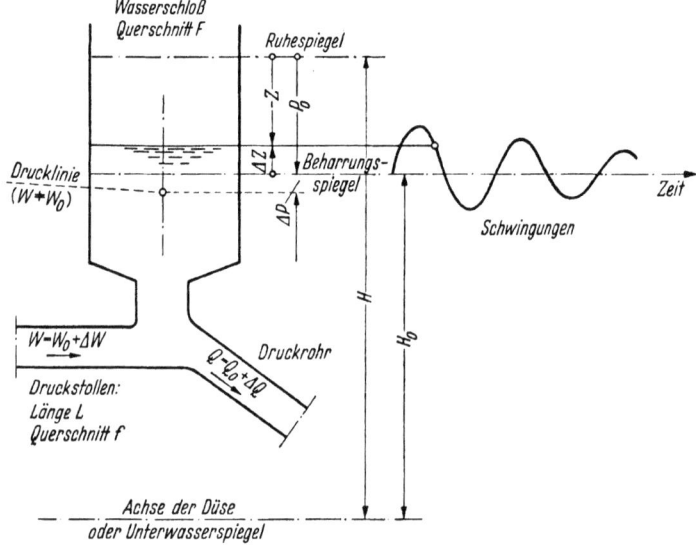

Abb. V/1. Kleine Schwingungen um den Beharrungswasserspiegel (Zustand Q_0, H_0)

Wir wollen mit Δy die Änderung der Veränderlichen y zur Zeit t' und mit y_0 ihren Wert im Beharrungszustand bezeichnen; ferner schreiben wir $\Delta y'$ für $\frac{d \Delta y}{d t'}$.

Somit wird
$$\Delta z = z + p_0, \quad \Delta p = p - p_0, \quad \Delta q = q - 1.$$

Führen wir diese Werte in das Gleichungssystem (IV/8a, b, c, d) und (V/1) ein, so erhalten wir folgende Beziehungen

$$v = \frac{1}{2\pi} \frac{dz}{dt'} = \frac{1}{2\pi} \Delta z',$$

$$w = v + q = \frac{1}{2\pi} \Delta z' + \Delta q + 1,$$

$$\frac{dw}{dt'} = \frac{1}{2\pi} \Delta z'' + \Delta q',$$

$$p = \Delta p + p_0 = \pm p_0 w^2 = \pm p_0 \left(\frac{1}{2\pi} \Delta z' + \Delta q + 1\right)^2.$$

Schwingungen bei Regelung auf konstante Leistung. Einfacher Fall 91

Da wir nur kleine Schwingungen betrachten, können die Produkte von Differenzen der Veränderlichen vernachlässigt und das doppelte Vorzeichen von p gestrichen werden:
Folglich ist
$$p = p_0\left(\frac{2\Delta z'}{2\pi} + 2\Delta q + 1\right)$$
und
$$q = \Delta q + 1 = \frac{h_0}{h_0 + \Delta z} = \frac{1}{1 + \frac{\Delta z}{h_0}} = 1 - \frac{\Delta z}{h_0}.$$

Die Gln. (IV/8a) und (V/1) werden zu:
$$\frac{1}{4\pi^2}\Delta z'' + \frac{2p_0}{2\pi}\Delta z' + \Delta z + \frac{1}{2\pi}\Delta q' + 2p_0\Delta q = 0;\quad\text{(V/2)}$$
$$\Delta q = -\frac{\Delta z}{h_0}.$$

Eliminieren wir Δq, erhalten wir, da
$$\Delta q' = -\frac{\Delta z'}{h_0},$$
$$\Delta z'' + 2\pi\left(2p_0 - \frac{1}{h_0}\right)\Delta z' + 4\pi^2\left(1 - \frac{2p_0}{h_0}\right)\Delta z = 0. \quad\text{(V/3)}$$

Dies ist die Differentialgleichung der Bewegung des Wasserspiegels im Wasserschloß für den in der Praxis angestrebten Fall der Regelung auf konstante Leistung. Da die einzigen Parameter in dieser Gl. p_0 und h_0 sind, so werden sich bei allen Wasserkraftanlagen mit gleichen Werten von p_0 und h_0 identische Schwingungsvorgänge einstellen.

In abgekürzter Schreibweise lautet Gl. (V/3):
$$\Delta z'' - 2a\,\Delta z' + b\,\Delta z = 0$$
mit
$$a = \pi\left(\frac{1}{h_0} - 2p_0\right)\quad\text{und}\quad b = 4\pi^2\left(1 - \frac{2p_0}{h_0}\right).$$

Aus dieser Gleichung erhalten wir zwei reelle Wurzeln mit entgegengesetztem Vorzeichen solange $b < 0$. Es ergibt sich daher eine aperiodische, angefachte Bewegung, wenn $4\pi^2(1 - 2p_0/h_0) < 0$, d. h. wenn
$$h_0 < 2p_0 \quad (aperiodische,\ angefachte\ Bewegung). \quad\text{(V/4)}$$

Bleibt $b > 0$, so können sich je nach dem Vorzeichen von $(a^2 - b^2)$ zwei Fälle einstellen. Ist $(a^2 - b^2)$ positiv, so ist die Schwingung aperiodisch, ist $(a^2 - b^2)$ hingegen negativ, so wird die Bewegung durch folgende Gleichung gekennzeichnet
$$\Delta z = M\,e^{at'}\sin(\omega\,t' + \mu).$$

In diesem Falle ist

$$\left[\pi\left(\frac{1}{h_0} - 2p_0\right)\right]^2$$
$$< 4\pi^2\left(1 - 2\frac{p_0}{h_0}\right),$$

daher

$$-2 < \frac{1}{h_0} + 2p_0 < +2.$$

Da p_0 und h_0 im wesentlichen positiv sind, so bleibt nur die Bedingung $\frac{1}{h_0} + 2p_0 < +2$ erhalten, woraus

$$p_0 < 1 - \frac{1}{2h_0} \qquad (V/5)$$

(schwingende Bewegung).

Die Schwingung wird gedämpft, wenn $a < 0$, d. h. wenn

$$p_0 > \frac{1}{2h_0} \qquad (V/6)$$

(gedämpfte Schwingung).

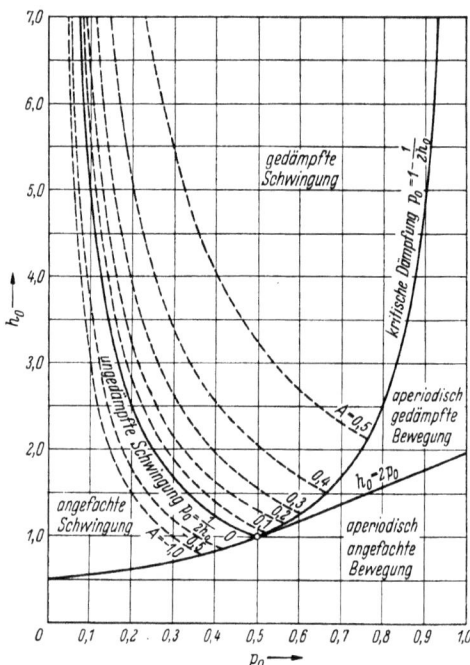

Abb. V/2. Art der Spiegelbewegung und Dämpfung

Die drei Gln. (V/4), (V/5) und (V/6) erlauben vier Bereiche in der Ebene (p_0, h_0) abzugrenzen, welche in Abb. V/2 kenntlich gemacht sind.

3. Ungedämpfte Schwingungen: Bedingung von Thoma Gedämpfte Schwingungen

Aus Gl. (V/5) geht hervor, daß die Schwingungen ungedämpft verlaufen, wenn

$$p_0 = \frac{1}{2h_0} \quad \left(\text{vorausgesetzt, daß } p_0 < 1 - \frac{1}{2h_0}\right). \qquad (V/7)$$

Diese Bedingungsgleichung in reellen Größen angeschrieben, lautet

$$F_T = \frac{W_0^2}{2g} \frac{Lf}{H_0 P_0} \quad (\text{worin } H_0 = H - P_0), \qquad (V/8)$$

bekannt als THOMAsche *Bedingung*.

Kleine Schwingungen werden daher gedämpft, wenn $p_0 > \frac{1}{2h_0}$ *ist*, bzw. der Wasserschloßquerschnitt $F > F_T$ ist.

Für eine bestimmte Wasserkraftanlage (gegebene Bestimmungsstücke L, f, H, P_0, Q_0) ergibt sich daher ein Grenzwert F_T für das

Wasserschloß, für welchen man mit dem Auftreten von ungedämpften Schwingungen rechnen muß; die Regelung auf konstante Leistung ist an der Grenze der Stabilität.

Bemerkung: Die Reibungsverluste P_0, proportional zu LW_0^2, können durch ihren Wert, berechnet nach STRICKLER, ersetzt werden: $P_0 = \dfrac{LW_0^2}{K^2 R^{4/3}}$.

Da im allgemeinen der Querschnitt der Druckstollen kreisförmig oder zumindest beinahe kreisförmig ist, können wir mit den üblichen Bezeichnungen

D Durchmesser des Druckstollens

$f = \dfrac{\pi D^2}{4}$ Querschnitt des Druckstollens

$R = \dfrac{D}{4}$ hydraulischer Radius

und der Annahme von $K = 80$ (praktische Werte zwischen 75 bis 85), Reibungsbeiwert nach STRICKLER, die Bedingungsgleichung nach THOMA wie folgt anschreiben

$$F_T \cong \frac{40\, D^{\frac{10}{3}}}{H_0} \quad \text{(Dimensionen in Metern).} \qquad (V/9)$$

Wir ersehen daraus, daß, abgesehen von den geringfügigen Änderungen der Bruttofallhöhe H_0, der Wasserschloßquerschnitt F_T von der Betriebswassermenge und der Stollenlänge unabhängig ist. Die Fallhöhenverluste P_0 werden im wesentlichen durch die Wandrauhigkeit verursacht. Diese einfache Berechnung berücksichtigt nur diese und vernachlässigt die Verluste an kinetischer Energie am Ort des Wasserschlosses. Diese Berechnungsweise ist daher nicht streng richtig, wie wir noch später auf S. 95ff. sehen werden.

Da ungedämpfte Schwingungen im Kraftwerksbetrieb unzulässig sind, *wählen wir den Wasserschloßquerschnitt F größer als den Grenzwert F_T*, um eine ausreichende Schwingungsdämpfung zu erreichen. Für die Dimensionierung ist es daher von Nutzen eine Beziehung zu kennen, welche erlaubt, ausgehend vom Wasserschloßquerschnitt, Aussagen über die Dämpfung machen zu können.

Im allgemeinen wird die Dämpfung durch den Quotienten $\dfrac{E_1 - E_2}{E_1}$ ausgedrückt, worin E_1 und E_2 zwei maximale aufeinanderfolgende Elongationen darstellen, deren Intervall (Periode) vom zu berechnenden Wasserschloßquerschnitt F abhängt. Es ist daher praktisch, die Dämpfung auf einen Zeitabschnitt unabhängig von F zu beziehen. Wir benützen zu diesem Zweck die exponentiale Hüllkurve der Amplituden. Als Zeitabschnitt wählen wir:

$$t_0 = \frac{W_0 L}{g P_0}, \qquad (V/10)$$

welcher nur wenig von der Periode (2 bis 5 min) verschieden ist, jedoch die Schreibweise wesentlich vereinfacht.

Die Gleichung der erwähnten Hüllkurve lautet unter Einführung der Relativwerte

$$\Delta z = M\, e^{at'} \quad \text{(s. Abb. V/3).}$$

94 Einfluß der Turbinenregulierung auf die Schwingungen im Wasserschloß

Da $E_1 = M\, e^{a t'}$ und $E_2 = M\, e^{a(t'+t'_0)}$, erhalten wir für die Dämpfung:

$$A = \frac{E_1 - E_2}{E_1} = 1 - \frac{E_2}{E_1} = 1 - e^{a t'_0}.$$

mit

$$t'_0 = \frac{t_0}{T_*}.$$

Somit wird für die

ungedämpfte Schwingung: $A = 0$,
gedämpfte Schwingung: $A > 0$,
angefachte Schwingung: $A < 0$.

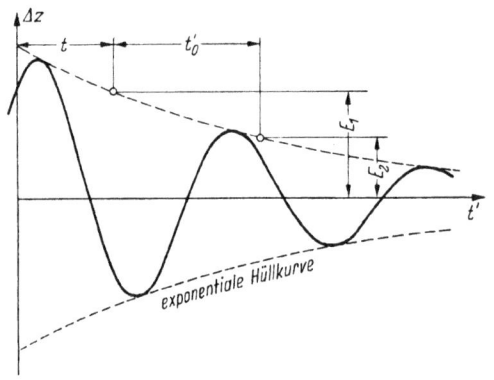

Abb. V/3. Definition der Dämpfung

Führen wir in die erhaltene Gleichung für den Koeffizienten a im Exponenten der Exponentialfunktion den Ausdruck $a = \pi\left(\dfrac{1}{h_0} - 2 p_0\right)$ ein und ersetzen wir die Relativwerte durch reelle Größen, so ergibt sich

$$A = 1 - e^{\pi\left(\frac{1}{h_0} - 2 p_0\right)\frac{t_0}{T_*}} = 1 - e^{\pi\left(\frac{Z_*}{H_0} - 2\frac{P_0}{Z_*}\right)\frac{W_0 L}{g P_0}\frac{1}{2\pi}\sqrt{\frac{g f}{L F}}}.$$

$$A = 1 - e^{\frac{W_0^2}{2g}\frac{L f}{H_0 P_0 F} - 1} = 1 - e^{\frac{F_T}{F} - 1}. \tag{V/11}$$

Folglich ist

$$\frac{F}{F_T} = \frac{1}{1 + \ln(1 - A)}. \tag{V/12}$$

Da beim Grenzquerschnitt des Wasserschlosses F_T mit dem Auftreten ungedämpfter Schwingungen zu rechnen ist [Bedingungsgleichung von THOMA, Gl. (V/8)], kann aus Gl. (V/12) jener Wasserschloßquerschnitt errechnet werden, bei welchem sich Schwingungen mit einer Dämpfung A einstellen. Weil

$$\frac{W_0^2}{2g}\frac{L f}{H_0 P_0 F} = \frac{1}{2 h_0 p_0},$$

läßt sich die Beziehung (V/11) auch in folgender Form schreiben:

$$A = 1 - e^{\frac{1}{2h_0 p_0} - 1}, \quad \text{folglich:} \quad \frac{1}{h_0 p_0} = 2[1 + \ln(1 - A)].$$

Diese Gleichung erlaubt es, Kurven mit konstanter Dämpfung zu zeichnen, wie sie in Abb. V/2 dargestellt sind.

4. Schwingungen bei Regelung auf konstante Leistung mit Berücksichtigung anderer Faktoren als Reibungsverluste im Druckstollen

Bei der von THOMA aufgestellten Beziehung Gl. (V/8) wurden nur die Fallhöhenverluste im Druckstollen berücksichtigt. Die Druckhöhenverluste in der Steilrohrleitung, die sich in ähnlicher Weise, jedoch in entgegengesetztem Sinn, auswirken, wurden nicht in die Betrachtung einbezogen. Außerdem wurde vernachlässigt, daß sich der Wirkungsgrad des Maschinensatzes mit der Beaufschlagung der Turbine ändert. Bekanntlich verursacht eine kleine Vergrößerung der Beaufschlagung im Bereich des abfallenden Wirkungsgrades eine Verringerung desselben; dies ruft eine weitere Zunahme der Beaufschlagung hervor, damit die Leistung konstant bleibt. Außerdem verursacht die kinetische Energie der Wassersäule im Wasserschloß ein Absinken des Wasserspiegels um den Betrag $E = \dfrac{W^2}{2g}$; die Wirkung ist eine ähnliche wie die der bereits erwähnten Einflüsse.[1]

Verschiedene Autoren, im besonderen CALAME und GADEN [7], haben den Einfluß dieser vier verschiedenen Faktoren getrennt behandelt. In Wirklichkeit beeinflussen sie sich jedoch gegenseitig. So führt beispielsweise eine Erhöhung der Reibungsverluste in der Druckrohrleitung zu einer Vergrößerung der Beaufschlagung, die ihrerseits wieder eine Änderung des Turbinenwirkungsgrads herbeiführt. Diese Tatsache ist auf den Schwingungsvorgang im Wasserschloß nicht ohne Bedeutung. Eine einfache Überlagerung der Wirkung dieser verschiedenen Einflüsse ist daher nicht möglich.

Wir können folgende fünf Beziehungen aufstellen, welche die Veränderlichen des Systems untereinander verbinden:

a) *Druckstollen:* Da sich der Wasserspiegel im Wasserschloß um den Betrag $(P + E)$ unterhalb des Ruhespiegels befindet, wird die klassische Gl. (III/1) zu:

$$\frac{L}{g}\frac{dW}{dt} + Z + P + E = 0, \text{ worin } P = P_0\left(\frac{W}{W_0}\right)^2 \text{ und } E = E_0\left(\frac{W}{W_0}\right)^2. \quad (V/13)$$

E_0 Geschwindigkeitshöhe im Druckstollen für den Beharrungszustand.

---

[1] Die Wirkung anderer Faktoren, wie beispielsweise des Druckstoßes, Parallelschaltung usw. könnten ebenfalls in die Betrachtung einbezogen werden. Wir wollen hier jedoch nur die wesentlichsten Einflüsse untersuchen.

b) *Kontinuitätsbedingung (Volumengleichung) am Orte des Wasserschlosses:* Gl. (III/2) kann unverändert übernommen werden

$$f W = F V + Q_T, \quad \text{mit} \quad V = \frac{dZ}{dt}. \tag{V/14}$$

c) *Druckrohrleitung (bzw. Druckschacht):* Die Druckhöhe K bei den Turbinen berechnet sich unter Berücksichtigung der Reibungsverluste in der Druckrohrleitung und der Geschwindigkeitshöhe zu:

$$K = H + Z + E - C, \quad \text{worin} \quad C = C_0 \left(\frac{Q_T}{Q_0}\right)^2. \tag{V/15}$$

C_0 Fallhöhenverluste in der Druckrohrleitung für den Beharrungszustand.
H Bruttofallhöhe (Höhendifferenz zwischen Ruhespiegel und Achse der Düse oder Unterwasserspiegel).

d) *Turbinen:* Die Betriebswassermenge ist proportional zur Öffnung β der Turbine und der Quadratwurzel der Druckhöhe K:

$$\frac{Q_T}{Q_0} = \frac{\beta}{\beta_0} \sqrt{\frac{K}{K_0}}. \tag{V/16}$$

e) *Konstante Leistung:* Wir erhalten folgende Beziehung:

$$\frac{\gamma Q_T K \eta}{75} = \frac{\gamma Q_0 K_0 \eta_0}{75}. \tag{V/17}$$

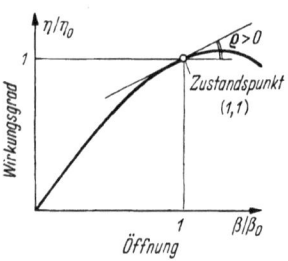

Abb. V/4. Verlauf der Wirkungsgradkurve bei Verwendung von Relativwerten

Da andererseits auch der Wert des Wirkungsgrads η als Funktion der Öffnung β der Turbinen bekannt ist, können wir schreiben (Abb. V/4)

$$\frac{\eta}{\eta_0} = 1 + \left(\frac{\beta}{\beta_0} - 1\right) \tan\varrho.$$

Daraus folgt

$$\frac{Q}{Q_0} \frac{K}{K_0} \left[1 + \left(\frac{\beta}{\beta_0} - 1\right) \tan\varrho\right] = 1, \tag{V/18}$$

$\tan\varrho$ entspricht der Neigung der Tangenten an die Kurve des Wirkungsgrads.

Führen wir die Berechnung in ähnlicher Weise wie zur Aufstellung der Bedingungsgleichung von THOMA durch, erhalten wir:

$$F_0 = \frac{W_0^2 L f}{\dfrac{2 g H_0 P_0}{F_T}} \cdot \frac{1}{\left[1 + \dfrac{E_0}{P_0}\right] \left[\dfrac{1 + \tan\varrho}{1 - \dfrac{1}{2}\tan\varrho}\left(1 - \dfrac{C_0}{H_0}\right) - \dfrac{2 C_0}{H_0}\right]} \tag{V/19}$$

mit

$$H_0 = H - P_0.$$

Diese Gleichung erlaubt es, für den Fall der Regelung auf konstante Leistung bei Berücksichtigung der kinetischen Energie E_0 am Orte des Wasserschlosses, der Tangentenneigung $\tan\varrho$ der Wirkungsgradkurve (als Funktion der Beaufschlagung in dimensionslosen Größen) und der Reibungsverluste in der Steilrohrleitung C_0, den Grenzquerschnitt zu ermitteln, bei welchem ungedämpfte Schwingungen auftreten.

Will man Schwingungen mit einer Dämpfung A [im Zeitintervall t_0, definiert durch Gl. (V/10)] erhalten, so errechnet sich der Wasserschloßquerschnitt F_A nach Gl. (V/20) zu:

$$F_A = \underbrace{\frac{W_0^2 L f}{2 g H_0 P_0}}_{F_T} \frac{1}{\left[1 + \lambda \dfrac{E_0}{P_0} + \ln(1-A)\right]\left[\dfrac{1 + \tan\varrho}{1 - \dfrac{1}{2}\tan\varrho}\left(1 - \dfrac{C_0}{H_0}\right) - \dfrac{2 C_0}{H_0}\right]},$$
(V/20)

worin neben den bereits angeführten Begriffen: $\lambda =$ Koeffizient, abhängig von der Form der Abzweigung des Wasserschlosses vom Druckstollen (für eine rechtwinklige Abzweigung bei gleichem Durchmesser von Druckstollen und Wasserschloß wird λ ungefähr 0,7).

Diese Gleichung[1] kann auf die Beziehung von THOMA (V/8) zurückgeführt werden, wenn man $E_0 = C_0 = \tan\varrho = A = 0$ setzt. Setzt man nur $A \neq 0$, so geht daraus Gl. (V/12) hervor.

Ist nur die kinetische Energie E_0 von Null verschieden, ergibt sich

$$F = \frac{W_0^2 L f}{2 g H_0 P_0} \frac{1}{1 + \lambda \dfrac{E_0}{P_0}} = \frac{W_0^2 L f}{2g(P_0 + \lambda E_0) H_0},$$
(V/21)

daraus erkennt man die günstigste Wirkung der der kinetischen Energie entsprechenden Höhe, die (multipliziert mit λ) nur zu den Reibungsverlusthöhen hinzugefügt werden braucht. Durch Einschaltung eines Venturirohrs am Orte des Wasserschlosses kann die kinetische Energie erhöht werden. Diese Maßnahme wird um so wirksamer sein, je geringer die Reibungsverluste sind.

Ist nur C_0 von Null verschieden, so wird Gl. (V/20) zu:

$$F = \frac{W_0^2 L f}{2 g H_0 P_0} \frac{1}{1 - \dfrac{3 C_0}{H_0}}.$$
(V/22)

Die Reibungsverluste in der Steilrohrleitung treten in dieser Gleichung nur im Nenner in dem Gliede $\left(1 - \dfrac{3 C_0}{H_0}\right)$ auf. Ihr Einfluß ist daher ungünstig und ergibt eine Vergrößerung des Wasserschloßquerschnitts.

---

[1] Nach GARDEL [10]. In der Arbeit selbst wird vom Autor eine zu Gl. (V/20) analoge Gleichung angegeben, welche noch dem Einfluß der Parallelschaltung Rechnung trägt.

Nimmt man schließlich nur $\tan\varrho$ verschieden von Null an, so folgt

$$F = \frac{W_0^2 L f}{2 g H_0 P_0} \cdot \frac{1 - \frac{1}{2}\tan\varrho}{1 + \tan\varrho}. \qquad (V/23)$$

Folglich wird der nötige Wasserschloßquerschnitt F um so kleiner sein, je größer $\tan\varrho$ wird. Dies trifft im besonderen bei geringer Beaufschlagung der Turbinen zu. Im Gegensatz dazu wird F größer, wenn $\tan\varrho$ klein oder gar negativ ist. Dies ist der Fall bei starker Beaufschlagung. Wird $\tan\varrho > 2$, so ergibt die Gleichung $F = 0$: Die Stabilität der Regelung ist für diesen Fall selbst bei beliebigen Werten von E_0, C_0 und F gesichert.

Bemerkung: Ist der Wirkungsgrad der Turbine als Funktion der Leistung bei konstanter Fallhöhe und nicht in Abhängigkeit von der Beaufschlagung gegeben, so wird der Ausdruck

$$\left\{ \frac{1 + \tan\varrho}{1 - \frac{1}{2}\tan\varrho}\left(1 - \frac{C_0}{H_0}\right) - \frac{2 C_0}{H_0} \right\} \quad \text{mit} \quad \tan\varrho = \frac{\tan\mu}{1 - \tan\mu}$$

zu

$$\left\{ \frac{1 - \frac{3 C_0}{H_0}(1 - \tan\mu)}{1 - \frac{3}{2}\tan\mu} \right\}.$$

Im Falle $C_0 = 0$ nimmt dieser Faktor den Wert $\dfrac{1}{1 - \dfrac{3}{2}\tan\mu}$ an, der auch von CALAME und GADEN[1] angegeben wird.

Zahlenbeispiel:
Folgende Bestimmungsstücke einer Wasserkraftanlage seien gegeben:

$L = 4000$ m $\quad W_0 = 4$ m/sec $\quad H_0 = 40$ m
$f = 40$ m² $\quad P_0 = 5$ m $\quad C_0 = 2$ m
für $W_0 = 4$ m/sec: $E_{0\,\text{min}} = 0{,}80$ m
für $W_0 = 8$ m/sec: $E_{0\,\text{max}} = 3{,}30$ m (Venturirohr $\varnothing$ 5 m):
$\tan\varrho = -0{,}15$ für Vollbeaufschlagung

Gewünschte Dämpfung: 0,3 (d. h. eine Verminderung um 30% der maximalen Elongation in der Zeit $t_0 = \dfrac{W_0 L}{g P_0} = 5$ min 26 sec). Die Schwingung wird nach 35 min auf ein Zehntel reduziert.

Eine Vergleichsrechnung ergibt folgende Ergebnisse für den Mindestquerschnitt des Wasserschlosses:
Nach der Bedingungsgleichung von THOMA: $\quad F_T = 650$ m².
Nach den im vorhergehenden aufgestellten Gleichungen bei Berücksichtigung der kinetischen Energie (Einfluß des Formkoeffizienten der Abzweigung vernachlässigt $\lambda = 1$) $E_{0\,\text{min}}$: $\quad F = 560$ m²,
der Reibungsverluste in der Steilrohrleitung C_0: $\quad F = 760$ m²,
der Tangentenneigung an die Wirkungsgradkurve $\tan\varrho$: $F = 820$ m²,
von $E_{0\,\text{min}}$, C_0 und $\tan\varrho$: $\quad F = 860$ m²,
von $E_{0\,\text{min}}$, C_0, $\tan\varrho$ und der Dämpfung A: $\quad F = 1240$ m².

---

[1] CALAME, J., u. D. GADEN: Zit. [7]. (Der Winkel β, den die Autoren verwenden, ist gleich $-\mu$.)

Die Anordnung eines Venturirohrs mit dem Größtwert der kinetischen Energie E_{max}, erlaubt eine Verkleinerung des nötigen Wasserschloßquerschnitts bis auf 770 m², selbst wenn man C_0, tan ϱ und A in die Berechnung einbezieht.

5. Schwingungen infolge einer raschen Leistungsänderung Graphisches Verfahren

Wie wir auf S. 46 gesehen haben, erfordert der im Kraftwerksbetrieb angestrebte Fall der Regelung auf konstante Leistung nicht nur einen horizontalen Mindestquerschnitt für das Wasserschloß, sondern verursacht außerdem noch ein zusätzliches Ansteigen und Absinken des Wasserspiegels infolge rascher Leistungsänderungen. Es ist daher notwendig, ein Berechnungsverfahren zur Hand zu haben, welches ermöglicht, die Schwingungsvorgänge infolge derartiger Betriebslastfälle zu berechnen und zu überprüfen, ob die vorgesehenen Abmessungen des Wasserschlosses den auftretenden Schwingungen entsprechen.

Die in den vorhergehenden Paragraphen dieses Abschnitts erwähnten Beziehungen lassen sich nur auf kleine Schwingungen anwenden. Im Falle größerer Schwingungen, wie sie bei raschen und größeren Änderungen der Leistung auftreten, verlieren sie ihre Gültigkeit. Eine Lösung dieses Problems kann mit Anwendung finiter Differenzen erfolgen. Wir wollen im folgenden zeigen, wie sich das graphische Verfahren von SCHOKLITSCH auf Schwingungsvorgänge bei Regelung auf konstante Leistung erweitern läßt.

Die Grundgleichungen des Verfahrens bilden die Gln. (III/1c) und (III/2c) auf S. 58 und Gl. (III/5B) auf S. 50. Die Schwingungen infolge Regelung auf konstante Leistung werden sich um den Zustandspunkt des Beharrungszustands (Q_0, H_0, P_0) ausbilden. Um jede Verwechslung der finiten Differenzen Δt, ΔW usw., welche kleine Veränderungen der Veränderlichen vom Zeitpunkt t zu $(t + \Delta t)$ darstellen, mit den Abweichungen der Veränderlichen von ihren Werten im Beharrungszustand zu vermeiden, wollen wir diese mit dem Index (1) versehen.

Wir setzen daher an Stelle von Δy, ΔQ usw. (s. S. 90 f.) y_1, Q_1 usw. Also ist

$$P = P_0 + P_1$$
$$Q_T = Q_0 + Q_1$$
$$W = W_0 + W_1$$
$$Z = Z_0 + Z_1 = -P_0 + Z_1.$$

Gl. (III/1c) schreibt sich mit den neuen Bezeichnungen wie folgt:

$$f \Delta W_1 = -\frac{gf}{L} \Delta t (Z_1 + P_1). \qquad (V/24)$$

Das Anwachsen der Wassermenge $f \Delta W_1$ des Druckstollens im Zeitabschnitt Δt ist also proportional zur Höhe $(Z_1 + P_1)$ am Beginn dieses Zeitintervalls, da der Faktor $-\dfrac{gf}{L}\Delta t$ bei konstantem Δt ein Festwert ist. Mittels Gl. (V/24) können wir daher die Änderung der Wassermenge $f \Delta W_1$ bestimmen.

Aus Gl. (III/5B) geht hervor: $Q_0 Z_1 + Q_1(H_0 + Z_1) = 0$,
dies bedeutet, daß die Änderung der Leistung $Q_0 Z_1$ durch das Produkt, gebildet aus der Änderung der Wassermenge Q_1 multipliziert mit der Höhe $(H_0 + Z_1)$, korrigiert wird.

Q_1 ist auf diese Weise bestimmt. Eingeführt in die Raumgleichung (III/2) nimmt diese folgende Form an:

$$\underbrace{FV\Delta t}_{\Delta C} = \underbrace{fW_1 \Delta t}_{\Delta \mathcal{O}_1} + \underbrace{Q_0 \frac{Z_1}{H_0 + Z_1}\Delta t}_{\Delta \mathcal{O}_2} \qquad (V/25)$$

Zufluß in den Schwallraum während Δt — Änderung des Zuflusses aus dem Druckstollen im Zeitabschnitt Δt — Änderung des von der Druckrohrleitung zurückgewiesenen Durchflusses im Zeitabschnitt Δt

Wir ersehen daraus, daß das in das Wasserschloß eintretende Wasservolumen aus der Summe der Glieder $\Delta \mathcal{O}_1$, abhängig von den Abszissenwerten fW_1, und $\Delta \mathcal{O}_2$, abhängig von den Ordinatenwerten Z_1, gebildet

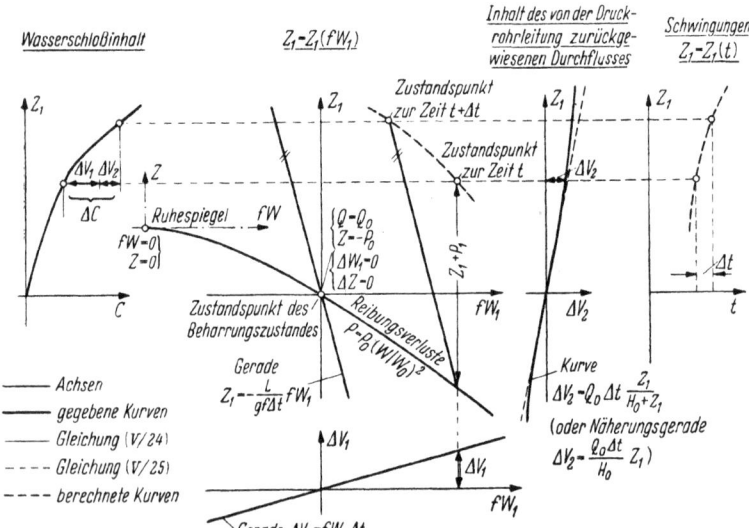

Abb. V/5. Graphisches Verfahren von SCHOKLITSCH, erweitert auf den Fall der Schwingungen bei Regelung auf konstante Leistung. Ermittlung des Zustandspunkts zur Zeit $(t + \Delta t)$, vom bekannten Punkt zur Zeit t ausgehend

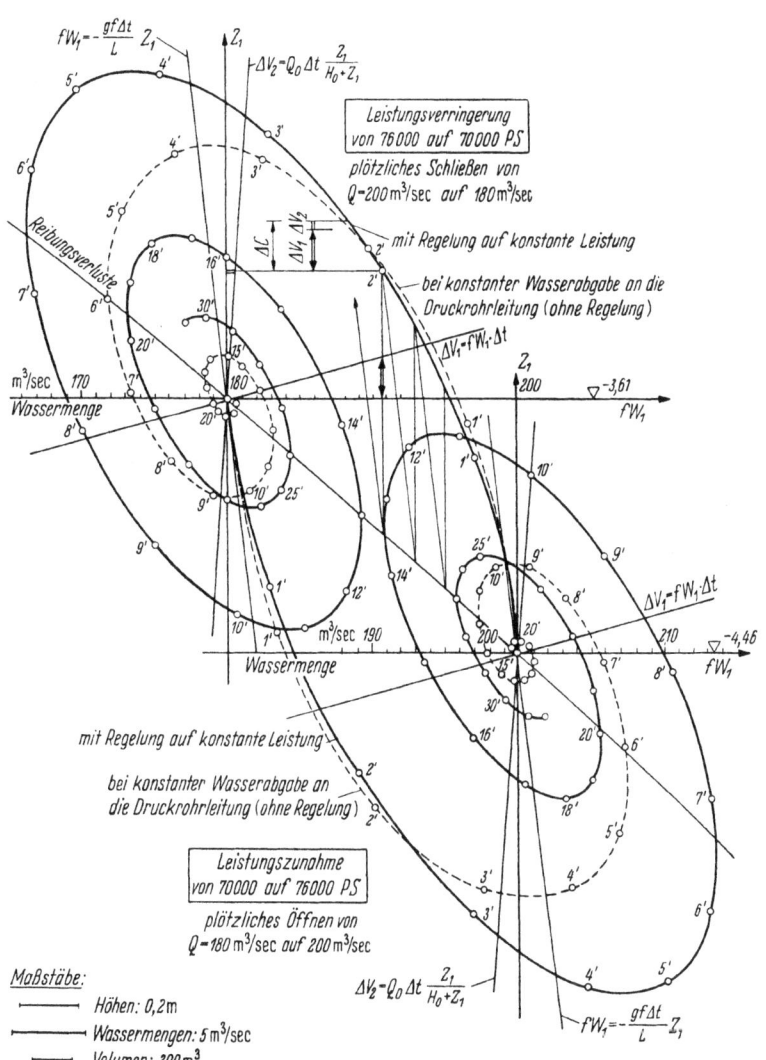

Abb. V/6. Zeichnerische Ermittlung der Spiegelbewegungen bei Regelung auf konstante Leistung
Angaben: $L = 3856$ m $\quad H_{\text{brutto}} = 40$ m
$\quad\quad\quad\quad f = 47,2$ m^2 $\quad P_{200\,\text{m}^3/\text{sec}} = 4,46$ m
$\quad\quad\quad\quad F = 1491$ m^2 $\quad P_{180\,\text{m}^3/\text{sec}} = 3,61$ m
(Schwingungen $Z = Z(t)$ s. Abb. V/7)
Anmerkung: Die Maßstäbe werden so gewählt, daß auf eine Darstellung der Inhaltskurve des Wasserschlosses, gegeben durch eine Gerade der Neigung +1, verzichtet werden kann
Annahmen: Wirkungsgrad $\eta = 0,80 =$ konst. Keine Reibungsverluste in der Druckrohrleitung

102 Einfluß der Turbinenregulierung auf die Schwingungen im Wasserschloß

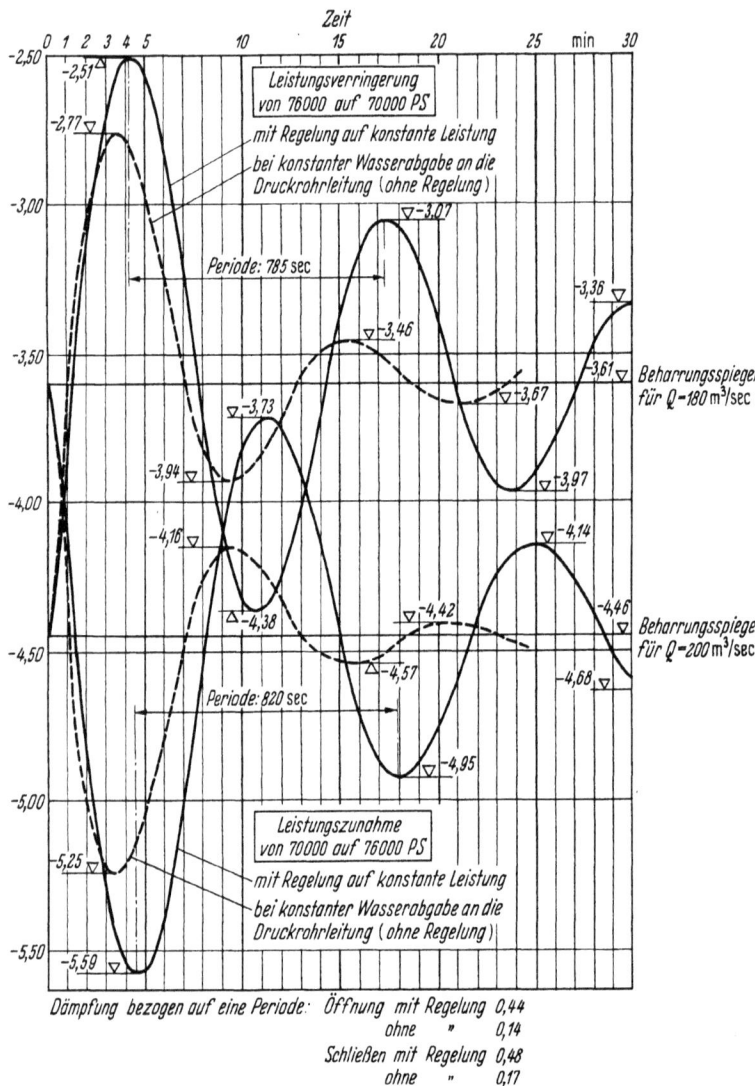

Abb. V/7. Darstellung der Spiegelbewegungen bei Regelung auf konstante Leistung.
Höchstes Aufschwingen:
    a) analytische Berechnung: 1,23 m;
    b) graphische Berechnung: mit $\Delta t = 10$ sec: 1,15 m;
                                   $\Delta t = 20$ sec: 1,10 m;
                                   $\Delta t = 30$ sec: 1,06 m.
(Durchführung der graphischen Konstruktion s. Abb. V/6.)

wird. Die Volumenabweichungen $\Delta \mho_1$ und $\Delta \mho_2$ lassen sich somit als Funktionen der unabhängigen Variablen $f\,W_1$ und $f\,W_2$ graphisch darstellen. Während die Kurve für $\Delta \mho_1$ zu einer Geraden wird, ist dies für $\Delta \mho_2$ nicht der Fall. Letztere weist einen Wendepunkt für $Z_1 = 0$ auf, die Tangente wird in diesem Punkt durch die Gerade $\Delta \mho_2 = Z_1 \dfrac{Q \Delta t}{H_0}$ gebildet. Im Falle kleiner Schwingungen kann auch diese Kurve durch eine Gerade, gebildet von der Tangente im Wendepunkt, ersetzt werden. Abb. V/5 zeigt die Grundzüge der Konstruktion für die Auffindung des Zustandspunkts zur Zeit $(t + \Delta t)$, ausgehend vom Punkt zur Zeit t.

Die Abb. V/6 und V/7 stellen eine Anwendung dieses graphischen Verfahrens auf einen konkreten Fall dar. Die entsprechenden Angaben finden sich in Abb. V/6, der vorgesehene Betriebsvorgang ist eine rasche Leistungsverminderung von 76000 PS auf 70000 PS, gefolgt von einer Periode mit Regelung auf konstante Leistung. Nachdem sich ein neuer Beharrungszustand ausgebildet hat, wird die Leistung wieder rasch von 70000 PS auf 76000 PS gesteigert. Der Turbinenwirkungsgrad wird mit einem konstanten Mittelwert von 0,80 in die Berechnung eingeführt, die Reibungsverluste in der Druckrohrleitung werden vernachlässigt. Der Belastungsverminderung entspricht der rasche Übergang von einer Aufschlagwassermenge von 200 m³/sec auf 180 m³/sec, gefolgt von einer Steigerung des Durchflusses von 180 m³/sec auf 200 m³/sec mit Regelung auf konstante Leistung. Die Abb. V/6 zeigt die Durchführung der graphischen Berechnung für den Fall der Regelung auf konstante Leistung und für konstante Wasserabgabe an die Druckrohrleitung. Die Inhaltskurve des Wasserschlosses ist bei den gewählten Maßstäben eine Gerade mit der Neigung 1. Auf ihre Darstellung konnte daher verzichtet werden. Abb. V/7 gibt die Schwingungen in Abhängigkeit von der Zeit wieder. Wir können feststellen, daß:

1. die Regelung auf konstante Leistung die Elongationen stark erhöht und die Dämpfung der Schwingungen herabsetzt;
2. für einen gegebenen Fall die Dämpfung praktisch unverändert bleibt.

VI. Kammerwasserschloß und Wasserschloß mit Überlauf

1. Einleitung

Auf S. 53 haben wir bereits gesehen, daß es möglich ist, bei der Bemessung eines Wasserschlosses mit einem geringeren Inhalt als der eines Schachtwasserschlosses mit konstantem Querschnitt auszukommen, wenn man den Schwallraum im Bereich des höchsten Wasserspiegels konzentriert, gleicher Schließvorgang und gleiche zulässige Spiegellage vorausgesetzt. Dieselbe Feststellung können wir auch bei Belastungszunahme machen, wenn wir den Schwallraum im Bereich des tiefsten Wasserspiegels konzentrieren. Grenzfälle ergeben sich bei der Annahme, daß der gesamte erforderliche Schwallraum auf der Kote des höchsten oder tiefsten Wasserspiegels konzentriert ist. Bei Vernachlässigung der Fallhöhenverluste im Druckstollen läßt sich dabei ein Volumengewinn von 50% erzielen. Wir werden sehen, daß derartige Verminderungen des Schwallraumbedarfs auch in der Praxis bei Berücksichtigung der Reibungsverluste durchaus möglich sind (s. Diagramme der Abb. VI/2 und VI/3).

Beim Eintritt des Wassers in den eigentlichen Schwallraum treten außerdem noch zusätzliche Druckhöhenverluste auf, besonders dann, wenn dieser als Stollen ausgebildet wird. Dieser Energieverlust, der die Dämpfung der Schwingung güngstig beeinflußt, ist dem vom Druckstollen hinzuzufügen.

Bei Wasserfassungen in Staubecken, die eine große Höhendifferenz zwischen höchstem und tiefstem Betriebswasserspiegel aufweisen, ist es angezeigt, eine Erweiterung des Wasserschlosses (obere Kammer) oberhalb des höchsten Ruhespiegels (volles Becken) vorzusehen, um das Aufschwingen im Falle plötzlichen, vollständigen Schließens zu begrenzen. Ferner ist es vorteilhaft, für den Fall der größtmöglichen Belastungszunahme eine Erweiterung (untere Kammer) unterhalb des tiefsten Beharrungsspiegels im Wasserschloß (leeres Becken) anzuordnen. Beide Kammern werden durch einen Schacht (Steigschacht) miteinander verbunden.

Der Querschnitt des Steigschachts muß so bemessen sein, daß eine hinreichende Dämpfung kleiner Schwingungen infolge Regelung auf konstante Leistung erreicht wird. Da bei der beschriebenen Disposition des Wasserschlosses der Querschnitt des Steigschachts konstant bleibt, so sind zu seiner Dimensionierung, die auf S. 92ff. aufgestellten Bemessungsgrundlagen (Gleichung von THOMA oder durch Korrekturglieder erweiterte Gleichungen) heranzuziehen.

Das *Kammerwasserschloß* entspricht im allgemeinen sehr gut den Betriebsanforderungen für Wasserkraftanlagen mit Speicherung und großen Fallhöhen. Der für die Dämpfung der Schwingungen infolge Regelung erforderliche Schachtquerschnitt ist gering. Große Schwingungen ergeben sich nur bei Betriebsvorgängen, wo das Auf- und Abschwingen des Wasserspiegels im Wasserschloß nur im Steigschacht stattfindet. Doch selbst in diesen Fällen sind die Schwingungsweiten klein im Verhältnis zur Fallhöhe und sind für die Turbinenregulierung tragbar.

Für kleine Fallhöhen hingegen wird ein großer Schachtquerschnitt benötigt, der vom Kammerquerschnitt nicht sehr verschieden ist. Wir erhalten daher ein Wasserschloß, das in der Form wenig vom Schacht-

Wasserschloß abweicht. Wie wir wissen, ist für diesen Wasserschloßtyp die Schwingungsdämpfung gering, und es ist daher vorteilhafter bei geringen Fallhöhen statt einem Kammerwasserschloß ein Drosselwasserschloß (s. Abschn. VII, S. 123) vorzusehen.

Die Kammern werden häufig als Stollen ausgeführt, die radial in den vertikalen oder geneigten Steigschacht einmünden. Da deren lichte Höhe einige Meter beträgt, so ist es unvermeidlich, daß der Volumenschwerpunkt der oberen Kammer beträchtlich unterhalb der Kote des Wasserspiegels liegt, die beim höchsten Aufschwingen für den Schließvorgang bei vollem Becken erreicht wird; es liegt daher auch der Volumenschwerpunkt der unteren Kammer wesentlich über dem beim tiefsten Abschwingen erreichten Wasserspiegel für den Öffnungsvorgang bei leerem Becken. Aus diesem Grunde verliert das Kammerwasserschloß einen Teil seiner Wirksamkeit. Durch den Einbau einer Überlaufschwelle beim Eintritt in die obere Kammer kann, wenn nötig, die Wirksamkeit der oberen Kammer verbessert werden. Das im Schacht rasch aufsteigende Wasser muß dann zuerst die Höhe der Überfallskrone erreichen, bevor es die Kammer füllt. Die Entleerung der Kammer beim Abschwingen erfolgt durch eine Öffnung auf Sohlenhöhe derselben. Eine derartige Anordnung in einem Kammerwasserschloß macht dieses dem Differentialwasserschloß ähnlich, welches im folgenden Abschnitt eingehend behandelt wird. Für die untere Kammer wird eine analoge Wirkung erreicht, wenn die Entleerung derselben gedrosselt wird.

Von derselben Absicht ausgehend, ein rasches und möglichst hohes Ansteigen des Wasserspiegels zu erreichen, kann man auch ein *Wasserschloß mit Überlauf* ausführen, wobei das über die Überfallkrone emporschwellende Wasser keine Kammer füllt und beim Abschwingen nicht in den Steigschacht zurückgeleitet, sondern direkt ins Freie abgeleitet wird.

Bei der Berechnung des Schachtwasserschlosses, S. 64 ff., sei es auf Grund der Differentialgleichungen unter Einführung von Relativwerten, mit Hilfe von Diagrammen oder mittels graphischer Verfahren, haben wir gesehen, daß der Wasserschloßquerschnitt F, welcher den Wasserspiegelanstieg Z_* beeinflußt, als bekannt angenommen wird. Bei der Bemessung geht es jedoch darum, eben diesen Querschnitt in Abhängigkeit von zulässigen Werten für Auf- und Abschwingen zu berechnen. Der entsprechende Wert läßt sich im Versuchsweg auf Grund verschiedener Annahmen bestimmen. Die Vorberechnung kann daher sehr zeitraubend werden, besonders dann, wenn man graphische Methoden verwendet. Auf S. 111 ff. werden wir sehen, daß der erforderliche Wasserschloßquerschnitt F mit guter Annäherung und auf raschem Wege unter Anwendung des Energieerhaltungssatzes bestimmt werden kann. Der erhaltene Wert kann dann mittels eines beschriebenen graphischen Verfahrens für sämtliche mehr oder weniger komplizierte, tatsächliche

Betriebsvorgänge überprüft werden. Bei der Bemessung von Wasserschlössern sind daher Berechnungsverfahren unter Anwendung des Energieerhaltungssatzes sehr nützlich, da sie erlauben, die Abmessungen unmittelbar festzulegen.

2. Kammerwasserschloß mit offenen Kammern
Plötzliches, vollkommenes Schließen bei Vernachlässigung der Reibungsverluste im Druckstollen ($P = 0$)
(Siehe Abb. VI/1)

a) Berechnung mit Hilfe der Differentialgleichungen der Bewegung

1. Bewegung im Steigschacht (konstanter Querschnitt F_1).
Wir wollen die Berechnung mit Relativwerten in bezug auf

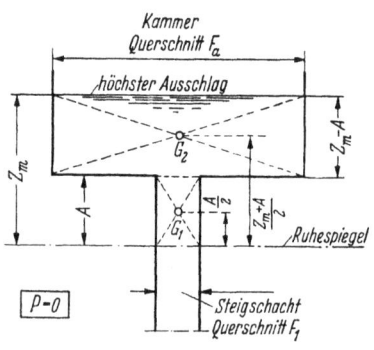

Abb. VI/1. Kammerwasserschloß mit offener Kammer

$$Z_{1*} = W_0 \sqrt{\frac{Lf}{gF_1}}$$

durchführen.

Setzen wir in Gl. (IV/15) $p_0 = 0$, finden wir:

$$v_1 \frac{dv_1}{dz_1} + z_1 = 0,$$

folglich ist

$$v_1^2 + z_1^2 = c = \text{konst.}$$

Die Anfangsbedingungen lauten für $t' = 0$;

$z_1 = 0$ und $v_1 = 1$ ($V = V_0$), somit $c = 1$, da $v_1^2 + z_1^2 = 1$.

Wird $Z = A$, so erreicht der Wasserspiegel gerade die Kammersohle, so daß

$$z_1 = a_1 = \frac{A}{Z_{1*}}.$$

Für die Geschwindigkeit ergibt sich nachstehender Ausdruck

$$v_1 = \sqrt{1 - a_1^2}.$$

2. Bewegung in der oberen Kammer (konstanter Querschnitt F_a).
Wir bestimmen zunächst neue Relativwerte, welche wir auf

$$Z_{a*} = W_0 \sqrt{\frac{Lf}{gF_a}}$$

beziehen.

Definitionsgemäß ist $v_1 = v_a = \frac{V}{V_0} = v$ (unabhängig von F), also

$$z_1 = z_a \sqrt{\frac{F_1}{F_a}} \quad \text{und} \quad a_1 = a_a \sqrt{\frac{F_1}{F_a}}.$$

Somit neuerlich:
$$v^2 + z_a^2 = c = \text{konst.}$$
mit den Anfangsbedingungen für $z_a = a_a$:
$$v^2 = 1 - a_1^2 = 1 - a_a^2\left(\frac{F_1}{F_a}\right),$$
$$c = 1 + a_a^2\left(1 - \frac{F_1}{F_a}\right).$$
Der höchste Wasserspiegelanstieg wird für $v = 0$ erreicht. Daher ist
$$z_{ma} = \frac{Z_m}{Z_{a*}} = \sqrt{1 + a_a^2\left(1 - \frac{F_1}{F_a}\right)}. \tag{VI/1}$$
Es läßt sich leicht nachweisen, daß die erhaltene Beziehung auch für den Fall einer plötzlichen Steigerung auf Vollast bei vorhandener, unterer Kammer angewendet werden kann; z_{ma} wird lediglich negativ.

b) Berechnung mit Hilfe des Energieerhaltungssatzes

Ausgehend von Gl. (III/7), S. 52, erhalten wir:
$$L f \frac{W_0^2}{2g} = F_1 A \frac{A}{2} + F_a(Z_m - A)\left(\frac{Z_m + A}{2}\right),$$
$$L f \frac{W_0^2}{g F_a} = Z_{a*}^2 = \frac{F_1}{F_a} A^2 + Z_m^2 - A^2.$$

Mit Relativwerten läßt sich diese Gleichung wie folgt anschreiben
$$1 = a_a^2\left(\frac{F_1}{F_a} - 1\right) + z_{ma}^2,$$
somit:
$$z_{ma} = \frac{Z_m}{Z_{a*}} = \sqrt{1 + a_a^2\left(1 - \frac{F_1}{F_a}\right)},$$
Die erhaltene Beziehung stimmt vollständig mit Gl. (VI/1) überein.

3. Kammerwasserschloß mit offenen Kammern
Schwingungsvorgänge bei Berücksichtigung der Reibungsverluste im Druckstollen ($P \neq 0$)

Wir wollen hier nur die Fälle plötzlichen Schließens oder Öffnens untersuchen, ohne die Wirkung der Turbinenregelung zu berücksichtigen. Der Rauminhalt des Steigschachts (Querschnitt F_1) kann vernachlässigt werden, da er im Verhältnis zu dem der Kammer (Querschnitt F_a) gering und weniger gut situiert ist. Beziehen wir die Relativwerte auf
$$Z_{a*} = W_0 \sqrt{\frac{L f}{g F_a}} \, {}^1,$$

---

[1] Zur Vereinfachung der Schreibweise wollen wir den Index a in den folgenden Gleichungen wegfallen lassen und ihn nur in Fällen anschreiben, wo eine Verwechslung mit dem Bezugswert Z_* auftreten kann.

so erhalten wir die Differentialgleichung der Bewegung:

$$v \frac{dv}{dz} + z + p = 0, \quad \text{worin} \quad p = \pm p_0 (v + q)^2.$$

a) Plötzliches, vollkommenes Schließen (obere Kammer)

In diesem Falle ist:

$$q = 0 \quad \text{und} \quad p = \pm p_0 v^2.$$

Die Anfangsbedingungen sind für $t'_0 = 0$:

$$v = 1 \quad \text{und} \quad z = a = \frac{A}{Z_{a*}}.$$

Das partikuläre Integral der Differentialgleichung, welches auch den Anfangsbedingungen entspricht, lautet:

$$v^2 = \frac{1}{2 p_0^2} [1 - 2 p_0 z - (1 - 2 a p_0 - 2 p_0^2) e^{-2 p_0 (z-a)}]. \qquad (\text{VI}/2)$$

Wir erhalten $z_{ma} = \frac{Z_m}{Z_{a*}}$, wenn wir $v = 0$ setzen.

Falls $a = -p_0$ ist, so wird Gl. (VI/2) identisch mit der Bewegungsgleichung für das Schachtwasserschloß, Gl. (IV/17), S. 74.

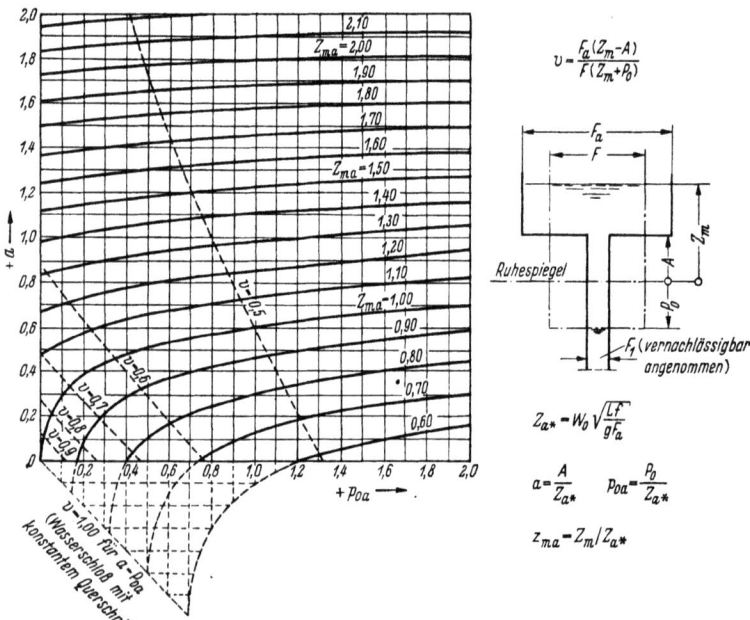

Abb. VI/2. Diagramm zur Berechnung der oberen Kammer eines Kammerwasserschlosses (nach CALAME u. GADEN) [6]. Plötzliches, vollkommenes Schließen

Das höchste Aufschwingen des Wasserspiegels kann ebenfalls zeichnerisch bestimmt werden. Auf Grund ihres graphisch-rechnerischen Verfahrens haben CALAME und GADEN [6] (s. S. 116ff.) das Diagramm der Abb. VI/2 aufgestellt, aus welchem z_{ma} in Abhängigkeit von p_{0a} und a erhalten werden kann. Die Kurvenschar z_{ma} = konst. erreicht die Gerade $a = -p_{0a}$, welche dem Schachtwasserschloß mit konstantem Querschnitt entspricht, in Punkten, deren Abszissenwerte durch Gl. (IV/18), S. 74, gegeben sind.

Ein Anwachsen von a bewirkt ein Vergrößern von z_{ma}, vermindert aber die Höhe ($z_{ma} - a$) der Kammer. Der Einfluß der Reibungsverluste p_{0a}, welche z_{ma} verringern, wird um so geringer, je stärker a zunimmt. Beispielsweise ergibt sich für $a = 2$, wenn p_{0a} von 0 auf 2,0 ansteigt, lediglich eine geringe Verringerung von z_{ma} von 2,24 auf 2,17.

Es ist interessant, die Abnahme des *erforderlichen Kammervolumens* bei zunehmender Höhenlage der Kammer über dem Ruhespiegel zu untersuchen. Setzen wir gleiches höchstes Aufschwingen bei gleichen Reibungsverlusten voraus, so läßt sich auf einfache Weise eine Beziehung zwischen den Rauminhalten eines Kammerwasserschlosses und eines gleichwertigen Schachtwasserschlosses aufstellen. Bei Vernachlässigung des Rauminhalts des Steigschachts können wir für diese Verhältniszahl v folgende Beziehung anschreiben:

$$v = \frac{(Z_m - A)F_a}{(Z_m + P_0)F}.$$

Da

$$\frac{F_a}{F} = \frac{Z_*^2}{Z_{a*}^2} = \frac{z_{ma}^2}{z_m^2}, \quad \frac{Z_m}{Z_{a*}} = z_{ma} \quad \text{und} \quad \frac{Z_m}{Z_*} = z_m,$$

wird

$$v = \frac{(z_{ma} - a)z_{ma}^2}{(z_{ma} + p_{0a})z_m^2}.$$

z_m ist durch Gl. (IV/18), S. 74, gültig für Schachtwasserschlösser mit konstantem Querschnitt, gegeben, wobei:

$$p_0 = \frac{P_0}{Z_*} = \frac{P_0}{Z_{a*}} \frac{Z_{a*}}{Z_*} = p_{0a} \frac{z_m}{z_{ma}}.$$

Die Kurvenschar v = konst. zeigt, daß die Verhältniszahl v hauptsächlich von der Höhe ($a + p_{0a}$) der Kammer über dem Beharrungsspiegel abhängt. Die Volumeneinsparung erreicht rasch 40% und kann selbst auf 50% erhöht werden. Bemerkt sei noch, daß wir die günstige Wirkung des Steigschachtvolumens bei der Berechnung des höchsten Aufschwingens vernachlässigt haben. Wir haben den Inhalt des Steigschachts aber auch bei der Berechnung der Verhältniszahl der nötigen Rauminhalte von Kammer- und Schachtwasserschloß außer acht gelassen.

b) Plötzliches, vollkommenes Öffnen (untere Kammer)

Bei diesem Betriebsvorgang sind:

$$q = 1 \quad \text{und} \quad p = \pm p_0 (v+1)^2.$$

Die Anfangsbedingungen lauten für $t'_0 = 0$:

$$q = 1 \quad \text{und} \quad v = -1.$$

Eine Integration der Differentialgleichung auf analytischem Wege ist nicht möglich, graphische Verfahren führen jedoch zum Ziel. CALAME und GADEN haben für das tiefste Abschwingen z'_{ma}, in Abhängigkeit von p'_{0a} und a' $\left(\text{Relativwerte bezogen auf } Z'_{a*} = W_0 \sqrt{\dfrac{Lf}{gF'_a}}\right)$ das Diagramm der Abb. VI/3 aufgestellt.

Der Fall des Schachtwasserschlosses wird wiedergegeben, wenn wir $a' = 0$ setzen. Auf der entsprechenden Geraden sind die Werte z'_{ma}

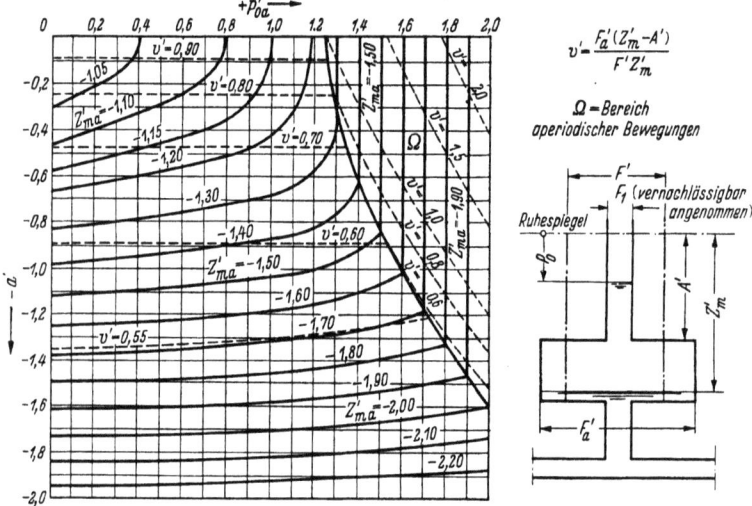

Abb. VI/3. Diagramm zur Berechnung der unteren Kammer eines Kammerwasserschlosses (nach CALAME u. GADEN) [6]. Plötzliches, vollkommenes Öffnen

bereits bekannt (s. Abb. IV/5, S. 76). Im Bereich Ω des Diagramms ist die Bewegung aperiodisch und das tiefste Abschwingen des Wasserspiegels geht nicht über den Beharrungsspiegel hinaus.

Rückt ein Zustandspunkt (p'_{0a}, a') nahe an die Grenzlinie der aperiodischen Bewegung heran, so wird z'_{ma} kaum größer als p'_{0a}.

Wir können neuerlich die Verhältniszahl v' der Rauminhalte des Kammerwasserschlosses mit einem gleichwertigen Schachtwasserschloß berechnen. Im allgemeinen ist diese Verhältniszahl lediglich eine Funktion von a' (unabhängig von p'_{0a}), die erreichte Volumeneinsparung kann 40 bis 45% betragen. Auch bei dieser Untersuchung haben wir den günstigen Einfluß des Steigschachtvolumens außer acht gelassen und diesen auch beim Volumenvergleich vernachlässigt.

4. Kammerwasserschloß mit offenen Kammern
Aufstellung von Näherungsformeln für die Bemessung mit Hilfe des Energieerhaltungssatzes bei Berücksichtigung der Reibungsverluste im Druckstollen ($P \neq 0$)

a) Plötzliches, vollkommenes Schließen (Bemessung der oberen Kammer)

Wie wir bereits auf S. 54 gesehen haben, können wir im Falle vollkommenen Schließens mit $P \neq 0$ den Energieerhaltungssatz wie folgt anschreiben:

$$L f \frac{W_0^2}{2g} = \cup Z_G + \frac{\overline{\sigma}_f}{\gamma}. \qquad \text{(III/7')}$$

Die Reibungsarbeit sei, wie bereits angenommen (S. 80), proportional zu P_0, so daß:

$$\overline{\sigma}_f = \gamma \cup P_0 \varepsilon \quad (\varepsilon = \text{Proportionalitätsfaktor}).$$

Bei Vernachlässigung des Steigschachtvolumens ergibt sich:

$$L f \frac{W_0^2}{2g} = F_a(Z_m - A) \left[\frac{Z_m + A}{2} + P_0 \varepsilon \right].$$

Multiplizieren wir die Gleichung mit 2 und führen wir die Relativwerte ein, so erhalten wir:

$$1 = (z_m - a)(z_m + a + 2 p_0 \varepsilon). \qquad \text{(VI/3)}$$

Ein approximativer Mittelwert von ε kann in ähnlicher Weise wie auf S. 81 leicht mit Hilfe des Diagramms der Abb. VI/2 bestimmt werden, wobei p_0 und a die Parameter sind. Auf diese Art und Weise erhalten wir die im Diagramm der Abb. VI/4 mit vollem Strich dargestellte Kurvenschar von ε. Wir stellen fest, daß für $a > 0{,}2$, die Werte von ε sich zwischen 0,4 und 0,6 bewegen und ein Mittelwert etwa 0,45 bis 0,50 beträgt. Entlang der Geraden $a = -p_0$, die dem Schachtwasserschloß entspricht, finden wir die bereits aus Abb. IV/8 bekannten Werte von ε, deren Mittelwert annähernd 0,60 beträgt.

In unserem Falle läßt sich ε auch leicht mittels Integration direkt bestimmen. Für das idealisierte Wasserschloß (d. h. ohne Einbeziehung des Steigschachts, Abb. VI/5) berechnet sich das Volumen der oberen Kammer mit dem Schwerpunkt auf Höhe $M = \frac{1}{2}(Z_m + A)$ zu $F_a(Z_m - A)$. Da wir das Steigschachtvolumen vernachlässigen, ist $Z = M =$ konst. und Gl. (III/1) wird:

$$\frac{L}{g} \frac{dW}{dt} + M + P = 0, \quad \text{worin} \quad P = \frac{P_0 W^2}{W_0^2} = \delta W^2. \qquad \text{(VI/4)}$$

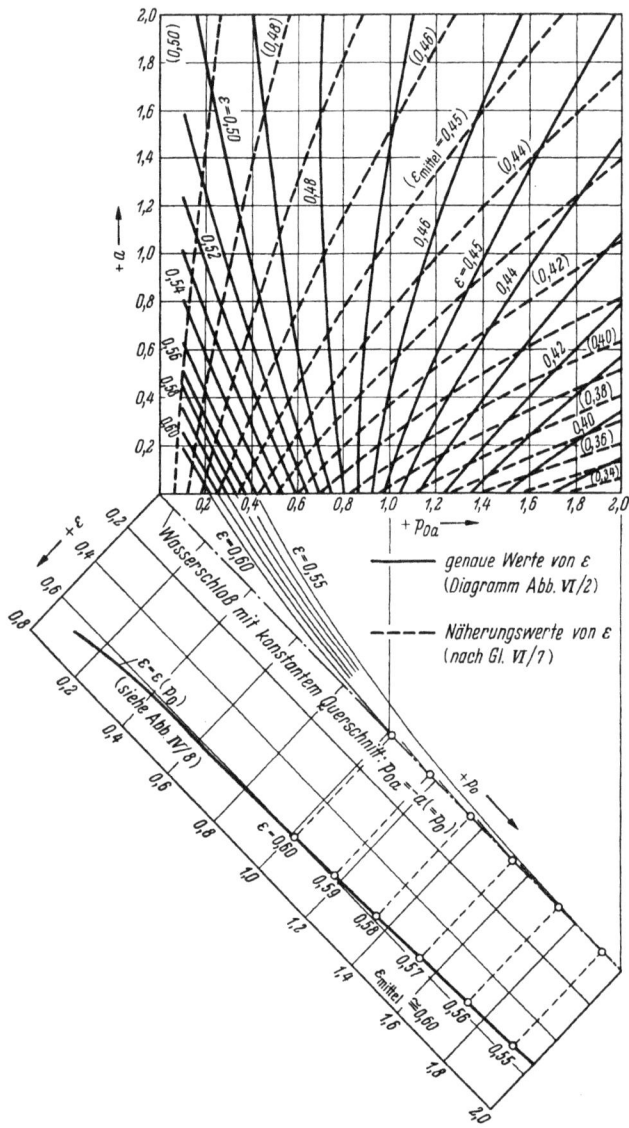

Abb. VI/4. Energieerhaltungssatz. Werte von ε als Funktion von p_0 und a

Führen wir diesen Ausdruck für P in Gl. (VI/4) ein, können wir diese wie folgt anschreiben:

$$dt = -\frac{L}{g}\frac{dW}{M + \delta W^2}.$$

Der Rauminhalt der oberen Kammer ist dem Wasservolumen gleich, das in den Stollen in der Zeit zwischen $t = 0$, im Augenblick des plötzlichen Schließens, und t_1, wo die Fließgeschwindigkeit im Stollen zum ersten Mal annulliert wird, eintritt.

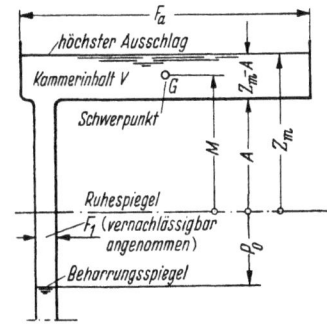

Abb. VI/5. Energieerhaltungssatz. Berücksichtigung der Fallhöhenverluste im Druckstollen ($P \neq 0$). Näherungsmethode

Dieses Volumen berechnet sich daher zu:

$$\circlearrowleft = \int_{t=0}^{t=t_1} f W\, dt = \int_{W=W_0}^{W=0} f W \left(-\frac{L}{g}\frac{dW}{M+\delta W^2}\right)$$

$$= -\frac{Lf}{2g\delta}\left|\ln(M+\delta W^2)\right|_{W_0}^{0} = \frac{Lf}{2g\delta}\ln\left(\frac{M+\delta W_0^2}{M}\right).$$

Da $\delta = \dfrac{P_0}{W_0^2}$ ist, wird:

$$\circlearrowleft = \frac{L f W_0^2}{2 g P_0}\ln\left(1 + \frac{P_0}{M}\right). \tag{VI/5}$$

Andererseits lautet der Energieerhaltungssatz:

$$\frac{L f W_0^2}{2g} = \circlearrowleft(M + P_0 \varepsilon), \quad \text{somit} \quad \circlearrowleft = \frac{L f W_0^2}{2g(M + P_0 \varepsilon)}. \tag{VI/6}$$

Aus der Gleichsetzung beider Gleichungen ergibt sich

$$\varepsilon = \frac{1}{\ln\left(1 + \dfrac{P_0}{M}\right)} - \frac{M}{P_0}. \tag{VI/7}$$

Wir sehen, daß ε in diesem Falle nur von $\dfrac{M}{P_0} = \dfrac{Z_m + A}{2 P_0} = \dfrac{z_m + a}{2 p_0}$ abhängt. Wenden wir die erhaltene Beziehung zur Berechnung einiger Werte von ε an, so lassen sich mit Hilfe von Gl. (VI/3) die Werte z_m, die aus dem Diagramm der Abb. VI/2 hervorgehen, überprüfen. Die Abweichungen sind gering. Ferner ändert sich ε, wie aus folgender Tabelle ersichtlich, nur wenig.

$\dfrac{M}{P_0}$	∞	8	4	2	1	0,5
ε	0,50	0,49	0,48	0,47	0,45	0,41

Die auf diese Art in Abhängigkeit von p_0 und a berechnete Kurvenschar von ε ist im Diagramm der Abb. VI/4 strichliert dargestellt. Wie ersichtlich, sind die Abweichungen der Werte ε beider Kurvenscharen (volle und strichlierte Linien) verhältnismäßig gering. Es ist leicht einzusehen, daß diese um so geringer werden, je größer a ist.

Innerhalb der gewöhnlichen Grenzen, kann mit hinreichender Genauigkeit für eine Vorberechnung folgender brauchbarer Mittelwert von ε verwendet werden:

$$\varepsilon_{\text{mittel}} = 0{,}45. \tag{VI/8}$$

Das beschriebene Rechenverfahren erweist sich bei der Aufstellung eines Vorprojekts für ein Kammerwasserschloß sehr nützlich, da es erlaubt, den erforderlichen Inhalt der oberen Kammer auf einfache und rasche Weise zu bestimmen.

Ausgehend von einem angenommenen Kammerschwerpunkt bestimmt man M (dann ε); das erforderliche Kammervolumen wird mittels Gl. (VII/5) [oder Gl. (VI/6)] berechnet und dann um den Volumenschwerpunkt verteilt, womit sich F und $(Z_m - A)$, daher auch A und Z_m ergeben.

Da wir mit einem idealisierten Wasserschloß gerechnet haben, werden im allgemeinen etwas zu große Werte gefunden, so daß wir für die Ausführung einen etwa 10% kleineren Wert annehmen können. Diese Näherungsberechnung gibt uns allerdings keine Auskunft über den zeitlichen Verlauf des Schwingungsvorgangs.

b) Plötzliches, vollkommenes Öffnen (Bemessung der unteren Kammer)

Ausgehend vom Fall einer plötzlichen Belastungssteigerung von Null auf Vollast kann, in ähnlicher Weise wie die obere Kammer (S. 111 ff.), auch die untere Kammer mit guter Annäherung bemessen werden. Das Kammervolumen $-F_a'(Z_m' - A')$ wird um den Schwerpunkt auf der Höhe $-M' = \frac{1}{2}(Z_m' + A')$ unterhalb des tiefsten Ruhespiegels konzentriert und der Inhalt des Steigschachts vernachlässigt. Somit ist: $Z = -M' = \text{konst.}$ und Gl. (III/1) läßt sich wie folgt anschreiben

$$\frac{L}{g}\frac{dW}{dt} - M' + P = 0, \quad \text{worin} \quad P = \frac{P_0 W^2}{W_0^2} = \delta W^2. \tag{VI/9}$$

Unmittelbar nach dem plötzlichen, vollkommenen Öffnen nimmt die Raumgleichung (III/2) (Kontinuitätsbedingung) folgende Form an:

$$f W = F V + Q_0, \tag{VI/10}$$

wobei $Q_0 = f W_0$, vom Zeitpunkt $t = 0$ ab, die Aufschlagwassermenge für den Beharrungszustand darstellt.

Sobald der Wasserspiegel im Wasserschloß absinkt, wird die Geschwindigkeit V negativ. Der positive Kammerinhalt $\mho'$ ist gegeben durch:

$$\mho' = -\int\limits_{t=0}^{t=t_1'} F V \, dt, \tag{VI/11}$$

hierin ist t_1' der Zeitpunkt, zu welchem die Geschwindigkeit V in der Kammer das erste Mal Null wird.

Durch Einsetzen der Werte aus Gl. (VI/10) erhalten wir

$$\mathcal{U}' = \int_{t=0}^{t=t_1'} (Q_0 - f W)\, dt = Q_0 t_1' - f \int_{t=0}^{t=t_1'} W\, dt. \qquad (VI/11')$$

Der noch unbekannte Wert von t_1' wird mittels Gl. (VI/9) bestimmt.

$$dt = \frac{L}{g} \frac{dW}{M' - \delta W^2} = \frac{L}{g\sqrt{\delta M'}} \frac{d\left(\sqrt{\frac{\delta}{M'}}\, W\right)}{1 - \left(\sqrt{\frac{\delta}{M'}}\, W\right)^2}.$$

Da die Variablen getrennt sind, ist die Integration dieser Differentialgleichung sehr einfach. Die Integrationskonstante geht aus Erfüllung der Bedingung $t = 0$, $W = 0$ hervor. Das Integral der Gl. (VI/9) lautet somit

$$t = \frac{L}{2g\sqrt{\delta M'}} \left[\ln\left(1 + \sqrt{\frac{\delta}{M'}}\, W\right) - \ln\left(1 - \sqrt{\frac{\delta}{M'}}\, W\right)\right].$$

Setzen wir für $\delta = \dfrac{P_0}{W_0^2}$, erhalten wir:

$$t = \frac{L W_0}{2g\sqrt{M' P_0}} \left[\ln\left(1 + \sqrt{\frac{P_0}{M'}}\, \frac{W}{W_0}\right) - \ln\left(1 - \sqrt{\frac{P_0}{M'}}\, \frac{W}{W_0}\right)\right].$$

Der gesuchte Zeitpunkt t_1' ist durch die Bedingung $V = 0$ festgelegt. Aus Gl. (VI/10) ergibt sich mit $W = \dfrac{Q_0}{f} = W_0$:

$$t_1' = \frac{L W_0}{2g\sqrt{M' P_0}} \left[\ln\left(1 + \sqrt{\frac{P_0}{M'}}\right) - \ln\left(1 - \sqrt{\frac{P_0}{M'}}\right)\right].$$

Führen wir nun den Ausdruck t_1' in Gl. (VI/11') ein, so wird, da $Q_0 = f W_0$ und $dt = \dfrac{L}{g}\dfrac{dW}{M' - \delta W^2}$ ist,

$$\mathcal{U}' = \frac{L f W_0^2}{2g\sqrt{M' P_0}} \left[\ln\left(1 + \sqrt{\frac{P_0}{M'}}\right) - \ln\left(1 - \sqrt{\frac{P_0}{M'}}\right)\right] - f \int_{W=0}^{W=W_0} \frac{L}{g} \frac{W\, dW}{M' - \delta W^2}$$

$$= \frac{L f W_0^2}{2g P_0} \sqrt{\frac{P_0}{M'}} \ln\left(\frac{1 + \sqrt{P_0/M'}}{1 - \sqrt{P_0/M'}}\right) + \frac{L f}{2g\delta} \left|\ln(M' - \delta W^2)\right|_0^{W_0}.$$

Ersetzen wir δ durch $\dfrac{P_0}{W_0^2}$, erhalten wir nach Umformung schließlich die gesuchte Volumengleichung für die untere Kammer

$$\mathcal{U}' = \frac{L f W_0^2}{2g P_0} \left\{\ln\left(1 - \frac{P_0}{M'}\right) + \sqrt{\frac{P_0}{M'}} \ln\left(\frac{1 + \sqrt{P_0/M'}}{1 - \sqrt{P_0/M'}}\right)\right\}. \qquad (VI/12)$$

c) Plötzliches Öffnen von Teil- auf Vollast
(Bemessung der unteren Kammer)

Wie bereits erläutert, ergibt eine Bemessung der unteren Kammer auf Grund einer plötzlichen Belastungssteigerung von Null auf Vollast für die Praxis zu ungünstige Werte. Man geht daher bei einer Vorbemessung besser von einer plötzlichen, teilweisen Belastungssteigerung von nQ_0 auf Q_0 aus. Aus einer zu b) analogen Berechnung erhalten wir das hierfür nötige Kammervolumen:

$$U'_n = \frac{LfW_0^2}{2gP_0}\left\{\ln\left(\frac{1-P_0/M'}{1-n^2P_0/M'}\right) + \sqrt{\frac{P_0}{M'}}\left[\ln\left(\frac{1+\sqrt{P_0/M'}}{1-\sqrt{P_0/M'}}\right) - \ln\left(\frac{1+n\sqrt{P_0/M'}}{1-n\sqrt{P_0/M'}}\right)\right]\right\}.$$
(VI/13)

n wird häufig mit 0,40 bis 0,50 angenommen. Für $n = 0$ wird Gl. (VI/13) identisch mit Gl. (VI/12).

5. Graphische Verfahren zur Berechnung des Kammerwasserschlosses mit offenen Kammern

a) Graphisches Verfahren von Schoklitsch

Das auf S. 57ff. erläuterte Verfahren läßt sich ohne Schwierigkeiten auch auf das Kammerwasserschloß anwenden. Die Volumenkurve des Wasserschlosses (vgl. Abb. III/5) findet ihren Ausdruck in einem gebrochenen Linienzug. Der Inhalt des Steigschachts, jede beliebige Querschnittsänderung des Schwallraums, sowie jeder beliebige Betriebsvorgang können ohne weiteres in die Untersuchung einbezogen werden.

Die graphische Konstruktion erfolgt in ähnlicher Weise wie für das in Abb. III/6, S. 60, behandelte Schachtwasserschloß mit veränderlichem Querschnitt.

b) Graphisch-rechnerisches Verfahren von Calame und Gaden

Die Grundzüge der Methode wurden auf S. 81ff. dargelegt. Wir wollen hier die Anwendung des Verfahrens auf ein Kammerwasserschloß mit konstantem, horizontalem Kammerquerschnitt bei Vernachlässigung des Steigschachtvolumens zeigen. Ein Unterschied ergibt sich lediglich für den Ausgangspunkt der Konstruktion.[1]

Wir schreiben für die Differentialgleichung der Bewegung

$$\frac{dv}{dz} = -\frac{z+p}{v}.$$

---

[1] CALAME, J., u. D. GADEN: Zit. [5], S. 133. Das Verfahren wurde von den Autoren auch auf den Fall einer beliebigen Änderung des horizontalen Kammerquerschnitts ausgedehnt, wird jedoch für diesen Fall sehr zeitraubend.

Graphische Verfahren zur Berechnung des Kammerwasserschlosses 117

1. Plötzliches, vollkommenes Schließen.
$$p = p_0 v^2.$$
Die Anfangsbedingungen lauten: $z = a$, $v = 1$, $p = p_0$. Folglich ist
$$-\frac{dv}{dz} = \tan\alpha_A = a + p_0.$$
Damit kann die Konstruktion des Diagramms $v = v(z)$ begonnen werden. Der Krümmungsradius für den Anfangspunkt ist nicht mehr 1, sondern wesentlich größer. Solange der Krümmungsmittelpunkt außerhalb der Zeichnung liegt, genügt es, die Bogenabschnitte durch Geradstücke (AB_1,

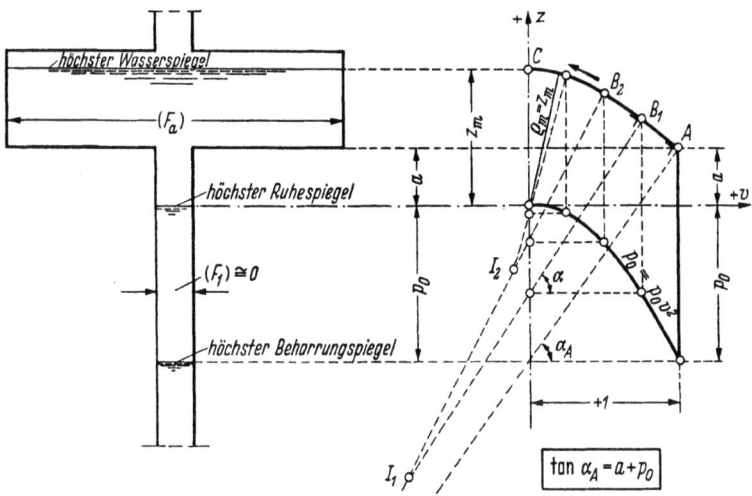

Abb. VI/6. Graphisch-rechnerisches Verfahren von CALAME u. GADEN. Obere Kammer. Plötzliches, vollkommenes Schließen. Berücksichtigung der Fallhöhenverluste im Druckstollen ($P \neq 0$).

$B_1 B_2$) normal auf den Radiusvektor zu ersetzen. Für den Gipfelpunkt der Kurve wird $\varrho_m = -z_m$ (s. Abb. VI/6), wie im Falle des Schachtwasserschlosses.

2. Plötzliches, vollkommenes Öffnen.
$$p = p_0(v+1)^2.$$
Die Anfangsbedingungen lauten hierfür:
$$z = -a', \quad v = -1, \quad p = 0.$$
Damit wird:
$$-\frac{dv}{dz} = \tan\alpha_A = a'.$$
Der Krümmungsradius für den Beginn der Konstruktion läßt sich somit berechnen, und wir erhalten:
$$\varrho_A = \sqrt{1 + a'^2}.$$

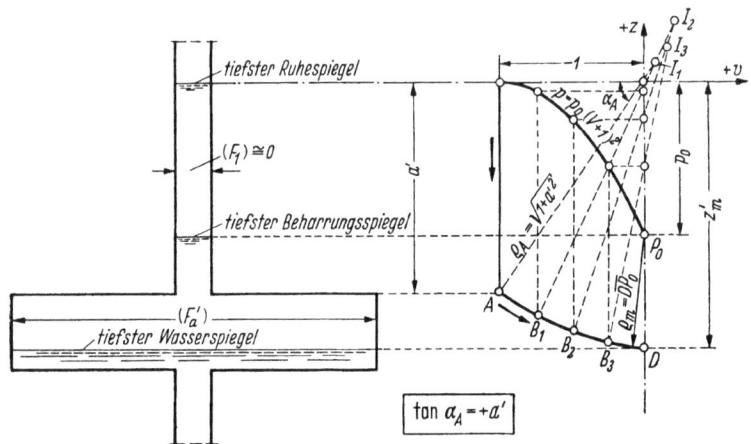

Abb. VI/7. Graphisch-rechnerisches Verfahren von CALAME u. GADEN. Untere Kammer. Plötzliches, vollkommenes Öffnen. Berücksichtigung der Fallhöhenverluste im Druckstollen ($P \neq 0$)

Dies bedeutet, daß sein Mittelpunkt im Ursprung der Koordinatenachsen liegt (s. Abb. VI/7). Im Tiefpunkt der Kurve ist

$$\varrho_M = -z'_m + p_0 = \overline{DP_0}.$$

6. Einfluß der Turbinenregulierung. Stabilitätsbedingung

Auf S. 88f. haben wir gesehen, daß die im Kraftwerksbetrieb gewünschte Regelung auf konstante Leistung, anläßlich von Belastungsänderungen, das Auf- und Abschwingen des Wasserspiegels im Wasserschloß verstärkt. Da für die Bemessung der oberen Kammer die radikale Änderung der Belastung, plötzliches, vollkommenes Schließen, maßgebend ist, bleibt diese von der Regelung unbeeinflußt.

Die Bemessung der unteren Kammer wird im allgemeinen auf Grund eines raschen Öffnens des letzten Maschinensatzes oder der beiden letzten Maschinensätze, ohne Berücksichtigung der Turbinenregulierung, vorgenommen. Es muß jedoch nachgewiesen werden, daß die gewählten Abmessungen ausreichend sind, um Schwingungen infolge einer raschen Belastungssteigerung im Bereich der Vollast bei Regelung auf konstante Leistung zu ertragen. Die auf S. 99ff. beschriebene Methode erlaubt es, die tiefste Spiegellage für diesen Fall zu ermitteln (s. Beispiel Abb. V/6 und V/7).

Die Mindestabmessungen des Steigschachts sind durch den Grenzquerschnitt, bei welchem ungedämpfte Schwingungen infolge der Turbinenregelung auftreten, festgelegt. Eine ausreichende Dämpfung dieser Schwingungen muß für jeden Betriebswasserspiegel gesichert sein (s. S. 92 und 96f.).

7. Kammerwasserschloß mit abgeschlossenen Kammern (Differentialwirkung)

Die Anwendung des Energieerhaltungssatzes hat uns gezeigt, daß es vorteilhaft ist, den Raumschwerpunkt der oberen Kammer so hoch als möglich zu legen. Durch einen teilweisen Abschluß der oberen Kammer ist es möglich, die Steighöhe des Wassers vor dem Eintritt in dieselbe noch zu vergrößern. Der Wasserspiegel wird durch den Einbau einer Überlaufschwelle gezwungen, unmittelbar bis auf eine Höhe zu steigen, die er sonst erst bei teilweiser Füllung der Kammer erreicht. In die Berechnung ist daher die Höhe M, gerechnet vom Ruhespiegel bis zur Höhe der Überlaufschwelle, vergrößert um die mittlere Höhe des Überfallstrahls, einzuführen.

Das die Kammer erfüllende Wasser fließt beim Abschwingen durch eine am Fuß der Überlaufschwelle angeordnete Öffnung (mit Hängeklappe) in den Steigschacht zurück. Die damit erreichte Differentialwirkung trägt zu einer besseren Dämpfung der Schwingungen bei. Der Durchfluß durch die Öffnung am Schwellenfuß kann erhöht werden, wenn die Ausmündung derselben in den Steigschacht tiefer gelegt wird als die Kammersohle (Abb. VI/8).

Aus einer ähnlichen Überlegung heraus kann man auch den Ausfluß aus der unteren Kammer durch einen Einbau beim Eintritt in dieselbe drosseln. Es wird damit erreicht, daß der Wasserspiegel im Steigschacht während der Dauer der Entleerung der Kammer auf einer Höhe nahe der Kammersohle bleibt. In Sonderfällen können auch noch andere Einbauten, wie Tauchwand, Saugschwelle u. a., vorgesehen werden.

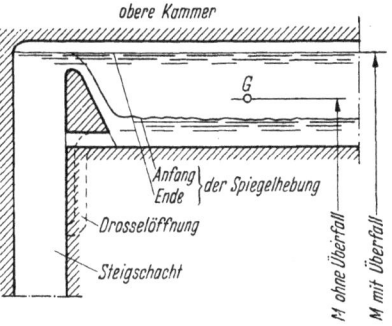

Abb. VI/8. Obere Kammer mit Überlaufschwelle

8. Wasserschloß mit Überlauf

Es können auch Fälle, beispielsweise bei Laufwerken, auftreten, wo man kein Interesse hat, das die Kammer füllende Wasser dem Zufluß zu erhalten und in den Steigschacht zurückfließen zu lassen. Wenn es außerdem leicht ist, dieses Füllwasser in ein Gerinne ins Freie abzuleiten, so können die Aushubkosten des Schwallraums wesentlich verringert werden. In diesem Falle kann das Wasserschloß in seinem oberen Teil durch einen Überlauf abgeschlossen werden; der erforderliche Querschnitt ergibt sich aus der Bedingung, daß die kleinen Schwingungen infolge Regelung auf konstante Leistung genügend gedämpft werden müssen. Im unteren Teil des Wasserschlosses ist es trotzdem nötig, über ein genügend großes Volumen zu verfügen, eventuell durch den Einbau einer unteren Kammer, um das tiefste Abschwingen beim Öffnen der Turbinen in zulässigen Grenzen zu halten.

Was die Gesamtdisposition betrifft, so kann man bei einem derartigen Wasserschloßtyp den oberen Teil mehrere Meter aus der Erde herausragen lassen, da der erforderliche Raumbedarf gering ist. Diese Anordnung bringt außerdem den Vorteil mit sich, daß das Wasserschloß dadurch näher an die Zentrale heranrückt, wodurch die dem Wasserstoß ausgesetzte Druckrohrleitung manchmal wesentlich kürzer gehalten werden kann. In diesem Falle sollte man am Fuß des Überfalls ein kleines Tosbecken vorsehen, von wo aus das Überschußwasser geregelt in das freie Gerinne abgeleitet wird.

a) Berechnung des Volumens des Ergusses über den Überlauf

Das Volumen der überlaufenden Wassermenge erreicht ein Maximum im Falle plötzlichen, vollständigen Schließens. Vernachlässigen wir das Steigschachtvolumen, so wird $Z = M = $ konst., und wir erkennen, daß das Volumen der überlaufenden Wassermenge gleich dem nach Gl. (VI/5) berechneten Rauminhalt der oberen Kammer ist (s. S. 113), welche lautet:

$$\mho = \frac{L f W_0^2}{2 g P_0} \ln\left(1 + \frac{P_0}{M}\right). \tag{VI/5}$$

Ist das Steigschachtvolumen nicht vernachlässigbar, so kann dem Rechnung getragen werden, indem in die Gl. (VI/5) für die Geschwindigkeit W_0 der Wert W, im Augenblick wo der Überlauf einsetzt, eingeführt wird. Im Falle eines Wasserschlosses mit konstantem Querschnitt ergibt sich bei plötzlichem Schließen der Wert von W für $Z = M$. Er kann aus Gl. (IV/17), S. 74, mit

$$z = \frac{M}{Z_*} \quad \text{und} \quad W = \frac{F V}{f} = \frac{v Q_0}{f}$$

berechnet werden.

Abschließend sei bemerkt, daß im allgemeinen der Querschnitt des Steigschachts nicht vernachlässigt werden kann; es geht dies auch aus dem Beispiel der Abb. VI/9, S. 122, hervor.

b) Anwendung des Energieerhaltungssatzes zur Berechnung des Volumens des Ergusses

Da die getroffenen Annahmen dieselben sind wie bei der Berechnung der oberen Kammer, S. 111ff., so bleiben die Gln. (VI/6) und (VI/7) gültig.

Das Volumen der überlaufenden Wassermenge kann somit entweder mittels Gl. (VI/5), S. 113, oder mittels der Energiegleichung, in welche wir den Wert ε $\left(\text{Werte } \varepsilon \text{ in Abhängigkeit von } \dfrac{M}{P_0} \text{ s. S. 113}\right)$ einführen, berechnet werden. Wie im vorhergehenden können wir für eine Vorberechnung

$$\varepsilon_{\text{mittel}} = 0{,}45 \qquad (VI/8)$$

annehmen.
Das Überlaufvolumen ist also:

$$\mho = \frac{L f W_0^2}{2g(M + P_0\,\varepsilon)}.$$

c) Anwendung des graphischen Verfahrens von Schoklitsch

Das auf S. 57ff. beschriebene Grundverfahren läßt sich auch auf Wasserschlösser mit Überlauf anwenden. Sobald der Wasserspiegel die Höhe der Überlaufkrone M überschreitet, tritt Z zum Erguß über den Überfall Q_d in gesetzmäßige Abhängigkeit. In Anwendung der Gleichung von DU BUAT können wir schreiben:

$$Q_d = m\,b\,\sqrt{2g}\,(Z - M)^{3/2}.$$

Ferner kann die Kurve $Z = Z(f W)$ nicht über die Überfallskurve hinausgehen. Das Volumen der überlaufenden Wassermenge entspricht der Summe der Volumen, welche in das Wasserschloß, vom Beginn des Ergusses an gerechnet, eintreten; sie ergibt sich somit aus der Summe der Ordinaten, gemessen auf der Inhaltsgeraden $\Delta C_1 = f W \Delta t$, während der Dauer des Ergusses.

Das in Abb. VI/9 dargestellte Zahlenbeispiel zeigt eine Anwendung dieses graphischen Verfahrens. Es wird angenommen, daß die Zentrale über eine Vorrichtung für die automatische Wiedereinschaltung eines Maschinensatzes nach der allgemeinen Abschaltung verfügt. Da der Kurzschluß, welcher die erste Abschaltung verursacht, andauert, schaltet sich der Maschinensatz neuerlich ab. Die zeitlichen Zwischenräume der verschiedenen Betriebsvorgänge werden so ungünstig als möglich angenommen. Wir ersehen aus der Abbildung, daß es in diesem Falle zu einem zweiten Erguß kommt.

In Fällen, wo man nur einen Betriebsvorgang in Betracht zu ziehen braucht, dessen Dauer nicht das Ende des Ergusses überschreitet, dauert dieser so lange an, bis kein Wasser mehr in das Wasserschloß eindringt. In diesem Augenblick liegt der Wasserspiegel unbeweglich auf der Kronenhöhe des Überfalls. Dieser Zustand legt die Anfangsbedingungen für den weiteren Ablauf der Bewegung fest. Läßt man bei dieser Untersuchung die Wirkung einer Regelung außer Betracht, so werden die Schwingungen durch die Reibungsverluste derartig gedämpft, daß ein zweiter Erguß nicht zustande kommt.

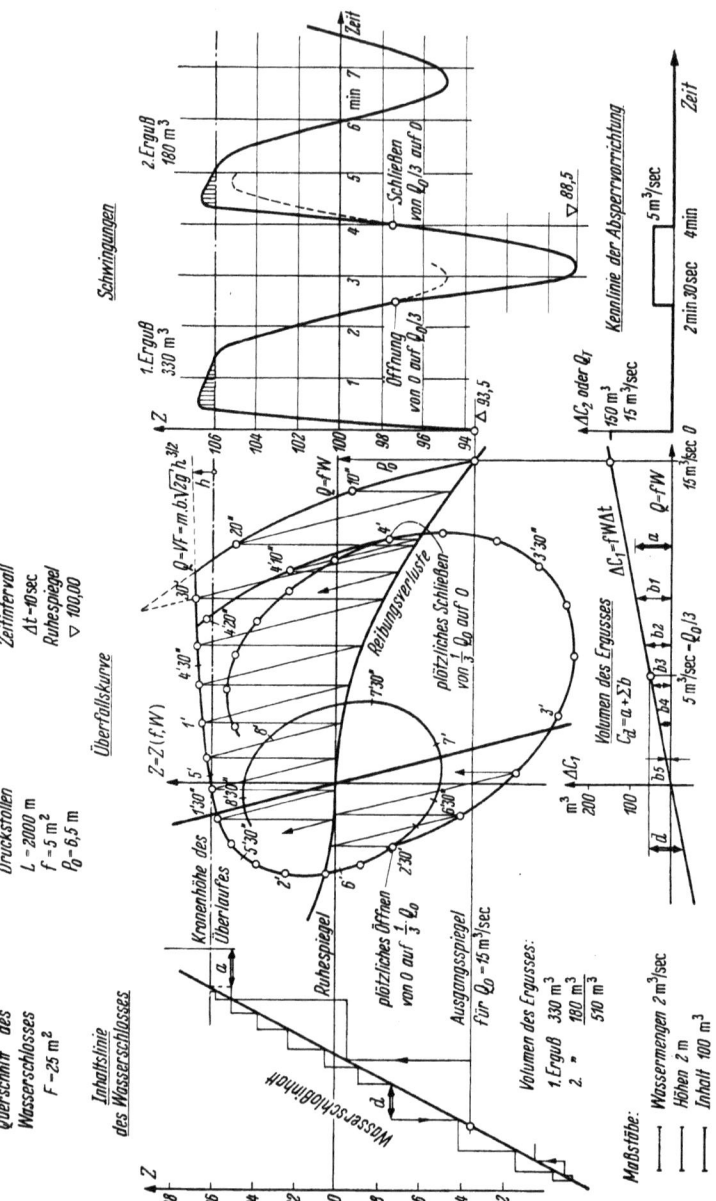

Abb. VI/9. Ermittlung der Spiegelbewegungen in einem Wasserschloß mit Überlauf. Graphisches Verfahren von SCHOKLITSCH
Betriebsvorgänge: 1. Plötzliches, vollkommenes Schließen, gefolgt von 2. plötzlichem, teilweisem Öffnen von $Q = 0$ [m³/sec] auf $1/3\,Q_0$ [m³/sec], gefolgt von 3. plötzlichem Schließen von $1/3\,Q_0$ [m³/sec] auf 0 [m³/sec]
(Die beiden letzten Vorgänge werden zum ungünstigsten Zeitpunkt ausgelöst)

Abschließend sei noch darauf hingewiesen, daß in einem Wasserschloß mit Überlauf Schwingungen infolge teilweiser Änderung der Beaufschlagung, die zu keinem Erguß über den Überlauf führen, nur sehr schlecht gedämpft werden.

VII. Drosselwasserschloß und Differentialwasserschloß

1. Einleitung

Bei großen Fallhöhen ist das Kammerwasserschloß, wie wir bereits im Abschnitt VI gesehen haben, besonders gut geeignet, da der Querschnitt des Steigschachts klein gehalten werden kann. Ist die Fallhöhe jedoch gering, so muß der Steigschacht, um der Stabilitätsbedingung von THOMA zu genügen, einen verhältnismäßig großen Querschnitt erhalten. Der deutliche Unterschied zwischen Steigschachtquerschnitt und horizontalem Kammerquerschnitt ist somit nicht mehr vorhanden, so daß die Spiegelbewegungen im Wasserschloß anläßlich einer stärkeren Entnahmeänderung nur langsam vor sich gehen. Nun wünschen wir aber gerade im Falle eines Schließvorgangs, daß der Wasserspiegel im Wasserschloß rasch ansteigt, um am Fuße des Wasserschlosses einen starken Gegendruck zu erzeugen, der die Fließbewegung im Druckstollen abbremst. Auch im Falle des Öffnens der Absperrorgane ist ein rasches Absinken des Wasserspiegels im Wasserschloß erwünscht, da eine große Druckdifferenz die in Ruhe befindliche Wassersäule des Druckstollens rascher in Bewegung bringt. Sind die Querschnittsunterschiede zwischen Steigschacht und Kammern gering, so vollzieht sich das Auf- und Abschwingen des Wasserspiegels im Wasserschloß beinahe ohne Reibungsverluste und die Schwingungsdämpfung ist gering. Die Wirksamkeit und Wirtschaftlichkeit eines Kammerwasserschlosses wird demnach um so geringer, je kleiner die Fallhöhe ist.

Die beiden erwähnten Nachteile können vermieden werden, wenn man am Fuße des Wasserschlosses einen Dämpfungswiderstand, der zusätzliche Druckhöhenverluste R hervorruft, einbaut. Dies kann beispielsweise durch eine Einschnürung des Querschnitts erreicht werden. Am Beginn eines Schließvorgangs ist der Gegendruck Z entsprechend der Wasserspiegellage im Wasserschloß noch gering, der Druckhöhenverlust infolge der Drosselöffnung, durch welche das in das Wasserschloß eintretende Wasser hindurchgehen muß, jedoch groß, so daß der gesamte Gegendruck unmittelbar die Größe $Y = (Z + R)$ erreicht. Dieser Wasserschloßtyp wird *Drosselwasserschloß* genannt (Abb. VII/1). Auch im Falle des Öffnens muß das vom Wasserschloß an die Zuleitung abgegebene Wasser durch die Einschnürung hindurch. Es stellt sich somit unterhalb der Drosselöffnung ein Druckabfall ein, welcher die Fließbewegung im

Druckstollen beschleunigt. Um uns die Wirkungsweise einer derartigen Einschnürung gut vorstellen zu können, wollen wir uns ein Piezometer von sehr geringem Querschnitt unterhalb der Drosselöffnung angebracht denken. Die Wasserspiegellage im Standrohr würde uns zu jedem Zeitpunkt die Druckhöhe $Y = (Z + R)$ im Druckstollen am Fuße des Wasserschlosses anzeigen.

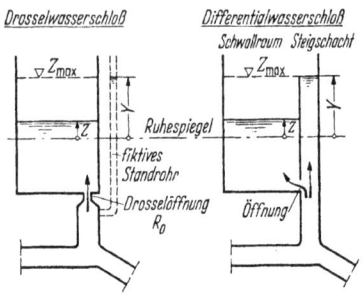

Abb. VII/1. Vergleich eines Drosselwasserschlosses mit einem Differentialwasserschloß

Erweitern wir dieses gedachte Standrohr zu einem Steigschacht mit begrenzter Steighöhe, erhalten wir einen neuen Wasserschloßtyp, das *Differentialwasserschloß* (nach JOHNSON) (Abb. VII/1). Wenn das im Steigschacht emporquellende Wasser die Höhe der Überlaufschwelle des Steigschachts erreicht, ergießt es sich in den eigentlichen Schwallraum.

Die Wirkungsweise des Differentialwasserschlosses ist der des Drosselwasserschlosses sehr ähnlich. Folgenden kleinen Unterschieden ist dennoch Beachtung zu schenken. Das Ansteigen des Wasserspiegels im Steigschacht benötigt einige Zeit, so daß der Gegendruck Y nicht unmittelbar seinen Größtwert erreicht. Daraus folgt, daß das Differentialwasserschloß nicht so wirksam ist wie das Drosselwasserschloß. Da die Höhe des Steigschachts genau festgelegt ist, so ist der Gegendruck wertmäßig genau begrenzt. Das Differentialwasserschloß wird mit Vorteil für mittlere Fallhöhen angewendet. Der Steigschacht wird dabei im allgemeinen in der Mitte des eigentlichen Schwallraums oder an dessen Berandung angeordnet. Der Austausch der Wassermengen zwischen Steigschacht und dem Schwallraum dauert auch nach dem ersten Überlauf des Steigschachts an und ist die Ursache eines Differentialeffekts, welcher eine starke Schwingungsdämpfung bewirkt. Es kann damit erreicht werden, daß der Schwingungsvorgang nach dem ersten Auf- und Abschwingen praktisch beendet ist.

Die beiden beschriebenen Wasserschloßtypen sind wirtschaftlich, da der gewünschte Gegendruck am Fuße des Wasserschlosses unmittelbar oder sehr rasch seinen Größtwert erreicht. Da die von der Druckrohrleitung zurückgewiesene Wassermenge nur durch eine Querschnittsverengung oder durch einen Steigschacht mit Überlauf in den Schwallraum gelangt, stellen sich starke Druckhöhenverluste ein und die Schwingungsdämpfung ist eine sehr gute. Beide Wasserschloßtypen sind daher für Wasserkraftanlagen mit kleinen und mittleren Fallhöhen sehr gut geeignet.

Man kann sich die Frage stellen, ob eine derartige Einengung am Fuße des Wasserschlosses oder der geringe Steigschachtquerschnitt nicht die Auswirkungen des Druckstoßes auf den Druckstollen ungünstig beeinflussen und somit die Wirksamkeit des Wasserschlosses in dieser Hinsicht herabsetzen. Im allgemeinen läßt sich der Nachweis erbringen, daß sowohl der Querschnitt der Drosselöffnung beim Eintritt ins Wasserschloß genügend groß und der Steigschacht auch genügend kurz ist, so daß sich infolge des Druckstoßes keine wesentliche Steigerung der Druckhöhe im Druckstollen einstellt. Abschließend sei noch darauf hingewiesen, daß bei diesen Wasserschloßtypen durch das beinahe plötzliche Sicheinstellen des Gegendrucks Y der Schwingungsvorgang im Wasserschloß und der Druckstoß nicht mehr zeitlich getrennt und voneinander unabhängig betrachtet werden können. Will man keine genaue Berechnung, beispielsweise mittels der Methode von BERGERON-SCHNYDER, durchführen, so muß angenommen werden, daß im Druckstollen, unmittelbar nach dem Schließen der Absperrschieber, der Überdruck gleich der Summe, gebildet aus dem Gegendruck Y und der Druckhöhe infolge des Druckstoßes (berechnet mit einer Druckhöhe am Fuße des Wasserschlosses, die Y einschließt), ist.

2. Drosselwasserschloß-Schwingungsvorgänge bei Vernachlässigung der Reibungsverluste im Druckstollen ($P = 0$)

Im Falle *plötzlichen, vollständigen Schließens* tritt zur Zeit $t = 0$ die ganze Wassermenge in das Wasserschloß ein; den dabei auftretenden Druckhöhenverlust infolge des Dämpfungswiderstands R bezeichnen wir definitionsgemäß mit R_0. Da zu diesem Zeitpunkt noch keine Spiegeländerung im Wasserschloß stattgefunden hat, ist $P = 0$, $Z = 0$, so daß der Gegendruck $Y = R_0$ wird. Im Augenblick, wo der Wasserspiegel seine höchste Kote im Schwallraum erreicht, ist der Zufluß in das Wasserschloß Null, somit $R = 0$, $Z = R_{max}$ und $Y = Z_{max}$.

Bei sehr starker Drosselung sind die Druckverluste R_0 beachtlich, und es kann vorkommen, daß der anfängliche Gegendruck Y größer als Z_{max} ist. Der Druckstollen wird somit unmittelbar nach Abschluß der Turbinenzuleitung einer starken Druckwirkung ausgesetzt, welche gefährlich sein kann. Ist der Drosselwiderstand hingegen gering, R_0 somit klein, so wird der anfängliche Gegendruck kleiner als Z_{max} sein und die Wirkung der Einschnürung herabgesetzt. Die günstigsten Verhältnisse sind gegeben, wenn der Gegendruck Y während des Ansteigens des Wasserspiegels im Wasserschloß konstant bleibt und gleich Z_{max} ist. Der Druckstollen wird somit während dieses Zeitabschnitts einem unveränderlichen Druck ausgesetzt, der dem am Ende des Spiegelanstiegs entspricht und den er auf jeden Fall ertragen muß; die Drosselung erreicht ein Optimum ihrer Wirksamkeit (Abb. VII/2).

Eine analoge Überlegung kann auch im Falle des Öffnens der Turbinenzuleitung angestellt werden. Man kann dabei jedoch einen Anfangsdruck zulassen, der geringer ist als jener bei der tiefsten Spiegellage.

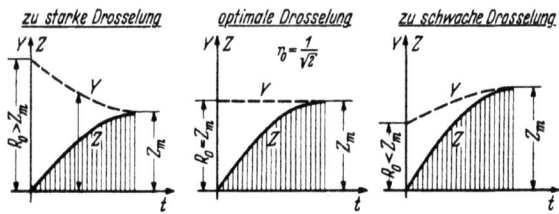

Abb. VII/2. Zeitlicher Verlauf des Gegendrucks Y für Druckverluste durch den Dämpfungswiderstand R_0, größer, gleich oder kleiner als Z_{max}. Plötzliches, vollkommenes Schließen Vernachlässigung der Fallhöhenverluste im Druckstollen ($P = 0$)

Bezeichnen wir mit r den Relativwert von R, so lassen sich folgende Beziehungen anschreiben:

$$r = \frac{R}{Z_*}, \quad r_0 = \frac{R_0}{Z_*}, \quad R = R_0 \left(\frac{V}{V_0}\right)^2, \quad r = r_0 v^2.$$

Da $P = 0$ angenommen wurde, nimmt bei Einführung der Relativwerte Gl. (III/1'), S. 50, folgende Form an:

$$\frac{1}{2\pi} \frac{dw}{dt'} + z + r = 0.$$

Die erhaltene Beziehung ersetzt Gl. (IV/8a), S. 67.

Für plötzliche Betriebsvorgänge ist $\frac{dq}{dt'} = 0$, und wir erhalten aus dem Gleichungssystem (IV/8)

$$v \frac{dv}{dz} + z + r_0 v^2 = 0,$$

daraus
$$v \frac{dv}{dz} + y = 0, \quad \text{mit} \quad y = z + r_0 v^2. \tag{VII/1}$$

Wenn Y konstant bleibt, ist y ebenfalls unveränderlich und das allgemeine Integral der Gl. (VII/1) kann ohne Schwierigkeiten angeschrieben werden:

$$v^2 + 2yz = c = \text{konst.}$$

Für plötzliches, vollständiges Schließen lauten die Anfangsbedingungen für $z = 0$: $v = 1$, somit $c = 1$

$$v^2 = 1 - 2yz.$$

Im Augenblick der höchsten Spiegellage ist $v = 0$, daher $r = 0$, $y = z_m$ und $y z_m = \frac{1}{2}$, woraus $z_m = y = 1/\sqrt{2}$.

Nachstehender Vergleich mit einem hydraulisch gleichwertigen Schachtwasserschloß konstanten Querschnitts (gleiche höchste Spiegelhebung Z_{max}) ergibt einen zweimal so großen Schachtquerschnitt F_c als er für das Drosselwasserschloß, Querschnitt F_e, benötigt wird.

$$Z_{max} = 1\, Z_{*c} = \frac{1}{\sqrt{2}} Z_{*e}, \quad \text{folglich} \quad F_c = 2F_e.$$

Damit der Gegendruck den konstanten Wert $y = \frac{1}{\sqrt{2}}$ beibehält, muß r_0 genau definiert sein.

$$y = \frac{1}{\sqrt{2}} = z + r_0 v^2$$
$$= z + r_0(1 - 2yz),$$

so daß

$$\frac{1}{\sqrt{2}} = z + r_0(1 - z\sqrt{2}).$$

Diese Gleichung ist identisch erfüllt, wenn $r_0 = \frac{1}{\sqrt{2}}$. Der Drosselwiderstand, für welchen der Gegendruck y während des Aufschwingens (bei Vernachlässigung der

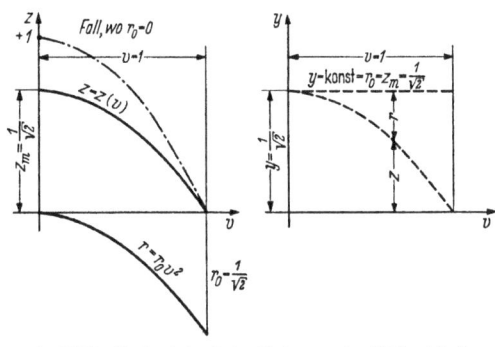

Abb. VII/3. Verlauf der Spiegelhebung z in Abhängigkeit von der Geschwindigkeit v $\left(\text{Annahme: } r_0 = \frac{1}{\sqrt{2}}\right)$
Plötzliches, vollkommenes Schließen. Vernachlässigung der Fallhöhenverluste im Druckstollen ($P = 0$)

Reibungsverluste im Druckstollen) unverändert bleibt, ist somit festgelegt:

$$r_0 = y = z_m = \frac{1}{\sqrt{2}} \quad \text{(gültig für } p = 0\text{)}. \tag{VII/2}$$

Die Funktion $z = z(v)$ und $r = r(v)$ lassen sich durch zwei identische Parabeln darstellen, Abb. VII/3.

Einem Öffnen der Turbinenzuleitung entsprechen symmetrische Diagramme. Der relative Druckhöhenverlust r_0, für welchen y unverändert ist, beträgt auch in diesem Falle $\frac{1}{\sqrt{2}}$.

3. Drosselwasserschloß-Schwingungsvorgänge bei Berücksichtigung der Reibungsverluste im Druckstollen ($P \neq 0$)

a) Plötzliches, vollkommenes Schließen

Mit P ungleich Null, wird Gl. VII/1:

$$v\frac{dv}{dz} + y + p = 0, \quad \text{worin} \quad y = z + r_0 v^2 \quad \text{und} \quad p = p_0 w^2.$$

Sobald nach dem Schließen $q = 0$ wird, somit $w = v$, erhalten wir folgende Differentialgleichung der Bewegung:

$$v\frac{dv}{dz} + y + p_0 v^2 = 0. \tag{VII/3}$$

Nehmen wir neuerlich y konstant an, so läßt sich das allgemeine Integral der Gleichung VII/3 wie folgt anschreiben:

$$v^2 = -\frac{y}{p_0} + C\,e^{-2p_0 z} \quad (C = \text{Integrationskonstante}).$$

Mit den Randbedingungen $z = -p_0$ und $v = 1$ ist die Integrationskonstante festgelegt:

$$C = \frac{p_0 + y}{p_0}\,e^{-2p_0^2}.$$

Somit erhält man

$$v^2 = -\frac{y}{p_0} + \frac{p_0 + y}{p_0}\,e^{-2p_0(p_0 + z)}. \qquad \text{(VII/4)}$$

Setzen wir $v = 0$, ergibt sich der Größtwert von Z, der sich mit Hilfe einer Reihenentwicklung wie folgt anschreiben läßt:

$$z_m \cong \frac{1}{\sqrt{2}} - \frac{3}{4}p_0 + \frac{p_0^2}{10} \qquad \text{(VII/5)}$$

oder einfacher:

$$z_m \cong \frac{1}{\sqrt{2}} - 0{,}7\,p_0. \qquad \text{(VII/6)}$$

Wir erinnern uns, daß wir für das Schachtwasserschloß folgenden Ausdruck fanden (Gl. IV/20, S. 74):

$$z_m \cong 1 - 0{,}6\,p_0.$$

Die Untersuchung zeigt, daß bei Berücksichtigung der Reibungsverluste im Druckstollen die Bedingung $y = $ konst. nicht mehr mit $r_0 = $ konst. erfüllt werden kann. Die Druckhöhenverluste infolge des Dämpfungswiderstands r_0 müßten im besonderen folgende Werte annehmen:

Am Anfang der Spiegelhebung:

$$r_0 \cong \frac{1}{\sqrt{2}} + \frac{1}{4}\,p_0.$$

Am Ende der Spiegelhebung:

$$r_0 \cong \frac{1}{\sqrt{2}} + \frac{3}{4}\,p_0.$$

Da p_0 im allgemeinen klein ist, ändert sich r_0 nur wenig. Da wir die mögliche Verwirklichung eines veränderlichen Drosselwiderstands ausschließen, verwenden wir bei der Berechnung einen Wert von r_0, für welchen der Anfangsgegendruck y gleich der höchsten Spiegellage entspricht (Kurve $s-s$ des Diagramms der Abb. VII/5, S. 130). Der Druckverlust infolge des Drosselwiderstands beträgt daher näherungsweise

$$r_0 \cong \frac{1}{\sqrt{2}} + 0{,}4\,p_0 \quad (\text{gültig für } 0 < p_0 < 0{,}7). \qquad \text{(VII/7)}$$

Der Anfangsgegendruck y_m und die größte Höhe z_m beim Spiegelanstieg im Schwallraum sind

$$y_m = z_m \cong \frac{1}{\sqrt{2}} - 0,6\,p_0. \tag{VII/8}$$

Bemerkt sei die Analogie zu Gl. (VII/6), welche wir unter der Annahme $y =$ konst. erhalten haben.

Wir wollen nun untersuchen, inwieweit die Beziehungen nach Gl. (VII/7) und (VII/8) der Anfangsbedingung genügen: $y_m = (r_0 - p_0)$, welche aus der Definition von y für $v = 1$ hervorgeht.

Stimmt der Wert des Dämpfungswiderstands r_0 nicht genau mit dem aus Gl. (VII/7) hervorgehenden überein, so weichen auch die Werte z_m für das höchste Aufschwingen und y_m für den größten Gegendruck, von denen der Gl. (VII/8) ab.

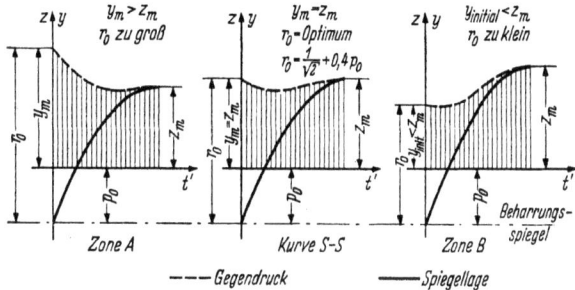

Abb. VII/4. Zeitlicher Verlauf des Gegendrucks y für die in Abb. VII/5 angegebenen Bereiche. Plötzliches, vollkommenes Schließen. Berücksichtigung der Fallhöhenverluste im Druckstollen $(P \neq 0)$

Mit Hilfe eines graphischen Verfahrens, welches im Paragraph VII/4, S. 134 ff., beschrieben wird, kann man ein Diagramm für die Werte z_m und y_m (letzteres nur, wenn es größer ist als z_m), in Abhängigkeit von p_0 und r_0 zeichnen, welches in Abb. VII/5 wiedergegeben ist. Abb. VII/4 zeigt den Verlauf des Gegendrucks y für die verschiedenen Bereiche A und B des Diagramms und der darin dargestellten Grenzkurve $s-s$.

b) Plötzliches, teilweises Schließen

Bei dem im Kraftwerksbetrieb vorkommenden Lastfall plötzlichen Schließens, bei nur teilweiser Belastung der Turbinen, kann es vorkommen, daß für außergewöhnlich große Werte von r_0 und p_0 (wobei näherungsweise das Produkt $r_0\,p_0 > 0,5$ ist) der höchste Spiegelanstieg größer wird als beim Schließen bei Vollast.

Ein für Schließen bei größter Beaufschlagung gut bemessener Drosselwiderstand ergibt bei nur teilweiser Beaufschlagung verminderte Druckhöhenverluste, so daß die noch im Schwallraum aufzuspeichernde potentielle Energie größer ist als bei Vollast. Dieser Fall tritt ein, wenn man sich in Abb. VII/5 im Bereich rechts von der Kurve $n-n$ befindet.

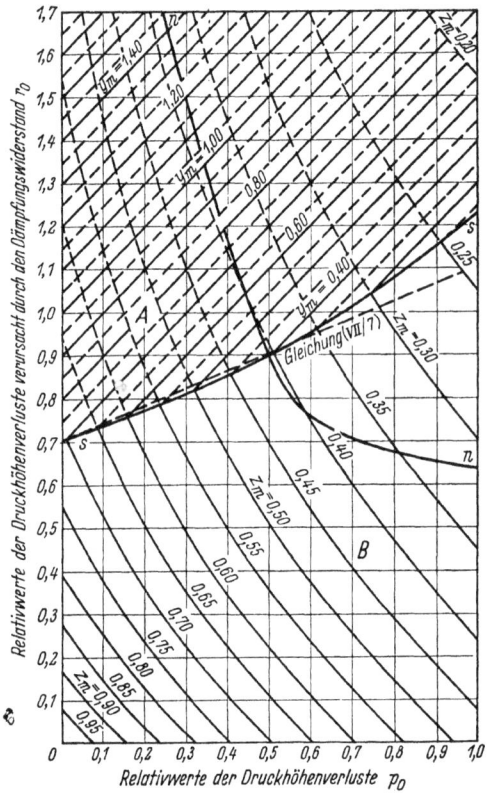

Abb. VII/5. Maximaler Spiegelanstieg z_m und maximaler Gegendruck y_m (wenn $y_m > z_m$) in einem Drosselwasserschloß bei plötzlichem, vollkommenem Schließen (nach CALAME u. GADEN)[5] Berücksichtigung der Fallhöhenverluste im Druckstollen ($P \neq 0$)
Bereiche A, B und Kurve $s-s$: s. Abb. VII/4

c) Plötzliches, vollkommenes Öffnen

In ähnlicher Weise ausgeführte Berechnungen für den Fall einer plötzlichen Belastungssteigerung ergeben, daß die Bedingung des gleichen Gegendrucks am Anfang und am Ende des Betriebsvorgangs erfüllt ist, wenn folgende Beziehung annähernd zutrifft:

$$r_0 \cong 1/\sqrt{2} + 0{,}15 p_0 = -z_m' = -y_m' \quad \text{(gültig für } 0 < p_0 < 0{,}7\text{).} \quad \text{(VII/9)}$$

Wie im Falle des Schließens kann auch für den Fall des Öffnens ein Diagramm aufgestellt werden, aus welchem die größten Spiegelsenkungen z_m' und kleinsten Gegendrücke y_m' für beliebige Wertepaare p_0 und r_0

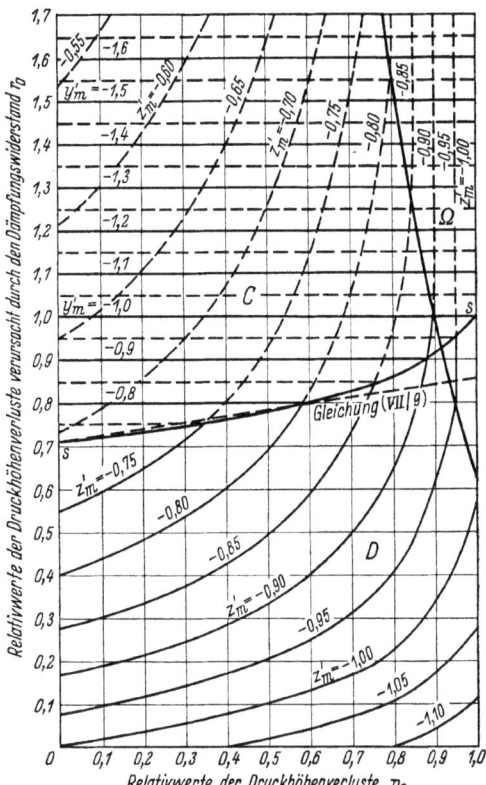

Abb. VII/6. Maximale Spiegelsenkung z'_m und kleinster Gegendruck y'_m (wenn $|y'_m| > |z'_m|$) in einem Drosselwasserschloß bei plötzlichem, vollkommenem Öffnen (nach CALAME u. GADEN) [5] Berücksichtigung der Fallhöhenverluste im Druckstollen ($P \neq 0$)
Bereiche C, D, Ω und Kurve s—s: s. Abb. VII/7

entnommen werden können (Abb. VII/6). Abb. VII/7 gibt den Verlauf der y-Kurve für die Bereiche C und D und für die Grenzkurve s—s

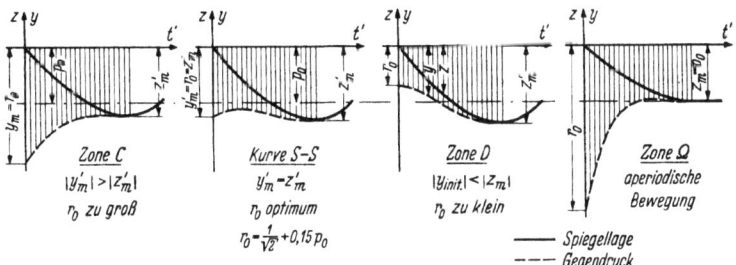

Abb. VII/7. Zeitlicher Verlauf des Gegendrucks y für die in Abb. VII/6 angegebenen Bereiche Plötzliches, vollkommenes Öffnen. Berücksichtigung der Fallhöhenverluste im Druckstollen ($P \neq 0$)

wieder. Im Bereich Ω ist die Bewegung aperiodisch, der Wasserspiegel fällt bis auf die Höhe des Beharrungsspiegels ab, ohne diese zu überschreiten; es treten somit keine Schwingungen auf.

Bemerkung: Teilweise Belastungssteigerungen von $Q = 0$ auf $Q_1 < Q_0$ führen immer zu geringeren Spiegelsenkungen als Belastungssteigerung auf Vollast von $Q = 0$ auf Q_0.

d) Plötzliches Öffnen von Teil- auf Vollast

Da der Bemessung des Wasserschlosses im allgemeinen nur teilweises Öffnen von Q_1 auf Q_0 zugrunde zu legen ist (s. S. 44f.), ist die Kenntnis der tiefsten Spiegellage bei einem derartigen Betriebsvorgang von Inter-

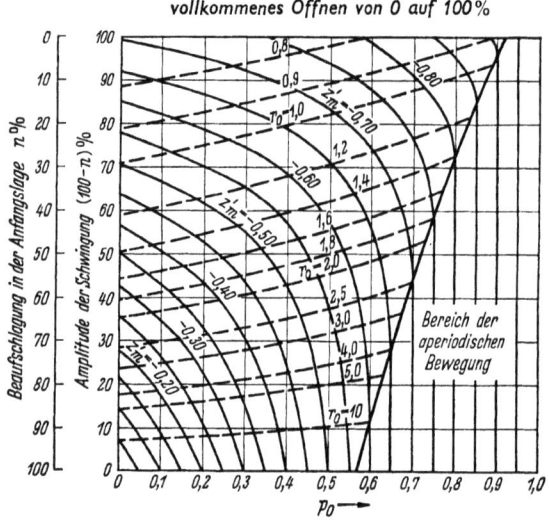

Abb. VII/8. Maximale Spiegelsenkung z'_m bei einem Dämpfungswiderstand mit Druckverlust r_0 (entsprechend der Wassermenge bei Vollast am Ende des Öffnungsvorgangs; gegeben durch das Diagramm) für eine Belastungssteigerung von Teil- auf Vollast (nach CALAME u. GADEN) Berücksichtigung der Fallhöhenverluste im Druckstollen ($P \neq 0$)

esse. Dem Diagramm der Abb. VII/8 kann die tiefste Spiegelsenkung in Abhängigkeit von p_0 mit zugehöriger Drosselung r_0 (entsprechend der vollen Beaufschlagung am Ende des Öffnungsvorgangs) für eine Belastungssteigerung von $n\%$ auf 100% entnommen werden. Der Gegendruck y am Beginn des Öffnungsvorgangs ist also gleich der größten Spiegelsenkung z'_m (günstigster Fall).

e) Wahl des Drosselwiderstands

Wird die Bemessung eines Drosselwasserschlosses auf Grund von plötzlichem, vollständigem Schließen oder Öffnen vorgenommen, so ist der Wert des Drosselwiderstands r_0 durch die Beziehungen (VII/7) und

(VII/9) festgelegt. Da dieser Wert für beide Betriebsvorgänge nicht derselbe ist, so ist der kleinere von beiden maßgebend.

Wie bereits mehrfach erwähnt, wird bei der Dimensionierung der Fall einer plötzlichen Belastungssteigerung von 0 auf Vollast als zu ungünstig ausgeschlossen (s. S. 44 f.). Der für die Entlastung vorteilhafteste Wert r_0 der Drosselung ergibt sich somit vielfach für teilweise Steigerung der Belastung. Ein veränderlicher Drosselwiderstand, welcher je nach der Fließrichtung verschiedene Fallhöhenverluste R_0 und R_0' verursacht, erscheint daher wünschenswert. Innerhalb gewisser Grenzen läßt sich dies auch praktisch durchführen (s. Abb. VII/9 und VII/9a).

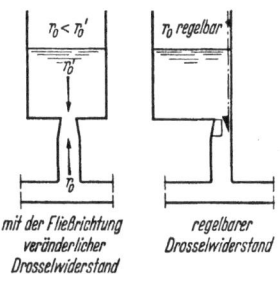

Abb. VII/9. Schematische Darstellung besonderer Drosselwiderstände

Die Abmessungen eines Drosselwiderstands bei festgelegten Druckhöhenverlusten R_0 können für einen Vorentwurf auf Grund bekannter Formeln (WEISSBACH u. a.) vorgenommen werden. Für den Ausführungsentwurf ist es jedoch angezeigt, diese Abmessungen an Hand von Modellversuchen zu überprüfen und die Möglichkeit einer Verbesserung derselben nach Inbetriebnahme (z. B. durch den Einbau einer Schließvorrichtung) vorzusehen.

Auf Grund zahlreicher Modellversuche für konische Drosselöffnungen, ausgeführt im hydraulischen Laboratorium der Technischen Hochschule von Lausanne, wurde von A. GARDEL nachstehende empirische Formel aufgestellt, nach welcher die Druckhöhenverluste R_0 mit guter Näherung für beide Fließrichtungen berechnet werden können.

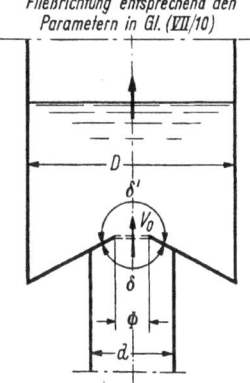

Abb. VII/9a. Konischer Drosselwiderstand. Druckhöhenverluste, verschieden je nach Fließrichtung. Der Wert R_0 der Druckhöhenverluste ist mit guter Näherung nach Gl. (VII/10) zu bestimmen

$$R_0 = \left[\frac{1}{1-(1{,}5\alpha-\alpha^{3/2})(1-\varphi^2)} - \psi\right]^2 \frac{V_0^2}{2g}, \qquad (\text{VII}/10)$$

worin bedeuten

$$\alpha = \frac{\delta^0}{360^0} = \frac{\delta}{2\pi}, \qquad \varphi = \left(\frac{\Phi}{d}\right)^2, \qquad \psi = \left(\frac{\Phi}{D}\right)^2, \qquad V_0 = \frac{Q_0}{\pi \Phi^2/4}.$$

Die Parameter α, φ, ψ entsprechen der in Abb. VII/9a angegebenen Fließrichtung, d. h. für steigenden Wasserspiegel. Für die entgegengesetzte Fließrichtung, fallender Wasserspiegel, sind die Parameter α, φ, ψ der Gl. VII/10 durch α', φ', ψ' zu ersetzen, die wie folgt definiert sind:

$$\alpha' = 1 - \alpha, \qquad \varphi' = \psi, \qquad \psi' = \varphi.$$

f) Berechnung des Wasserschloßinhalts mit Hilfe des Energieerhaltungssatzes

Ist der Drosselwiderstand derart beschaffen, daß der Gegendruck bei *plötzlichem, vollständigem Schließen* annähernd konstant bleibt, so wirkt das Drosselwasserschloß wie ein Wasserschloß mit Überlauf auf Höhe $Y = Y_0 = $ konst., dessen Schachtquerschnitt vernachlässigbar ist.

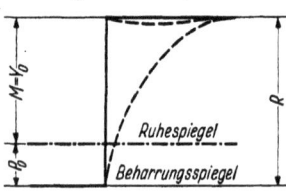

——— Wasserschloß mit Überlauf
– – – Drosselwasserschloß

Abb. VII/10. Energieerhaltungssatz Berücksichtigung der Fallhöhenverluste im Druckstollen ($P \neq 0$) Näherungsmethode

Das Volumen, der unter dieser Voraussetzung überströmenden Wassermasse wurde bereits auf S. 120 berechnet. Auf unsere Verhältnisse angewendet, genügt es, M durch $Y_0 = (R_0 - P_0)$ zu ersetzen und P_0 beizubehalten. Der Rauminhalt des Schwallraums ist durch Gl. (VI/5)

$$\mathfrak{V} = \frac{L f W_0^2}{2 g P_0} \ln\left(1 + \frac{P_0}{R_0 - P_0}\right)$$
$$= \frac{L f W_0^2}{2 g P_0} \ln\left(\frac{R_0}{R_0 - P_0}\right)$$

gegeben, der Querschnitt durch Gl. (VII/11) (s. Abb. VII/10) bestimmt

$$F = \frac{\mathfrak{V}}{R_0} = \frac{L f W_0^2}{2 g P_0 R_0} \ln\left(\frac{R_0}{R_0 - P_0}\right). \qquad (VII/11)$$

Diese Beziehung kann zur Kontrolle herangezogen werden, wenn R_0 und Y_0 festgelegt sind.

Da bei unserer Berechnung mit Hilfe des Energieerhaltungssatzes die Voraussetzungen dieselben sind wie die, die wir beim Kammerwasserschloß vorsahen, so wird auch hier

$$\varepsilon_{\text{mittel}} = 0{,}45.$$

(Änderung von ε in Abhängigkeit von $M/P_0 = (R_0 - P_0)/P_0$, s. S. 113.)

4. Drosselwasserschloß — Graphische Berechnungsverfahren

a) Graphisches Verfahren von Schoklitsch

Die auf S. 57 ff. beschriebene Methode ist auch auf das Drosselwasserschloß anwendbar. Der in Gl. (III/1c) auftretende Gegendruck A wird in unserem Falle durch die Summe $(Z + P + R)$ gebildet. Bei der Untersuchung plötzlicher Betriebsvorgänge ist R, da proportional zu V^2, proportional zu $(fW + Q_T)^2$ und daher auch zu $(fW + \text{konst.})^2$. Die Summe $(P + R)$ hängt also nur von W ab, so daß die Kurve der gesamten Fallhöhenverluste gezeichnet werden kann.

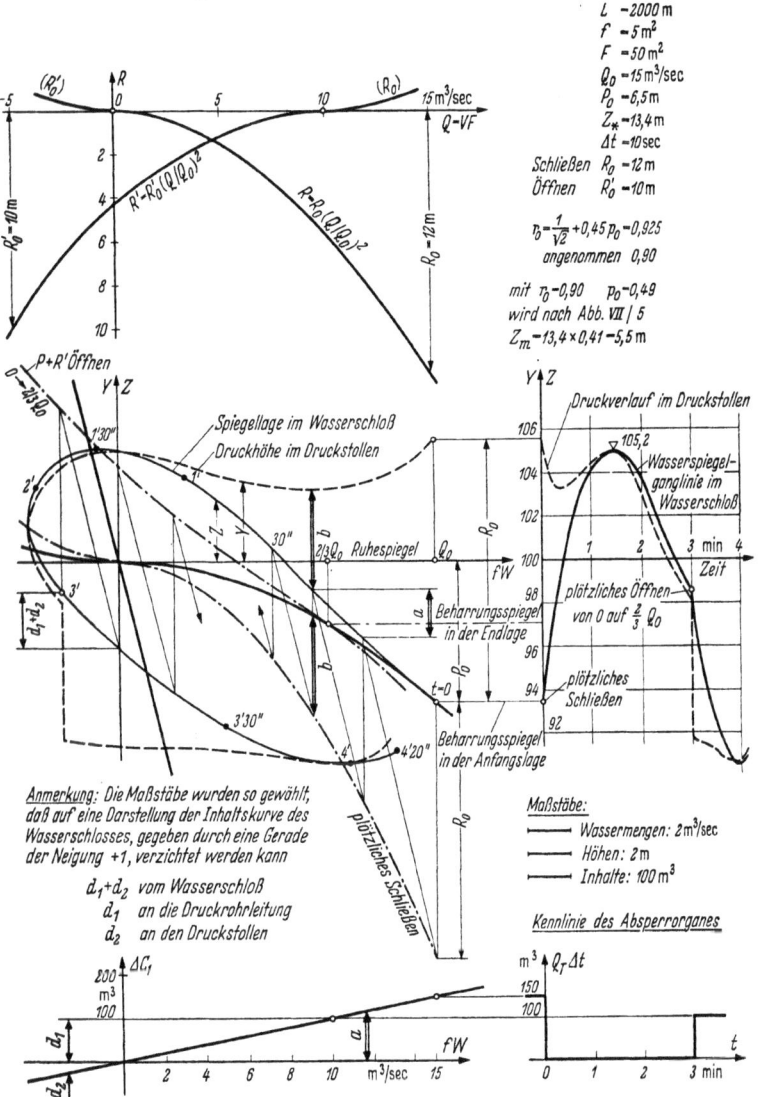

Abb. VII/11. Zeichnerische Ermittlung der Spiegelbewegungen in einem Drosselwasserschloß
Graphisches Verfahren von SCHOKLITSCH

Betriebsvorgänge: 1. Plötzliches, vollkommenes Schließen von $Q = 15$ m³/sec auf 0 m³/sec nach 3 Minuten gefolgt von 2. plötzlichem, teilweisem Öffnen von $Q = 0$ m³/sec auf 10 m³/sec

In Abb. VII/11 ist ein Beispiel für die Berechnung eines Schwingungsvorgangs infolge plötzlicher Betriebsvorgänge dargestellt. Die Druck-

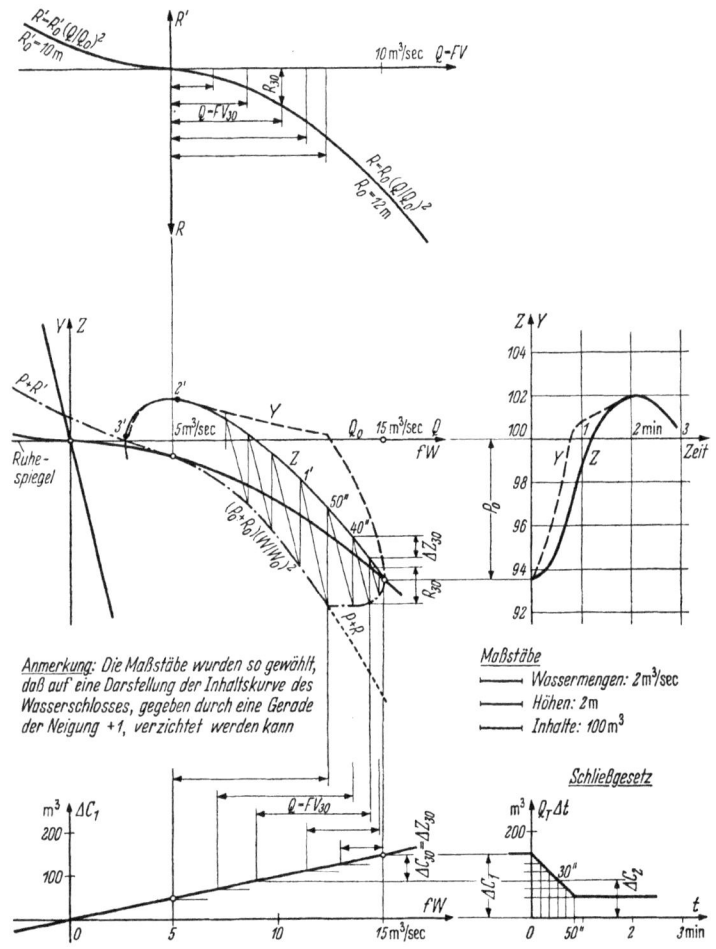

Abb. VII/12. Zeichnerische Ermittlung der Spiegelbewegungen in einem Drosselwasserschloß. Graphisches Verfahren von SCHOKLITSCH

Betriebsvorgang: Lineares, teilweises Schließen von $Q = 15$ m³/sec auf 5 m³/sec in 50 Sekunden (Kennwerte der Anlage wie in Abb. VII/11)

Bemerkung: Der Dämpfungswiderstand ist derselbe wie in Abb. VII/11. Da er für plötzliches, vollkommenes Schließen am günstigsten ist, ist er für ein allmähliches, teilweises Schließen zu gering

höhe im Druckstollen am Fuße des Wasserschlosses unterhalb der Drosselung wird in jedem Augenblick durch Hinzufügen von R zu Z erhalten.

Bei allmählichen Betriebsvorgängen läßt sich die Kurve für R als Funktion der Wassermenge im selben Maßstab auftragen wie die Kurve für P. Der Dämpfungswiderstand R, der der Summe $(Z + P)$ hinzuzufügen ist, nimmt zu jedem Zeitpunkt einen Wert an, welcher der in das Wasserschloß einströmenden Wassermenge entspricht, die sich aus dem Unterschied der Wassermengen vom Druckstollen fW und der Steilrohrleitung Q_T ergibt. Dieser Unterschied kann unmittelbar auf der Inhaltslinie, dargestellt im unteren Teil der Abbildung, entnommen werden, da er für das in das Wasserschloß eintretende Volumen ΔC bestimmend ist. Nach Abschluß des Betriebsvorgangs hängt der Wert des Drosselwiderstands R nur mehr, wie im Falle plötzlicher Betriebsvorgänge, von W ab. Ein Beispiel eines langsamen, teilweisen Abschlußvorgangs wird in Abb. VII/12 behandelt.

In beiden Abbildungen, Abb. VII/11 und VII/12, wurde auf die Darstellung der Volumenskurve des Wasserschlosses verzichtet; da der Schwallraumquerschnitt konstant angenommen wurde, entspricht dieser Inhaltslinie eine Gerade. Die Maßstäbe wurden so gewählt, daß deren Neigung 45° beträgt.

b) Graphisch-rechnerisches Verfahren von Calame und Gaden

Die Grundzüge dieses Verfahrens wurden auf S. 81 ff. dargelegt. Es läßt sich ohne Schwierigkeiten auf das Drosselwasserschloß für den Fall *plötzlichen, vollständigen Schließens* anwenden, da die Druckhöhenverluste der Drosselung lediglich zu der des Druckstollens hinzuzufügen sind.

Setzen wir $w = v$, wird Gl. (IV/28), S. 81:

$$\frac{dv}{dz} = -\frac{z + (p_0 + r_0)v^2}{v}.$$

(VII/12)

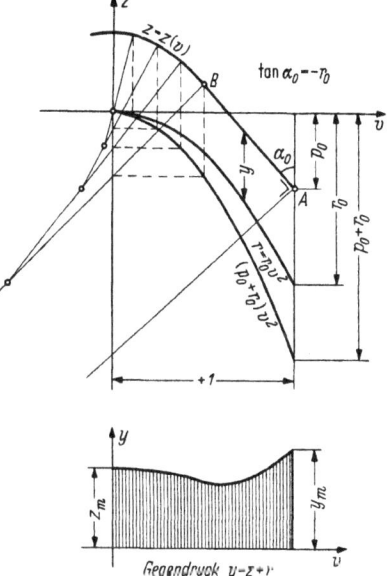

Abb. VII/13. Graphisch-rechnerisches Verfahren von CALAME u. GADEN angewendet auf ein Drosselwasserschloß
Plötzliches, vollkommenes Schließen
Berücksichtigung der Fallhöhenverluste im Druckstollen ($P \neq 0$)

Durch die Randbedingungen sind der Ausgangspunkt der Kurve $v = v(z)$, dessen Tangente und Krümmungsradius festgelegt. Sie lauten

$$z = -p_0, \quad v = 1, \quad \frac{dv}{dz} = -r_0.$$

Abb. VII/13 zeigt ein Beispiel für die Anwendung dieses Verfahrens. Man ersieht daraus, daß bei dem gewählten Wert r_0, der Spiegelanstieg z_m nur wenig von y_m verschieden ist, y jedoch während des Aufschwingens kleinen Variationen unterworfen ist.

Das Verfahren kann auch auf den Fall *plötzlichen, vollständigen Öffnens* der Turbinenleitung angewendet werden. Mit $w = v + 1$ läßt sich Gl. (IV/28), S. 81, wie folgt anschreiben

$$\frac{dv}{dz} = -\frac{z + p_0(v + 1)^2 - r_0 v^2}{v}. \tag{VII/13}$$

Der in dieser Gleichung auftretende Ausdruck $[p_0(v + 1)^2 - r_0 v^2]$ hängt nur von v ab und kann graphisch dargestellt werden. Der Ausgangspunkt ist durch

$$z = 0, \quad v = -1,$$
$$\frac{dv}{dz} = -r_0$$

gekennzeichnet.

5. Drosselwasserschloß — Einfluß der Turbinenregulierung

Die Wassermenge, die in das Wasserschloß einströmt, ist proportional zur Amplitude der Schwingungen, die Druckhöhenverluste der Drosselung hingegen sind proportional zum Quadrat der Wassermenge. Bei der Untersuchung *kleiner Schwingungen* zeigt es sich, daß der Dämpfungswiderstand nur wenig in Erscheinung tritt und somit der Schwingungsvorgang sich wie in einem Schachtwasserschloß mit konstantem Querschnitt abspielt. Der Wasserschloßquerschnitt muß daher genügend groß gewählt werden, um die Dämpfung dieser kleinen Schwingung infolge Regelung zu gewährleisten. Zur Bemessung können die Beziehungen (V/8), S. 92, (V/12), S. 94 oder (V/20), S. 97, herangezogen werden.

Treten *größere Schwingungen* auf, so trägt der Drosselwiderstand zur Stabilisierung derselben bei und verstärkt deren Dämpfung.

6. Differentialwasserschloß — Abschätzung des Querschnitts der Drosselöffnung

Die Bestimmung des Querschnitts der Drosselöffnung bzw. der Druckverlusthöhen bei deren Durchströmung kann von zwei verschiedenen Gesichtspunkten aus vorgenommen werden.

Bei der Untersuchung des Drosselwasserschlosses für die wichtigsten Betriebsvorgänge, *vollkommenes Schließen* und *Öffnen von Teil- auf Vollast*, haben wir gesehen, daß es angezeigt ist, den Drosselwiderstand so anzuordnen, daß die Druckhöhenverluste für beide Fließrichtungen verschieden werden. Um dieser hydraulischen Bedingung zu genügen, hat JOHNSON im Jahre 1915 das *Differentialwasserschloß* nach Abb. VII/14 vorgeschlagen.

Die Drosselöffnung wird dabei so angenommen, daß bei teilweisem Öffnen der Gegendruck Y konstant bleibt und dem Steigschacht lediglich die Rolle eines Standrohrs zukommt. Am Ende des Abschwingens befindet sich der Wasserspiegel im Schwallraum auf Höhe Z'_m, welche dem anfänglichen Gegendruck Y gleich ist; der Wasserspiegel im Steigschacht sinkt daher nicht unter den tiefsten Spiegel im Schwallraum ab.

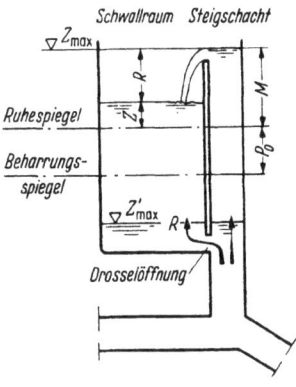

Abb. VII/14. Differentialwasserschloß

Für den Fall vollkommenen Schließens ist die Drosselöffnung viel zu klein, und die Druckhöhe Y würde wesentlich größer sein als die, welche dem Spiegelanstieg Z_m im Schwallraum entspricht. Der Steigschacht übernimmt somit die Rolle einer Entlastungsvorrichtung, die den Gegendruck auf Höhe der Überlaufschwelle begrenzt. Der Schwallrauminhalt muß daher so bemessen werden, daß der Erguß über den Überlauf des Steigschachts darin Platz findet, wobei der höchste Wasserspiegel nicht oder nur wenig über die Höhe der Überlaufschwelle hinausgehen darf.

Die Wirkungsweise des Steigschachts erlaubt es, die günstigste Drosselöffnung für den Fall einer Belastungssteigerung von Teil- auf Vollast vorzusehen, wobei für den Fall vollständigen Schließens der Turbinenleitung der Gegendruck begrenzt wird. In Abb. VII/15 wird ein Vergleich zwischen Drossel- und Differentialwasserschloß gleichen Querschnitts für denselben Betriebsvorgang gezeigt.

Bei geringen Fallhöhen ist eine rasche Dämpfung der Schwingungen für den Kraftwerksbetrieb von Interesse. In dieser Hinsicht ist das Differentialwasserschloß besonders vorteilhaft, da es häufig eine unmittelbare Dämpfung der Schwingungen (Beendigung des Schwingungsvorgangs mit der ersten Schwingung) ermöglicht. Dies ist allerdings nur der Fall, wenn die Drosselöffnung und der Schachtquerschnitt nicht zu klein sind. Es stellt sich dann eine Differentialwirkung ein, d. h. ein mehrmaliger Wasseraustausch zwischen Steigschacht und Schwallraum, begleitet von Energieverlusten. Von diesem Gesichtspunkt aus betrachtet, wird der günstigste Querschnitt der Drosselöffnung im allgemeinen nicht mit dem übereinstimmen, der sich als vorteilhaft für eine Belastungssteigerung erweist. Daraus ergibt sich die Notwendigkeit, den Schwallraum für den Fall des Öffnens der Turbinenleitung etwas zu vergrößern. Es ist leicht einzusehen, daß den Schwingungen infolge vollständigen Schließens keine Bedeutung zukommt, da sämtliche Turbinen geschlossen sind. Da die Dämpfung der Schwingungen nach einem Öffnen der Turbinenleitung rascher vor sich geht als beim Schließen, wird zur Bestim-

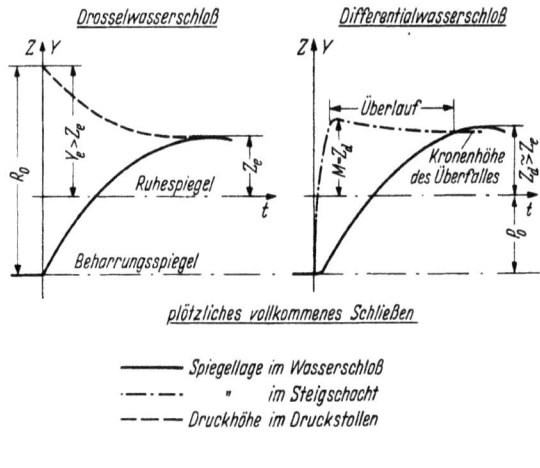

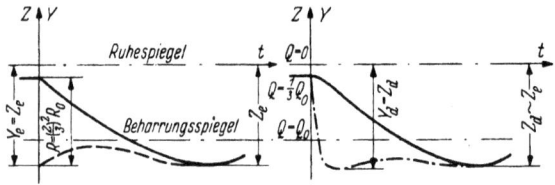

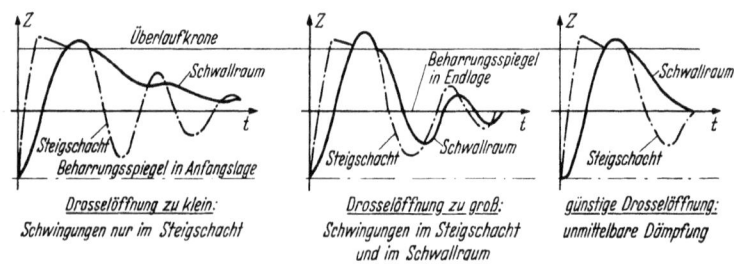

Abb. VII/15. Vergleich von Drossel- und Differentialwasserschloß. Für das Drosselwasserschloß wurden die Druckverluste durch den Dämpfungswiderstand R_0 für beide Fließrichtungen gleich angenommen. Wenn R_0 für den Schließvorgang verringert werden kann, wird die Wirkungsweise des Drosselwasserschlosses der des Differentialwasserschlosses sehr ähnlich

Abb. VII/16. Einfluß des Querschnitts des Dämpfungswiderstands beim Differentialwasserschloß Plötzliches, teilweises Schließen von beispielsweise Q_0 auf $^1/_4\,Q_0\,[\text{m}^3/\text{sec}]$
Berücksichtigung der Fallhöhenverluste im Druckstollen ($P \neq 0$)

mung des günstigsten Querschnitts der Drosselöffnung der Fall einer wesentlichen, jedoch nicht vollständigen Entlastung maßgebend. Der

Verlauf der Schwingungen im Steigschacht und im Schwallraum ist für einen derartigen Fall in Abb. VII/16 bei günstigstem, zu kleinem und zu großem Querschnitt der Drosselöffnung dargestellt.

7. Differentialwasserschloß — Näherungsweise Berechnungsverfahren

a) Berechnung mit Hilfe des Energieerhaltungssatzes

Da im Falle des *Schließens* die erforderliche Druckhöhe des Wassers zum Überlaufen im Steigschacht und zum Durchgang durch die Drosselöffnung dieselbe ist, kann das Volumen, der in den Schwallraum sich ergießenden Wassermasse wie für ein Wasserschloß mit Überlauf bestimmt werden. Wir finden neuerlich, da Gl. (VI/5), S. 113, gültig ist

$$\varepsilon_{\text{mittel}} = 0{,}45.$$

(Verlauf von ε in Abhängigkeit von $\dfrac{M}{P_0}$, s. S. 113.)

Wie für das Wasserschloß mit Überlauf können wir auch hier den Rauminhalt des Steigschachts berücksichtigen, indem wir die Randbedingungen etwas verändern (s. S. 120).

Umgekehrt ist es auch leicht, das Volumen des Ergusses mit Hilfe des Energieerhaltungssatzes zu bestimmen, indem wir den Wert ε, etwa mit $\varepsilon_{\text{mittel}} = 0{,}45$, in die Berechnung einführen.

b) Berechnung mit Hilfe von Diagrammen

Für den Fall einer *plötzlichen Belastungssteigerung* von Null auf Vollast, bei Vernachlässigung des Steigschachtvolumens, ist das für das Drosselwasserschloß aufgestellte Diagramm der Abb. VII/6 anwendbar. Die Gegendruckhöhe y'_m ist durch die Höhenlage des Wasserspiegels im Schacht gegeben. Ergibt diese eine Wasserspiegellage unterhalb z'_m (Bereich C des Diagramms), so ist sie für das tiefste Absinken des Wasserspiegels und für die Gefahr des Eintretens von Luft in die Druckrohrleitung bestimmend.

Das tiefste Abschwingen infolge einer *teilweisen Belastungssteigerung* von $n\%$ auf 100% ist durch das Diagramm der Abb. VII/8 festgelegt. Dieses ist jedoch nur anwendbar, wenn die Drosselung den angegebenen Wert hat, für welchen der tiefste Wasserspiegel im Steigschacht am Anfang des Betriebsvorgangs auf derselben Höhe liegt, wie der im Schwallraum am Ende desselben, d. h., daß $Y = \text{konst.}$[1] ist.

Bei der *Entlastung* können drei Fälle unterschieden werden: ständiger, vorübergehender oder kein Erguß über die Überlaufschwelle des Steig-

---

[1] CALAME und GADEN geben in ihrer Arbeit (Zit. [5]) Diagramme für teilweise Belastungssteigerungen von 20%, 40%, 60% und 80% auf 100% für beliebige Werte von p_0 und r_0.

schachts. Findet kein Erguß über den Überlauf statt, so verhält sich das Differentialwasserschloß wie ein Drosselwasserschloß (mit Standrohr), und wir können das Diagramm der Abb. VII/5 benützen. Ein ständiger Erguß stellt sich ein, wenn die Überlaufschwelle auf Kote $m = \dfrac{M}{Z_*}$ liegt, welche einer unveränderlichen Gegendruckhöhe entspricht und wenn außerdem eine starke Drosselung (großer Wert von r_0) vorhanden ist. Die hierfür gültigen approximativen Grenzwerte sind:

$$m = \frac{1}{\sqrt{2}} - 0{,}65\, p_0 \quad \text{(Kote der Überlaufschwelle)},$$

$$r_0 = \frac{1}{\sqrt{2}} + 0{,}2\, p_0 + 2{,}5\, p_0^2.$$

Die Berechnung mit Hilfe des Energieerhaltungssatzes hat den Vorteil, daß daraus unmittelbar die Abmessungen des Wasserschlosses hervorgehen, während die Berechnung mittels der genannten Diagramme die Kenntnis von Z_* voraussetzt. Will man die Diagramme benützen, muß man von einem Schätzwert für den Wasserschloßquerschnitt F ausgehen und die Lösung der Aufgabe durch Probieren suchen.

8. Differentialwasserschloß — Graphisches Verfahren nach Schoklitsch

Das auf S. 57ff. beschriebene graphische Verfahren von SCHOKLITSCH kann mit einer Erweiterung auch zur Berechnung des Differentialwasserschlosses herangezogen werden. Zur Inhaltskurve des Schwallraums ist

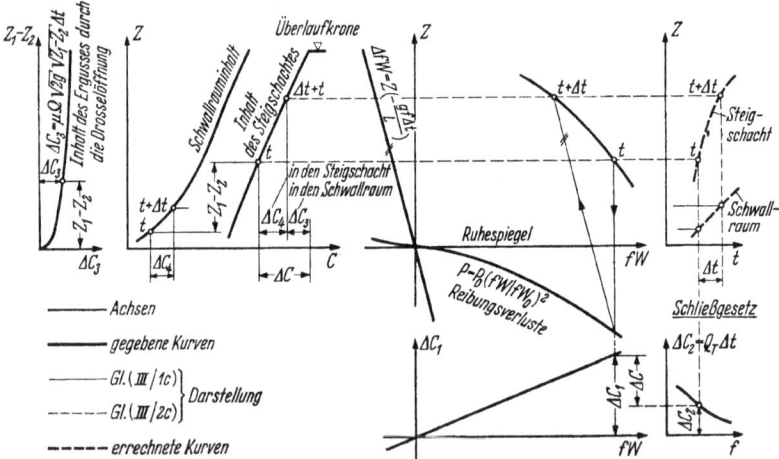

Abb. VII/17. Erweitertes graphisches Verfahren von SCHOKLITSCH angewendet auf das Differentialwasserschloß. Ermittlung des Zustandspunktes zur Zeit $(t + \varDelta t)$, vom bekannten Punkt zur Zeit t ausgehend. Beliebiger Schließvorgang
Berücksichtigung der Fallhöhenverluste im Druckstollen ($P \neq 0$)

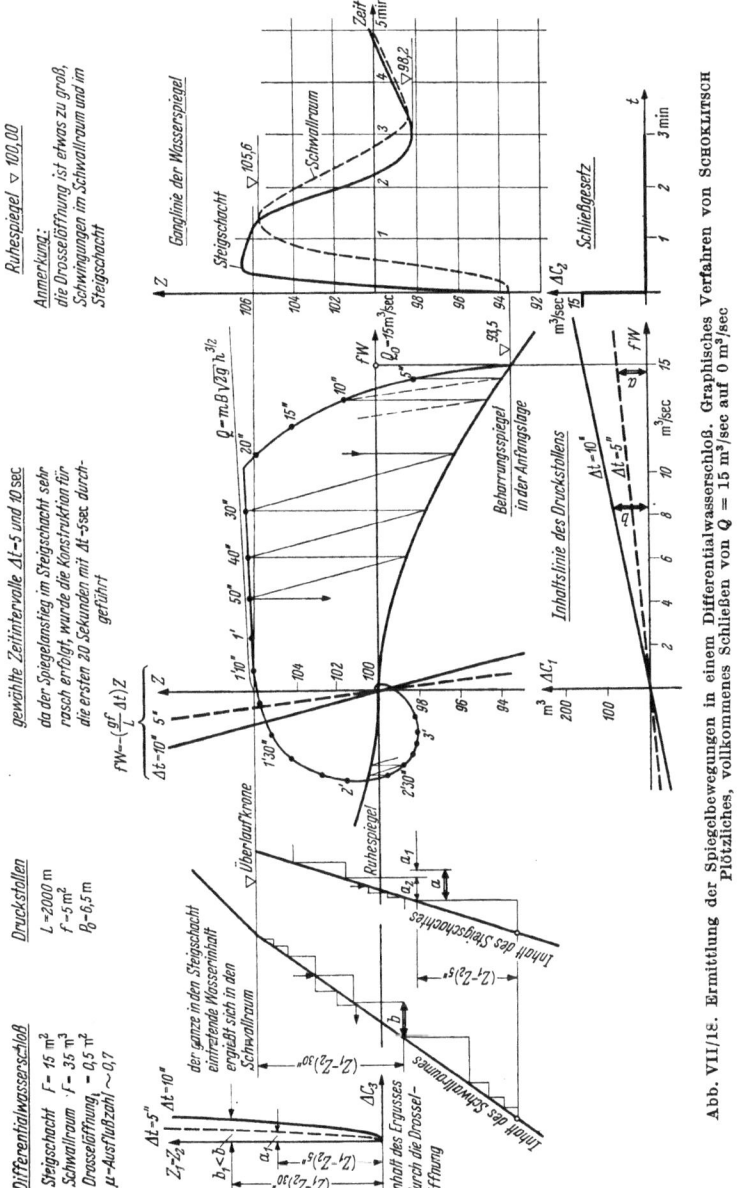

Abb. VII/18. Ermittlung der Spiegelbewegungen in einem Differentialwasserschloß. Graphisches Verfahren von SCHOKLITSCH Plötzliches, vollkommenes Schließen von $Q = 15$ m³/sec auf 0 m³/sec

noch die des Steigschachts hinzuzufügen; zur Bestimmung des Volumens ΔC_3, welches vom Schacht in den Schwallraum (oder umgekehrt) eintritt, ist für das Zeitintervall Δt in Abhängigkeit von der Wasserspiegeldifferenz $(Z_1 - Z_2)$, eine Kurve aufzutragen.

$$\Delta C_3 = \mu \, \Omega \, \sqrt{2g} \, \sqrt{Z_1 - Z_2} \, \Delta t,$$

worin μ = Ausflußzahl, Ω = Querschnitt der Drosselöffnung.

Wie in Abb. VII/17 ersichtlich, wird das in den Steigschacht eintretende Volumen der Wassermasse ΔC zwischen Schacht (ΔC_4) und Schwallraum (ΔC_3) aufgeteilt. Während des Ergusses über den Überlauf tritt die volle Wassermenge (durch die Drosselöffnung oder über den Überlauf) in den Schwallraum ein, so daß sich die Konstruktion vereinfacht.

Eine Anwendung dieses Verfahrens auf einen konkreten Fall wird in Abb. VII/18 gezeigt. Zur Verdeutlichung des Konstruktionsvorgangs wurde der Querschnitt der Drosselung etwas zu groß angenommen, und man ersieht aus der Konstruktion, daß nach dem ersten Abschwingen die Wasserspiegel von Schacht und Schwallraum zusammenschwingen.

Die im III. und VII. Abschnitt behandelten Zahlenbeispiele zeigen uns, daß das graphische Verfahren von SCHOKLITSCH sehr erweiterungsfähig ist. Es kann ohne Schwierigkeiten auch auf noch kompliziertere Wasserschloßtypen ausgedehnt werden.

9. Differentialwasserschloß — Einfluß der Turbinenregulierung

Was die *kleinen Schwingungen* betrifft, so ist das im Abschnitt VII/5, S. 138, für das Drosselwasserschloß Gesagte auch hier gültig. Es muß der Gesamtquerschnitt (von Steigschacht und Schwallraum) genügend groß sein, um die Schwingungsdämpfung infolge Turbinenregelung sicherzustellen.

Für *größere Schwingungen* ist der Vorgang nicht so einfach zu übersehen, und es ist angezeigt, bei kleinem Schacht- und Drosselquerschnitt die Dämpfung der Schwingungen zu überprüfen. Das graphische Verfahren von SCHOKLITSCH kann ohne weiteres dazu herangezogen werden, es muß lediglich berücksichtigt werden, daß das eintretende Volumen der Wassermasse [berechnet nach Gl. (V/25), S. 100] auf Steigschacht und Schwallraum (s. S. 142f.) aufzuteilen ist.

VIII. Besondere Anwendungen der verschiedenen Berechnungsverfahren

1. Einleitung

Die vorangegangenen Abschnitte haben gezeigt, daß die analytischen Verfahren, die auf der Integration der Differentialgleichungen der Wasserbewegung beruhen, wegen ihrer allgemeinen Lösung und Diskussionsmöglichkeiten wohl von großem Interesse sind, jedoch unbrauchbar werden, sobald sie auf weniger einfache Wasserschloßtypen oder Betriebsvorgänge anzuwenden sind. Numerische oder graphische Integrationsverfahren mittels finiter Differenzen führen ohne Schwierigkeiten auch bei komplizierten Wasserschloßformen und Betriebsvorgängen zum Ziel.

Dieser letzte Abschnitt ist der Behandlung einiger Beispiele ausgeführter Anlagen bestimmt, um die praktische Anwendung der behandelten Verfahren zu verdeutlichen und um, unter anderem, vergleichende Betrachtungen von Ergebnissen des graphischen Verfahrens von BERGERON-SCHNYDER und von SCHOKLITSCH anstellen zu können.

2. Regulierwasserschloß für eine Druckreduktionsvorrichtung am oberen Ende des Druckstollens

a) Gegenstand der Untersuchung

Der höchste Speicherspiegel einer bestehenden Anlage befindet sich auf Kote 2240,50 m; durch die Errichtung einer neuen Talsperre wird das Stauziel auf Kote 2364 gehoben. Die Gesamtdisposition der Anlage ist in Abb. VIII/1 dargestellt. Die Erhöhung der Stauzielkote bringt eine Druckerhöhung auf die gesamte bestehende Zuleitung[1] mit sich, die eine Höhe von 123,50 m erreichen kann, für welche die bestehenden Bauwerke (Druckstollen, Wasserschloß, Druckrohrleitung usw.) ursprünglich nicht bemessen wurden.

Aus diesem Grunde wird am Anfang des Druckstollens eine Vorrichtung zur Druckerniedrigung eingebaut, deren Aufgabe es ist, den jeweiligen Druck auf seinen ursprünglich größten Wert zurückzuführen, sobald der Betriebswasserspiegel im Staubecken die Höhe 2240,50 m überschreitet. Diese Vorrichtung umfaßt:

einen *Druckreduktionsapparat*, ausgerüstet mit zwei Düsenschiebern, welche den Durchfluß in eine Entlastungskammer führen,

ein *Regulierwasserschloß*, anschließend an den Druckerniedriger, dessen Wasserspiegel die Regulierung der Düsenschieber steuert.

Die Abmessungen des Regulierwasserschlosses sollen nun so festgelegt werden, daß der einwandfreie Betrieb der gesamten Vorrichtung für jeden beliebigen Betriebswasserspiegel und für die vorgeschriebenen Betriebsvorgänge mit der nötigen Sicherheit gewährleistet ist.

Folgende Bedingungen sind dabei zu berücksichtigen:

Wasserwirtschaftliche und betriebstechnische Bedingungen der Anlage.

1. Das Speicherbecken erhält außer dem Zufluß der Zubringer noch einen weiteren aus einem Ausgleichsbecken. Letzterer wird unmittelbar

---

[1] Zuleitung der ehemaligen Wasserkraftanlage Dixence (Wallis, Schweiz), welche in die neue Anlage Grande Dixence eingeschlossen wurde. Sie umfaßt Druckstollen, Kammerwasserschloß, Druckrohrleitung, Zentrale Chandoline-Sion.

146 Besondere Anwendungen der verschiedenen Berechnungsverfahren

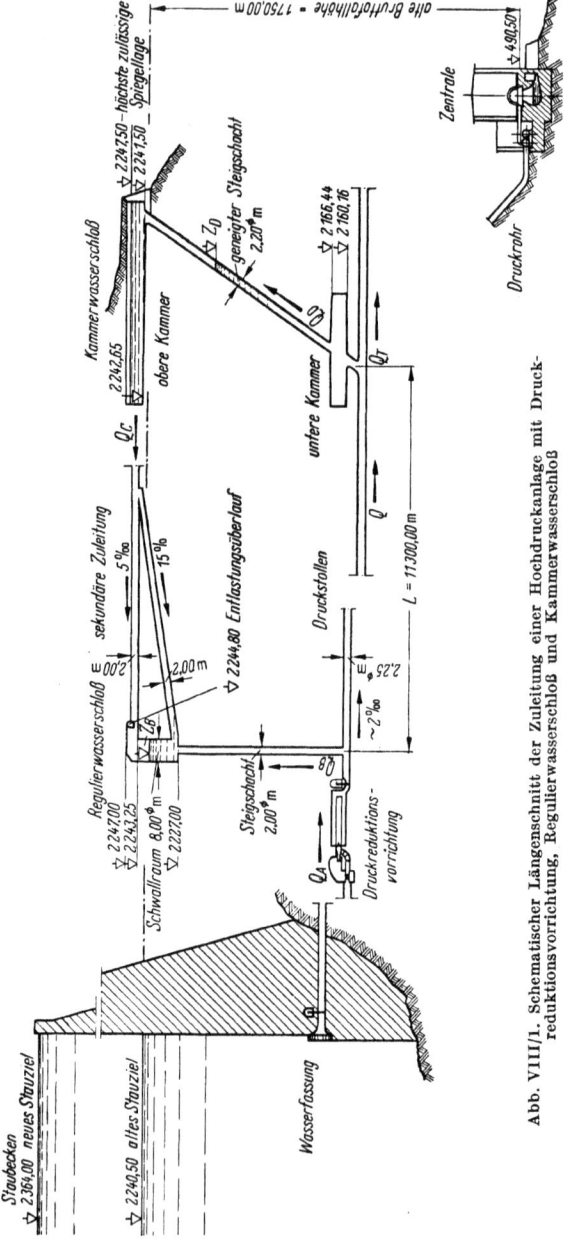

Abb. VIII/1. Schematischer Längsschnitt der Zuleitung einer Hochdruckanlage mit Druckreduktionsvorrichtung, Regulierwasserschloß und Kammerwasserschloß

in das Staubecken eingeführt, solange der Betriebswasserspiegel unterhalb der Kote 2240 bleibt. Überschreitet der Beckenspiegel diese Kote, dann wird dieser Zufluß in das Regulierwasserschloß geleitet. In diesem Falle beträgt die Wassermenge dieser sekundären Zuleitung 2,0 m³/sec.

2. Kommt der Betriebswasserspiegel auf eine Kote über 2240,50 zu liegen, so muß der Zufluß zur Kraftzentrale für alle vorgeschriebenen Betriebsvorgänge unter denselben günstigen Bedingungen erfolgen, wie vor der Erhöhung des Stauzieles. Folgende Bedingungen für das bestehende Wasserschloß sind besonders zu berücksichtigen:

a) die ursprünglich zulässige Höhe für höchstes Aufschwingen, Kote 2247,50, besonders bei Schließvorgängen, darf nicht überschritten werden.

b) der Wasserspiegel darf bei Belastungssteigerung nicht über eine Kote absinken, welche den Eintritt von Luft in die Druckrohrleitung ermöglicht (dieser Bedingung ist für jeden beliebigen Betriebswasserspiegel zu entsprechen).

3. Die größte Betriebswassermenge beträgt 10,25 m³/sec.

Besondere Bedingungen für die Druckreduktionsvorrichtung.

4. Beide Düsenschieber können zusammen den größten Durchfluß von 10,25 m³/sec liefern, solange die Druckdifferenz zwischen Wasser- und Luftseite des Apparats zur Druckerniedrigung größer als 7,0 m ist.

5. Zur Vermeidung eines zu starken Absinkens des Wasserspiegels im Wasserschloß im Falle einer raschen Belastung der Turbinen kann der Apparat zur Druckerniedrigung eine maximale Wassermenge von 11,0 m³/sec liefern, entsprechend einem Druckhöhenunterschied von mindestens $7 \cdot \left(\frac{11,0}{10,25}\right)^2 = 8,05$ m zwischen Wasser- und Luftseite dieses Apparats.

6. Unempfindlichkeit des Apparats i: Die größten Änderungen der Wasserspiegellage im Regulierwasserschloß, welche keine Verstellung der Düsenschieber bewirken, betragen $i = \pm\ 0,50$ m.

7. Statik: Im Regulierwasserschloß beträgt der Unterschied σ zwischen dem höchsten Wasserspiegel, entsprechend einer Wassermenge von 0 m³/sec des Reduktionsapparats und dem tiefsten Wasserspiegel, entsprechend einem stationären Durchfluß von 10,25 m³/sec, 2,00 m; für eine Wassermenge von 11,0 m³/sec wird $\sigma' = 2,00 \cdot \left(\frac{11,0}{10,25}\right) = 2,15$ m.

8. Die kürzeste Zeit, welche für eine Steigerung des Durchflusses von 0 auf 10,25 m³/sec (oder für eine Verringerung von 10,25 auf 0 m³/sec) durch den Reduktionsapparat benötigt wird, wird mit 60 sec festgesetzt; für eine Zunahme von 0 auf 11,0 m³/sec beträgt sie $60 \cdot \left(\frac{11,0}{10,25}\right) = 65$ sec.

148 Besondere Anwendungen der verschiedenen Berechnungsverfahren

b) Charakteristiken des Regulierwasserschlosses. Bezeichnungen

Auf Grund einer eingehenden Untersuchung, welche mehrere Vorprojekte umfaßte, wurden Form und Abmessungen des Regulierwasserschlosses festgelegt. Daraufhin wurde untersucht, ob diese einen einwandfreien Betrieb der Anlage für die ungünstigsten Betriebsvorgänge (s. S. 151f.) bei Berücksichtigung der eingangs aufgestellten Bedingungen gewährleisten.

Das Regulierwasserschloß setzt sich aus folgenden Teilen zusammen:

1. Einem Steigschacht von 2,0 m Durchmesser, ausgehend vom Druckstollen bis auf Höhe 2227,00 m.

2. Einer zylindrischen Kammer mit einem Querschnitt von 50 m² und einem Durchmesser von 8,0 m zwischen den Koten 2227,00 und 2245,00.

3. Einem Teil des Stollens der sekundären Zuleitung. Der horizontale Kammerquerschnitt wird dadurch zwischen den Koten 2227,00 und 2243,25 um 24,0 m² und über diese Kote hinaus noch weiter vergrößert.

4. Einen Entlastungsüberlauf auf Kote 2244,80. Dieser tritt nur gelegentlich in Tätigkeit.

Bezeichnungen (s. Abb. VIII/1):

L Länge des Druckstollens ($L = 11\,300$ m)

f Querschnitt des Druckstollens $\left[f = \pi \left(\dfrac{2{,}25^2}{4} \right) = 4{,}00 \text{ m}^2 \right]$

W Fließgeschwindigkeit im Druckstollen

Q Durchfluß im Druckstollen ($Q_{max} = Q_0 = 10{,}25$ m³/sec)

P Reibungsverlusthöhe im Druckstollen (für $Q_0 = 10{,}25$ m³/sec wird $P = P_0 = 22{,}50$ m)

Q_A Durchfluß durch den Druckreduktionsapparat ($Q_{A\,max} = Q_0' = 11$ m³/sec)

P_A Druckhöhenverlust in der Druckreduktionsvorrichtung (für $Q_0 = 10{,}25$ m³/sec wird $P = P_{A0} = 7{,}00$ m)

F_B Querschnitt des Regulierwasserschlosses (der horizontale Querschnitt des Stollens der sekundären Zuleitung oberhalb Kote 2227,00 m mit inbegriffen)

Z_B Höhe des Wasserspiegels im Regulierwasserschloß, gemessen ab Ruhespiegel

Z_{BM} größte Höhe des Wasserspiegels im Regulierwasserschloß, entsprechend einem Durchfluß durch die Druckreduktionsvorrichtung von $Q_A = 0$

V_B Fließgeschwindigkeit des Wassers im Regulierwasserschloß

Q_C Zufluß in das Regulierwasserschloß aus der sekundären Zuleitung

F_D Querschnitt des Wasserschlosses

Z_D Höhe des Wasserspiegels im Wasserschloß, gemessen vom Ruhespiegel aus

V_D Fließgeschwindigkeit des Wassers im Wasserschloß

Q_T Betriebswassermenge (Ausbauwassermenge $Q_{T\,max} = Q_0 = 10{,}25$ m³/sec)

σ Statik = Höhendifferenz des Wasserspiegels im Regulierwasserschloß, entsprechend dem gesamten Verschiebungsweg des Düsenschiebers. ($\sigma = 2{,}00$ m für $Q_A = Q_0 = 10{,}25$ m³/sec, $\sigma = 2{,}15$ m für $Q_{A\,max} = Q_0' = 11$ m³/sec)

i Unempfindlichkeit: Änderung des Wasserspiegels, welche keine Verstellung der Düsenschieber auslösen ($i = \pm 0{,}50$ m). Vorzeichenregel: ($+$) für steigenden Wasserspiegel, ($-$) für fallenden Wasserspiegel

Δt Zeitintervall (gewählt für die Durchführung der Differenzenrechnung; $\Delta t = 20$ sec)

c) Bewegungsgleichungen in Differenzenform

Die Bewegungsgleichungen für den transitorischen Zustand werden unter der Annahme aufgestellt, daß kein Zufluß aus dem sekundären Ausgleichsbecken erfolgt, somit wird $Q_C = 0$; der Einfluß dieses Zuflusses wird für einen Sonderfall auf S. 151 f. untersucht.

Diese vier Gleichungen lauten:

1. *Bewegung im Druckstollen:*
Der maßgebende Wasserspiegel am Anfang des Druckstollens entspricht dem des Regulierwasserschlosses und ist daher bei Betriebsmanövern Änderungen unterworfen. Die veränderliche Höhe Z_B ist in die klassische Differentialgleichung der Bewegung (Gl. III/1) einzuführen, und wir schreiben:

$$\frac{L}{g}\frac{dW}{dt} + Z_D - Z_B + P = 0. \quad \text{(VIII/1)}$$

2. *Raumgleichung (Kontinuitätsgleichung) am Orte des Regulierwasserschlosses:*

$$Q_A = F_B V_B + f W. \quad \text{(VIII/2)}$$

3. *Raumgleichung (Kontinuitätsgleichung) am Orte des Wasserschlosses:*

$$Q = f W = F_D V_D + Q_T. \quad \text{(VIII/3)}$$

4. *Änderung der Wassermenge der Druckreduktionsvorrichtung:*
Die Druckreduktionsvorrichtung tritt in Tätigkeit bei Druckhöhen, die in den Grenzen von 0 bis 123,50 m schwanken können (entsprechend der Höhendifferenz der Betriebswasserspiegel von 2364,00 auf 2240,50 m). Eine Reglereinrichtung bewirkt den einwandfreien Betrieb dieser Vorrichtung für jeden beliebigen Betriebswasserspiegel unter normalen Bedingungen: Statik $\sigma = 2{,}00$ m für eine Wassermenge $Q_0 = 10{,}25$ m³/sec ($\sigma' = 2{,}15$ für $Q_0' = 11{,}0$ m³/sec) und Unempfindlichkeit $i = \pm 0{,}50$.

Steigt der Speicherspiegel über die Kote 2246,50 an, so ist die Druckreduktionsvorrichtung derart geregelt, daß für Beharrungszustände der Durchfluß Null wird, solange der Wasserspiegel auf Kote 2241,50 oder darüber liegt, und den Wert $Q_0 = 10{,}25$ m³/sec annimmt, wenn der Wasserspiegel auf Kote 2239,50 zu liegen kommt. Kote 2239,50 geht aus 2246,50 — 7,00 m hervor, da die Druckreduktionsvorrichtung die Wassermenge von 10,25 m³/sec nur unter der Bedingung freigibt, wenn die Druckhöhendifferenz zwischen Wasser- und Luftseite dieser Vorrichtung größer als 7,00 m ist (s. S. 147, Ziffer 4). Für Beharrungszustände mit Teilwassermenge $n Q_0$ ($n < 1$) liefert die Druckreduktionsvorrichtung eine Wassermenge Q_A in linearer Abhängigkeit von der Ausbauwassermenge.

$$Q_A = Q_0 \frac{Z_{BM} - Z_B}{\sigma}. \quad \text{(VIII/4)}$$

Für
$$(Z_{BM} - Z_B) = 2{,}00 \text{ m} = \sigma, \qquad Q_A = Q_0 = 10{,}25 \text{ m}^3/\text{sec}.$$

Die Düsenschieber können auch etwas weiter geöffnet werden, um den Durchfluß einer Wassermenge Q_A freizugeben, die etwas größer als Q_0 ist:
$$(Z_{BM} - Z_B) = \sigma' = 2{,}15 \text{ m},$$
daher
$$Q_A = Q_0 \left(\frac{2{,}15}{2{,}00}\right) = Q_0' = 11 \text{ m}^3/\text{sec}.$$

Solange der Wasserspiegel im Speicherbecken auf einer Höhe im Bereich der Koten 2246,50 und 2239,50 liegt, ist die Durchflußlinie der Druckreduktionsvorrichtung eine Gerade in Abhängigkeit von der Höhe Z_B des Wasserspiegels im Regulierwasserschloß, und eine Parabel, sobald die Düsenschieber voll geöffnet sind. Letztere läßt sich wie folgt anschreiben:

$$Q_A = Q_0 \sqrt{\left|\frac{(Z_{See} - Z_B)}{P_{A0}}\right|} \qquad (P_{A0} = 7{,}00 \text{ m}). \qquad \text{(VIII/4')}$$

Liegt der Beckenspiegel unterhalb der Kote 2239,50, bleiben die Düsenschieber vollkommen geöffnet, und das Regulierwasserschloß arbeitet wie einfaches Piezometer. In diesem, für die Problemlösung wenig interessanten Fall, ändert sich der Durchfluß Q_A der Druckreduktionsvorrichtung in parabolischer Abhängigkeit von der Höhe des Wasserspiegels Z_B im Regulierwasserschloß.

Bei raschem Öffnen oder Schließen der Turbinenzuleitung kann es vorkommen, daß die Lage des Wasserspiegels im Regulierwasserschloß sich ebenfalls rasch ändert. Die Düsenschieber können dieser raschen Bewegung nicht unmittelbar folgen, so daß vorübergehend (während einem Zeitabschnitt von 60 bis 65 sec, s. S. 147, Ziffer 8) die Wassermenge Q_A der Druckreduktionsvorrichtung sich proportional zur Zeit ändert.

Nach einigen Umformungen nehmen die Bewegungsgleichungen in Differenzenform folgende Gestalt an:

$$f \, \Delta W = -\frac{g f}{L} \Delta t (Z_D - Z_B + P), \qquad \text{(VIII/1a)}$$

ΔC_B	=	ΔC_A	−	ΔC
Inhalt der in das Regulierwasserschloß in der Zeit Δt einströmenden Wassermenge		Inhalt der von der Druckreduktionsvorrichtung in der Zeit Δt abgegebenen Wassermenge		Inhalt der vom Druckstollen in der Zeit Δt aufgenommenen Wassermenge

(VIII/2a)

ΔC_D	=	ΔC	−	ΔC_T
Inhalt der in das Wasserschloß in der Zeit Δt einströmenden Wassermenge		Inhalt der vom Druckstollen in der Zeit Δt abgegebenen Wassermenge		Inhalt der von der Druckrohrleitung in der Zeit Δt aufgenommenen Wassermenge

(VIII/3a)

$$\Delta Q_A = -\frac{Q_0}{\sigma} \Delta Z_B \quad \left(\text{gültig nur wenn } Q_A = Q_0 \frac{Z_{BM} - Z_B}{\sigma}\right). \qquad \text{(VIII/4a)}$$

Infolge der großen Anzahl der Parameter läßt sich das Problem leichter mit Hilfe des graphischen Verfahrens von SCHOKLITSCH als auf analytischem Wege lösen. Die Durchführung dieses graphischen Verfahrens unterscheidet sich von dem auf S. 57 ff. beschriebenen Grundverfahren in folgenden Punkten.

1. Da der Wasserspiegel im Regulierwasserschloß veränderlich ist, bestimmen wir die Kurve $Z = Z(W)$, indem wir eine Gerade parallel zu der Geraden $f \Delta W = -\left(\dfrac{g f \Delta t}{L}\right) Z$ zeichnen, ausgehend von einem Punkt, dessen Ordinatenwert sich um den Wert Z_B von dem des Punktes mit demselben Abzissenwert ($f W$), gelegen auf der Kurve der Reibungsverluste des Druckstollens, unterscheidet. Damit wird Gl. (VIII/1 a) Genüge getan.

2. Die Raumgleichung ist zweimal anzuwenden: einmal für das Regulierwasserschloß in Erfüllung von Gl. (VIII/2a) und einmal für das Wasserschloß in Erfüllung von Gl. (VIII/3a). Aus der Verbindung beider Gleichungen erhalten wir die Beziehung:

$$\Delta C_B + \Delta C_D = \Delta C_A - \Delta C_T,$$

die ihren Ausdruck im Diagramm der Inhaltslinie des Druckstollens findet.

3. Außer den zur Durchführung der Konstruktion nötigen Diagrammen des Grundverfahrens benötigen wir noch die Inhaltskurve für das Regulierwasserschloß und die Inhaltskurve der Druckreduktionsvorrichtung in Abhängigkeit von der Wasserspiegellage im Regulierwasserschloß. Gl. (VIII/4a).

4. Ferner ist für den Fall, wo der sekundäre Zufluß in das Regulierwasserschloß von Null verschieden ist, der Ausdruck $\Delta C_C = Q_C \Delta t$ zum zweiten Glied der Inhaltsgleichung (VIII/2a) hinzuzufügen. Dies führt zu einer kleinen Änderung in der Anwendung der Inhaltsgleichung des Druckstollens (s. Abb. VIII/2).

d) Ergebnisse der Berechnung für verschiedene Betriebslastfälle

Die meisten der vorgeschriebenen Betriebsvorgänge entsprechen Grenzfällen, welche den Sicherheitsbedingungen der gesamten Anlage gerecht werden.

Im folgenden wollen wir die Ergebnisse der Berechnung für drei ausgewählte charakteristische Fälle wiedergeben.

1. Langsames, vollkommenes lineares Schließen der Turbinenzuleitung von 10,25 m³/sec auf 0 m³/sec in 40 sec unter Berücksichtigung eines sekundären Zuflusses in das Regulierwasserschloß von 2,0 m³/sec. Speicherspiegel oberhalb Kote 2246,50 (Abb. VIII/2).

Vor Beginn des Schließvorgangs beträgt die Wassermenge des Druckreduktionsapparats 10,25 − 2,00 = 8,25 m³/sec. Infolge der Unempfind-

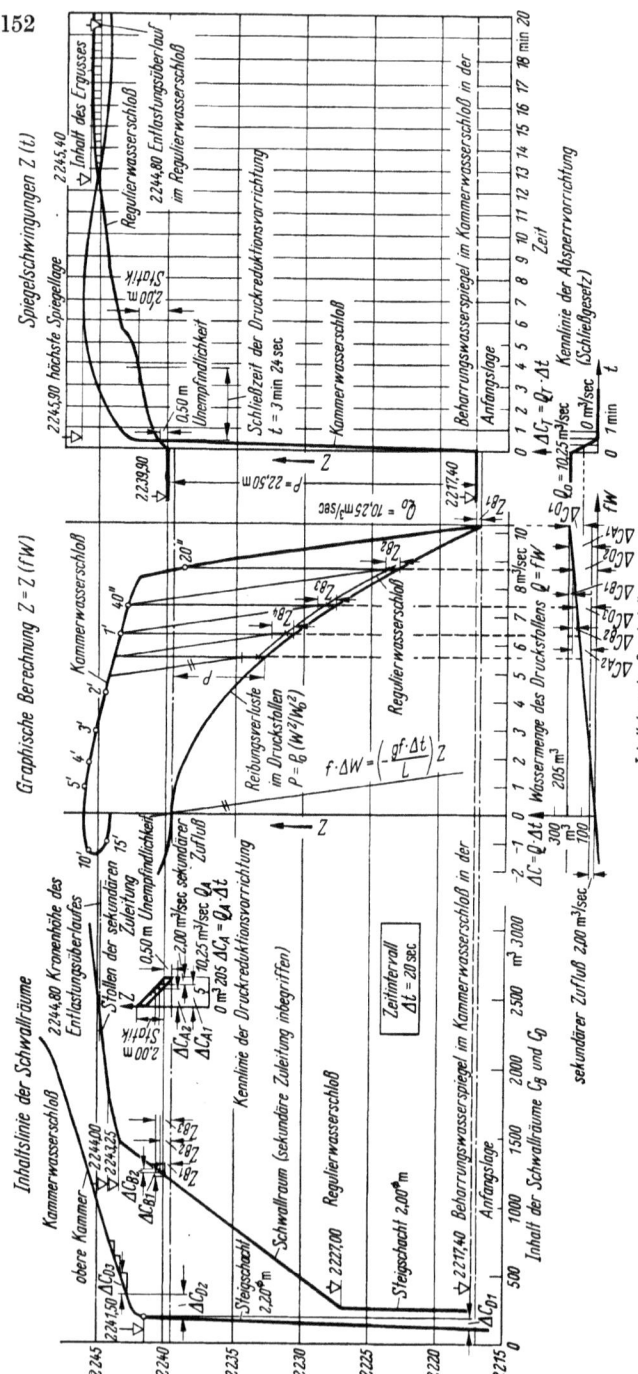

Abb. VIII/2. Ermittlung der Spiegelbewegungen im Regulier- und im Kammerwasserschloß. Graphisches Verfahren von SCHOKLITSCH.
Betriebsvorgang: Allmähliches, vollkommenes Schließen der Turbinenzuleitung von $Q = 10{,}25$ m³/sec auf 0 m³/sec in 40 sec mit Berücksichtigung eines sekundären Zuflusses zum Regulierwasserschloß von 2 m³/sec. Speicherspiegel oberhalb Kote 2246,50. (Schematische Darstellung der Anlage s. Abb. VIII/1)

lichkeit der Vorrichtung beginnen die Düsenschieber sich zu schließen, sobald der Wasserspiegel im Regulierwasserschloß die Höhe (2239,50 + + 2,00 · 2/10,25 + 0,50 =) 2240,40 erreicht hat; aus der Berechnung ergibt sich die Schließzeit der Düsenschieber von 3 min, 24 sec; diese ist daher größer als die Minimalzeit von 60 sec, die für den gesamten Verschiebungsweg der Düsenschieber benötigt wird.

Der Wasserspiegel im Regulierwasserschloß steigt über die Kronenhöhe des Entlastungsüberfalls (Kote 2244,80) an. Es stellt sich daher ein Wasserverlust ein bis zu dem Augenblick, wo die Abschlußvorrichtung der sekundären Zuleitung geschlossen ist. Dieser Fall ist der einzige Betriebsvorgang, bei welchem ein Erguß über den Entlastungsüberfall stattfindet. Es handelt sich also um einen Ausnahmefall und die Anordnung einer besonderen Kammer zur Vermeidung dieses Wasserverlusts erscheint nicht gerechtfertigt. Da der Wasserspiegel nicht bis auf Kote 2241,50 absinkt, öffnen sich die Düsenschieber nicht.

Im Wasserschloß erreicht der Wasserspiegel beim höchsten Aufschwingen die Kote 2245,90, die 4,40 m oberhalb dem oberen Ende des Steigschachts liegt. Obwohl bei dem Vorgang beachtliche Wassermassen bewegt werden, bleiben, wie aus der Abbildung hervorgeht, die Schwingungsweiten klein, da der Wasserspiegel nicht im Steigschacht absinkt, sondern in der Kammer verbleibt. Die Schwingungsperiode ist infolge des großen Kammerquerschnitts ziemlich lang. Die Dämpfung der Schwingungen ist gering, weil die Fließgeschwindigkeiten und die damit verbundenen Reibungsverluste klein sind. Bis zum Zeitpunkt des völligen Abschlusses der sekundären Zuleitung wird Wasser im Gesamtsystem aufgespeichert. Die endgültige Lage des Wasserspiegels hängt daher vom Zeitpunkt des Abschlusses dieser Zuleitung ab. Im äußersten Falle erreicht er die Kronenhöhe des Entlastungsüberfalls des Regulierwasserschlosses, Kote 2244,80.

2. Langsames, teilweises lineares Schließen der Turbinenzuleitung von 10,25 m³/sec auf 5,12 m³/sec in 60 sec ohne Zufluß aus der sekundären Zuleitung. Speicherspiegel oberhalb Kote 2246,50 (Abb. VIII/3).

Die Spiegelschwankungen im Regulierwasserschloß weisen keine Besonderheiten auf; der Wasserspiegel bleibt beim Aufschwingen unterhalb der Kote des Entlastungsüberfalls (2244,80). Die Düsenschieber werden nur teilweise geschlossen, die dazu benötigte Schließzeit beträgt in Abhängigkeit vom Spiegelanstieg im Regulierwasserschloß mehr als 60 sec Minimalzeit für den totalen Verschiebungsweg der Düsenschieber.

Im Wasserschloß wird der Wasserspiegel bis auf Kote 2242,70 gehoben, also nur 1,20 m über die obere Begrenzung des Steigschachts. Obwohl bei diesem Schwingungsvorgang infolge 50%igen Abschluß der Turbinenzuleitung die bewegte Wassermasse kleiner ist als im vorhergehenden Falle, werden dabei größere Schwingungsweiten erreicht. Wie in Abbil-

154 Besondere Anwendungen der verschiedenen Berechnungsverfahren

dung VIII/3 ersichtlich, erreicht der Wasserspiegel beim Abschwingen den Steigschacht, dessen horizontaler Querschnitt wesentlich geringer ist als der der oberen Kammer. Daraus folgt auch, daß die Schwingungsperiode

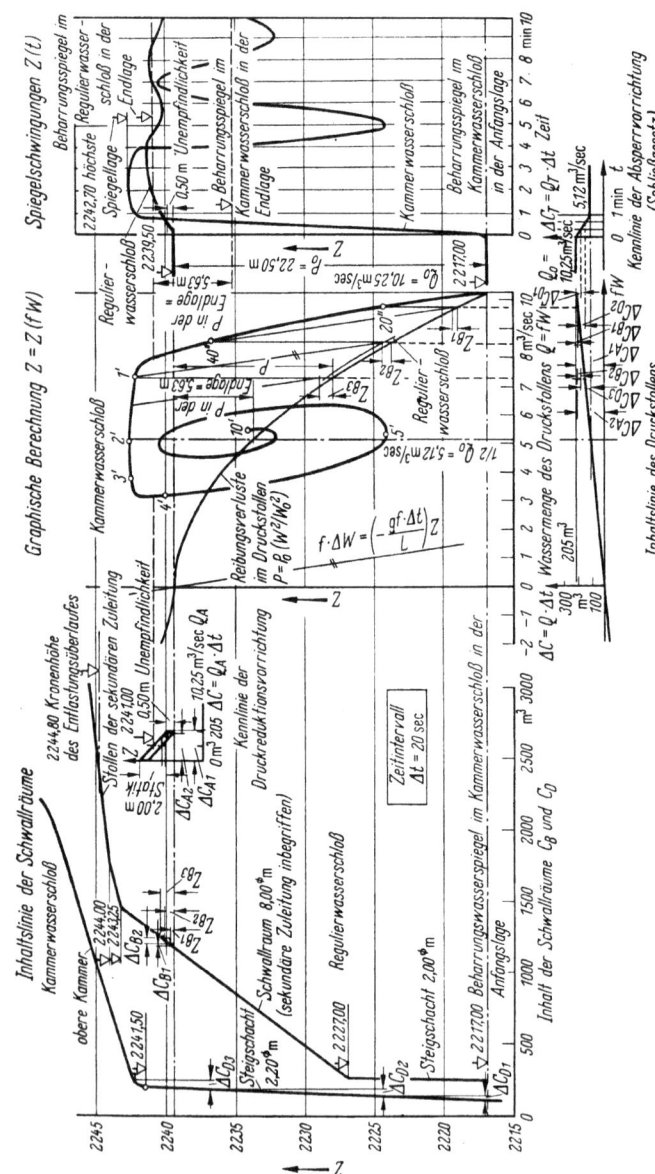

Abb. VIII/3. Ermittlung der Spiegelbewegungen im Regulier- und im Kammerwasserschloß. Graphisches Verfahren von SCHOKLITSCH. *Betriebsvorgang:* Allmähliches, teilweises Schließen der Turbinenzuleitung von $Q = 10{,}25$ m³/sec auf $5{,}12$ m³/sec in 60 sec ohne sekundären Zufluß zum Regulierwasserschloß. Speicherspiegel oberhalb Kote 2246,50. (Schematische Darstellung der Anlage s. Abb. VIII/1)

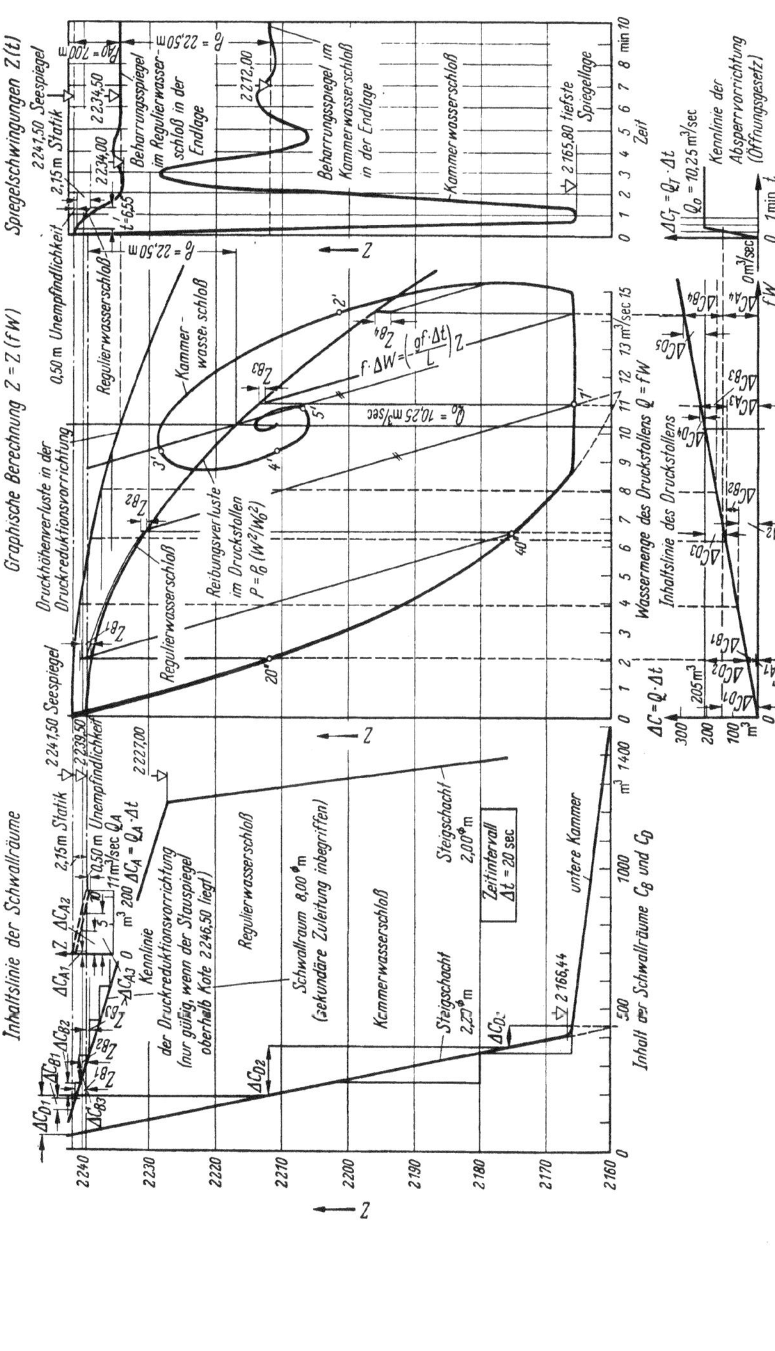

Regulierwasserschloß für eine Druckreduktionsvorrichtung

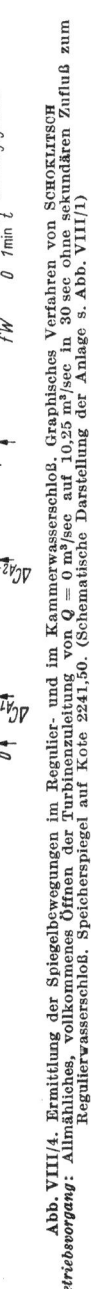

Abb. VIII/4. Ermittlung der Spiegelbewegungen im Regulier- und im Kammerwasserschloß. Graphisches Verfahren von SCHOKLITSCH
Betriebsvorgang: Allmähliches, vollkommenes Öffnen der Turbinenzuleitung von $Q = 0$ m³/sec auf 10,25 m³/sec in 30 sec ohne sekundären Zufluß zum Regulierwasserschloß. Speicherspiegel auf Kote 2241,50. (Schematische Darstellung der Anlage s. Abb. VIII/1)

in diesem Falle kürzer ist als die beim vollen Abschluß der Turbinenzuleitung. Die Dämpfung der Schwingungen geht rascher vor sich, da die Änderung der Fließgeschwindigkeit im Druckstollen nicht um den Nullwert erfolgt, sondern um den Wert, der dem neuen Beharrungszustand entspricht. Die dabei auftretenden Druckhöhenverluste werden somit größer als im vorhergehenden Falle, und die Schwingungsbewegung wird rascher abgebremst. Nach Beendigung des Schwingungsvorgangs kommt der Wasserspiegel im Wasserschloß auf Kote 2235,37 zu liegen.

3. Langsames, vollkommenes lineares Öffnen der Turbinenzuleitung von 0 auf 10,25 m³/sec in 30 sec, ohne Zufluß aus der sekundären Zuleitung. Speicherspiegel auf Kote 2241,50 (Abb. VIII/4).

Der Druckreduktionsapparat, welcher zur Zeit 0 völlig geschlossen ist, beginnt sich zu öffnen, sobald der Wasserspiegel im Regulierwasserschloß die Kote $(2241{,}50 - 0{,}50 =) 2241{,}00$ (Unempfindlichkeit $i = 0{,}50$ m) erreicht hat. Der maximale Durchfluß von 11,0 m³/sec durch den Druckreduktionsapparat wird jedoch selbst 65 sec nach Beginn des Öffnungsvorgangs noch nicht erreicht, obwohl die Düsenschieber zu diesem Zeitpunkt bereits den ganzen Durchflußquerschnitt freigeben, da die Druckhöhendifferenz zwischen Wasser- und Luftseite der Vorrichtung kleiner ist als die erforderliche von 8,05 m. Der Wasserspiegel fällt im Regulierwasserschloß bis auf Kote 2234,00 ab, stabilisiert sich dann für die Wassermenge des neuen Beharrungszustands von 10,25 m³/sec auf Höhe $(2241{,}50 - 7{,}00 =) 2234{,}50$.

Im Wasserschloß sinkt der Wasserspiegel in der unteren Kammer bis auf Kote 2165,80, also 0,64 m unterhalb der unteren Begrenzung des Steigschachts, ab. Da die Schwingungen hauptsächlich im Steigschacht stattfinden, sind sie durch große Schwingungsweiten von kurzer Periode gekennzeichnet. Die Stabilisierung des Wasserspiegels geht noch rascher vor sich als im vorhergehenden Fall des teilweisen Schließens, da die Fließgeschwindigkeit im Druckstollen ihre Änderungen um einen Wert vollzieht, der der Vollwassermenge der Turbinen entspricht. Die Schwingungsbewegung wird somit durch die dabei auftretenden Reibungsverluste sehr kräftig abgebremst. Der endgültige Beharrungswasserspiegel im Wasserschloß kommt auf Kote $(2234{,}50 - 22{,}50 =) 2212{,}00$ zu liegen.

3. Gedämpftes Kammerwasserschloß

Das Wasserschloß einer Wasserkraftanlage[1], bestimmt für Entnahmeänderungen von 0 bis 45 m/sec³, befindet sich am Ende eines 15,8 km langen Stollens, am oberen Ende einer 2,0 km Druckrohrleitung. Der Betriebswasserspiegel im Ausgleichbecken, von welchem die Zuleitung

---

[1] Wasserschloß von Nendaz der Kraftwerksgruppe Grande Dixence S.A. (Wallis, Schweiz).

ausgeht, schwankt zwischen den Koten 1473 und 1486. Die geologischen Bedingungen am Orte des Wasserschlosses gestatten keinen Aushub von großen Durchmessern und kein Auftreten von hohen Drücken. Es erschien wünschenswert, im Druckstollen einen Druck von 12 bis 13 kg/cm² nicht zu überschreiten.

Wie in den meisten Fällen von Wasserkraftanlagen wurde die Ausführung eines Schachtwasserschlosses, dessen Kosten bedeutend sind, ausgeschlossen, da der Aushub eines großen Schachtquerschnitts aus geologischen Gründen abzulehnen war. Um den Wasserschloßinhalt klein zu halten, könnte man die Anordnung eines Kammerwasserschlosses mit möglichst geringem Steigschachtquerschnitt ins Auge fassen. Infolge der großen Länge des Druckstollens von 15,8 km und der verhältnismäßig hohen Fließgeschwindigkeit von 3,25 m/sec ist jedoch die Höhendifferenz zwischen dem Ruhespiegel und dem Beharrungsspiegel am Orte des Wasserschlosses ziemlich groß (30 bis 40 m). Aus diesem Grunde kann die untere Kammer, deren Aufgabe es ist, die einwandfreie Abwicklung des Betriebsvorgangs beim Öffnen der Turbinenzuleitung zu gestatten, nicht viel tiefer gelegt werden als der Beharrungsspiegel, da sonst der Druckstollen, der notwendigerweise noch einige Meter tiefer liegen muß, in seinem anschließenden Teil zu großen Drücken ausgesetzt wäre, sobald das Kraftwerk außer Betrieb ist. Dies in noch größerem Maße, sobald bei einem Schließvorgang der Wasserspiegel über die Höhe des Ruhespiegels ansteigt. Unter diesen Umständen wäre es also notwendig, eine untere Kammer mit verhältnismäßig großem Inhalt auszuführen, die allerdings teuer käme und deren Ausführung unter den gegebenen geologischen Verhältnissen schwierig wäre. Eine andere Lösung wäre die Anordnung eines normalen Drosselwasserschlosses ohne untere Erweiterung. Die für den Fall der Öffnung der Turbinenzuleitung entsprechende Drosselöffnung würde jedoch beim Schließen sehr große Reibungsverluste hervorrufen, so daß bei der Einmündung des Wasserschlosses in die Zuleitung unzulässig hohe Drücke auftreten würden.

Eine brauchbare Zwischenlösung stellt die Anordnung eines Kammerwasserschlosses mit Einbau eines verhältnismäßig geringen und dissymmetrischen Drosselwiderstands dar, welcher beim Eintritt von Wasser in das Wasserschloß kleinere Druckhöhenverluste hervorruft als beim Austritt.

Auf Grund einer Untersuchung von etwa 20 Vorprojekten mit verschiedenen Höhenlagen der oberen Kammer und verschiedenen Drosselwiderständen konnte das Diagramm der Abb. VIII/5 aufgestellt werden. Mit Hilfe dieses Diagramms lassen sich auf einfache Weise der Einfluß der verschiedenen Parameter abklären und die Charakteristiken des Wasserschlosses unter Berücksichtigung seines Rauminhalts und des Ansteigens der Druckhöhe Y (Gegendruck) im Druckstollen bei der

Einmündung ins Wasserschloß festlegen. Das dargestellte Diagramm ist selbstverständlich nur für den angenommenen Betriebsvorgang, lang-

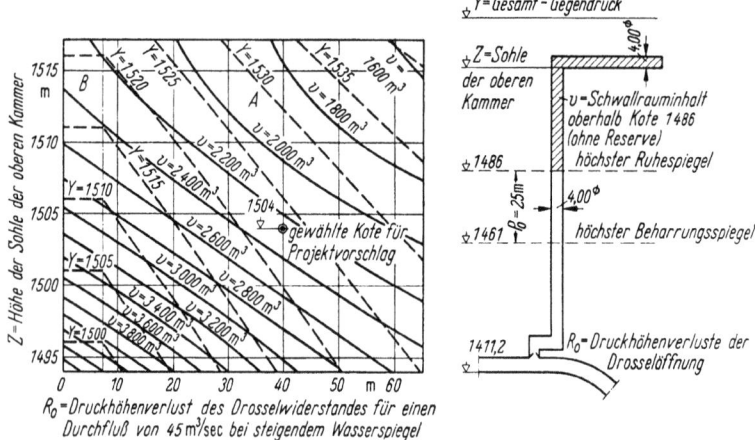

Abb. VIII/5
Gedämpftes Kammerwasserschloß (Dämpfungswiderstand beim Eintritt in den Steigschacht) Diagramm des Gegendrucks Y und des Wasserschloßinhalts U oberhalb des Ruhespiegels in Abhängigkeit von der Höhenlage Z der Sohle der oberen Kammer und vom Dämpfungswiderstand R_0

Betriebsvorgang: Allmähliches, vollkommenes Schließen von $Q = 45$ m³/sec auf 0 m³/sec in 60 sec
Bereich A: Der maximale Gegendruck stellt sich am Ende des Schließvorgangs ein
Bereich B: Der maximale Gegendruck stellt sich am Ende der Spiegelhebung im Wasserschloß ein

sames, vollkommenes Schließen von 45 m³/sec auf 0 m³/sec in 60 . sec gültig.

Abb. VIII/6 zeigt eine schematische Darstellung der gewählten Anordnung des Wasserschlosses. Die untere Kammer wurde als Stollen mit Kreisquerschnitt, Durchmesser 3,60 m, von einer Länge von 62 m und einer Längsneigung von 1% ausgebildet. Sie bildet gleichzeitig die Verbindung mit dem Steigschacht. Diese Anordnung ist interessanter als eine außerhalb des Steigschachts liegende Kammer, da das Entweichen der Luft bei steigendem Wasserspiegel erleichtert wird.

Wenn beim Schließen der Turbinenleitung ein geringer Drosselwiderstand gewünscht wird, um einen zu hohen Druckanstieg im Druckstollen zu vermeiden, so ist es trotzdem vorteilhaft, beim Öffnen bei entleerter Kammer über einen verhältnismäßig großen Drosselwiderstand zu verfügen. Durch den Einbau einer konischen Blende ist es möglich, verschiedene Druckhöhenverluste für beide Fließrichtungen zu erhalten. Für den dargestellten Fall beträgt der Druckhöhenverlust 40 m für eine in das Wasserschloß zufließende Wassermenge von 45 m³/sec und 70 m für eine abfließende Wassermenge von 45 m³/sec.

Gedämpftes Kammerwasserschloß

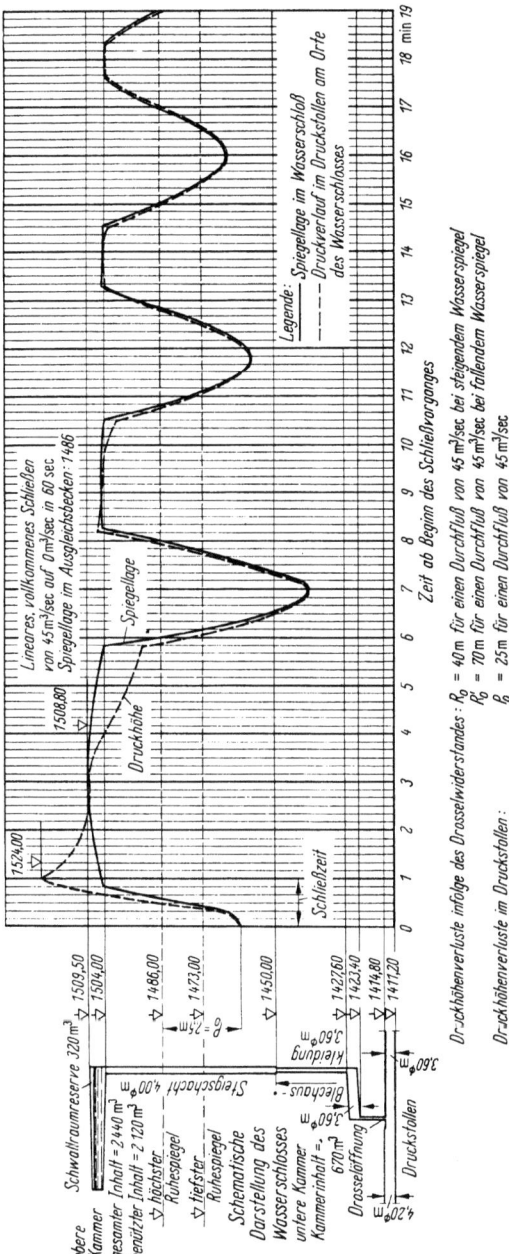

Abb. VIII/6. Spiegelbewegungen in einem gedämpften Kammerwasserschloß (Dämpfungswiderstand beim Eintritt in den Steigschacht).
Ergebnisse der graphischen Untersuchung mittels des Verfahrens von SCHOKLITSCH.
Betriebsvorgang: Allmähliches, vollkommenes Schließen von $Q = 45$ m³/sec auf 0 m³/sec in 60 sec

160 Besondere Anwendungen der verschiedenen Berechnungsverfahren

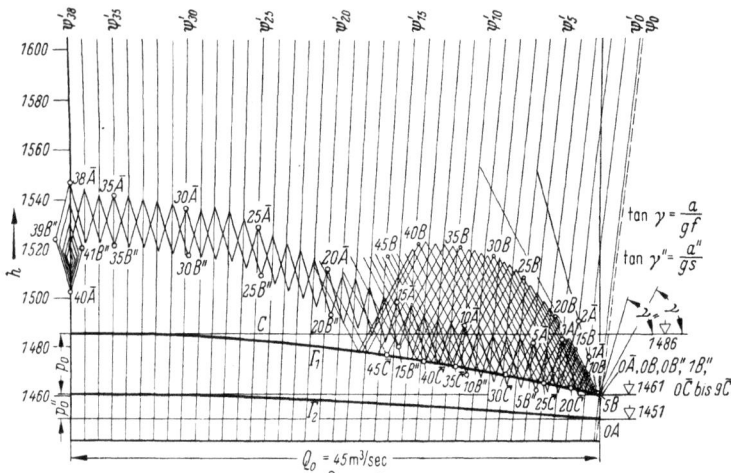

Abb. VIII/7. Wasserstoß beim Eintritt in ein gedämpftes Kammerwasserschloß. Ergebnisse der graphischen Untersuchung (nach BERGERON-SCHNYDER)
Betriebsvorgang: Allmähliches, vollkommenes Schließen von $Q = 45$ m³/sec auf 0 m³/sec in 60 sec Schematische Darstellung des Wasserschlosses s. Abb. VIII/6
Anmerkung: Die in der Konstruktion mit den Buchstaben A, $\bar{A}$, B, B', B'', C, $\bar{C}$ und davorstehender Ziffer bezeichneten Punkte entsprechen dem Zustand (h, Q) an folgenden Stellen der Triebwasserleitung: Absperrorgan bei der Zentrale A und $\bar{A}$; Abzweigung des Wasserschlosses vom Druckstollen B, B' und B''. Einmündung des Druckstollens in das Ausgleichbecken C und $\bar{C}$ (s. Abb. II/13a)

t	$Z_{B'}$	$h_{B'}$	Q'	Q'_m	ΔZ	$R_{Q'}$	t	$Z_{B'}$	$h_{B'}$	Q'	Q'_m	ΔZ	$R_{Q'}$
0	1461,00	1461,00	0	0	0	0	25	99,44	09,34	22,40	22,72	2,85	10,50
1	1461,00	1461,00	0	0,87	0,11	0,06	26	1502,29	12,79	23,05	23,35	{1,71 \\ 0,035}	11,10
2	61,11	61,17	1,75	2,60	0,32⁵	0,23	27	04,03	15,13	23,75	24,17	0,088	12,00
3	61,43	61,66	3,45	3,87	0,49	0,36	28	04,12	16,12	24,60	25,00	0,091	12,80
4	61,92	62,28	4,30	4,72	0,59	0,52	29	04,21	17,01	25,40	25,70	0,094	13,40
5	62,51	63,03	5,15	5,75	0,72	0,80	30	04,31	17,71	26,00	26,37	0,096	14,10
6	63,23	64,03	6,35	6,87	0,86	1,08	31	04,40	18,50	26,75	27,12	0,099	14,90
7	64,09	65,17	7,40	7,90	0,99	1,39	32	04,50	19,40	27,50	27,82	0,101	15,80
8	65,09	66,48	8,40	8,90	1,12	1,75	33	04,60	20,40	28,15	28,50	0,104	16,50
9	66,21	67,96	9,40	9,95	1,25	2,17	34	04,71	21,21	28,85	29,15	0,106	17,20
10	67,46	69,63	10,50	10,95	1,38	2,57	35	04,81	21,91	29,45	29,72	0,108	17,80
11	68,84	71,41	11,40	11,85	1,49	2,99	36	04,92	22,72	30,00	30,20	0,110	18,30
12	70,33	73,22	12,30	12,75	1,60	3,45	37	05,03	23,33	30,40	30,67	0,111	18,90
13	71,93	75,38	13,20	13,67	1,72	3,96	38	05,13	24,03	30,95	31,22	0,114	19,60
14	73,65	77,61	14,15	14,62	1,84	4,51	39	05,24	24,84	31,50	30,65	0,112	17,80
15	75,49	80,00	15,10	15,52	1,95	5,02	40	05,36	23,16	29,80	28,95	0,105	15,60
16	77,44	82,46	15,95	16,37	2,05	5,59	41	05,46	21,06	28,10	28,30	0,206	16,00
17	79,49	85,08	16,80	17,25	2,16	6,20	43	05,67	21,67	28,50	27,35	0,197	13,60
18	81,65	87,85	17,70	18,12	2,28	6,80	45	05,87	18,47	26,20	26,40	0,192	14,00
19	83,93	90,73	18,55	18,92	2,37	7,10	47	06,06	20,06	26,60	25,48	0,187	11,70
20	86,30	93,40	19,20	19,57	2,46	7,88	49	06,25	17,95	24,35	24,27	0,177	11,60
21	88,76	96,64	19,95	20,32	2,55	8,50	51	06,42	18,02	24,25	23,20	0,169	9,75
22	91,31	99,81	20,70	21,00	2,64	9,00	53	06,59	16,34	22,20	21,85	0,159	9,15
23	93,95	1502,95	21,30	21,60	2,71	9,50	55	06,75	15,90	21,50	20,90	0,152	8,15
24	96,66	06,16	21,90	22,15	2,78	9,90	57	06,90	15,05	20,30			

Abb. VIII/7a. Analytische Berechnung des Drucks $h_{B'}$ beim Eintritt in das Wasserschloß bei Verwendung nachstehender Beziehungen:

$$h_{B'} = Z_{D'} + R_{Q'} \qquad \Delta Z = \frac{\Delta t}{F} Q'_m \qquad \text{mit} \qquad R_{Q'} = R_0 \left(\frac{Q'}{Q_0}\right)^2 \qquad \text{und} \qquad \Delta t = 1{,}575 \text{ sec,}$$

wobei: $R_0 =$ Druckhöhenverlust infolge Dämpfungswiderstand für die Wassermenge Q_0
$R_0 = 40$ m für $Q_0 = 45$ m³/sec,
im Steigschacht: $\Delta Z = 0{,}1254\, Q'_m$, in der Kammer: $\Delta Z = 0{,}00364\, Q'_m$

Wie wir bereits auf S. 44f. gesehen haben, ist es angezeigt, für den Fall des Schließens einen verhältnismäßig großen Reibungsbeiwert (nach STRICKLER) und für den Fall des Öffnens der Turbinenzuleitung einen verhältnismäßig kleinen Reibungsbeiwert zu wählen. Im vorliegenden Falle wurde k mit 80 für Schließen, Druckhöhenverluste 25,0 m und mit 60 für Öffnen, Druckhöhenverluste 43 m festgelegt.

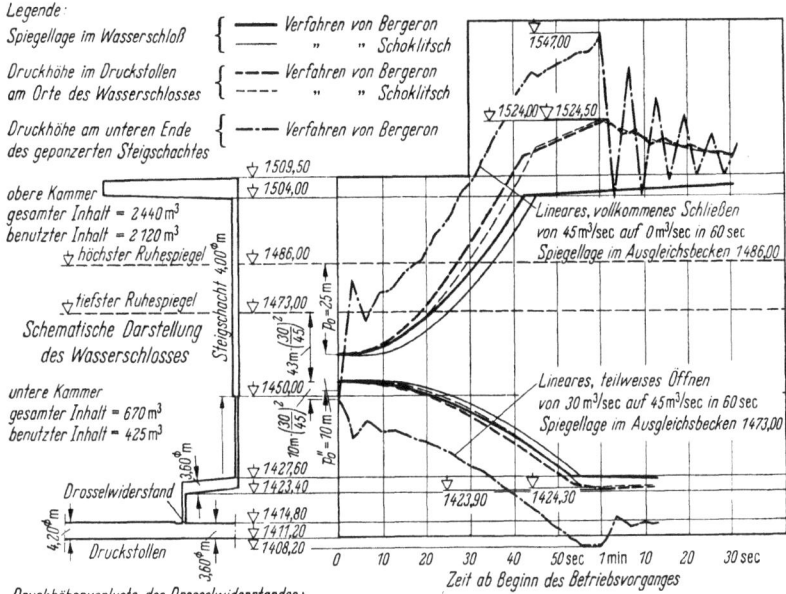

Abb. VIII/8
Druckschwankungen und Spiegelbewegungen in einem gedämpften Kammerwasserschloß
Vergleich der Ergebnisse einer graphischen Berechnung mittels des Verfahrens von SCHOKLITSCH und von BERGERON-SCHNYDER
Betriebsvorgang: 1. Allmähliches, vollkommenes Schließen von $Q = 45$ m³/sec auf 0 m³/sec in 60 sec
2. Allmähliches, teilweises Öffnen von $Q = 30$ m³/sec auf 45 m³/sec in 60 sec

Die Durchführung der graphischen Konstruktion nach SCHOKLITSCH für das beschriebene Kammerwasserschloß mit Drosselwiderstand unterscheidet sich in den Grundzügen nicht von dem auf S. 134 bis 137 erläuterten Verfahren. Der einzige Unterschied gegenüber Drosselwasserschlössern mit konstantem Querschnitt besteht darin, daß im vorliegenden Falle nicht durch passende Wahl der Maßstäbe auf die Darstellung der Inhaltskurve des Wasserschlosses verzichtet werden kann, da diese Neigungsbrüche auf Höhe der Kammern aufweist.

Die Ergebnisse der Berechnung für den Fall der vollkommenen Entlastung von 45 m³/sec auf 0 m³/sec in 60 sec sind in Abb. VIII/6 dargestellt.

Wie ersichtlich stellt sich der größte Überdruck infolge des langsamen Ablaufs des Betriebsmanövers nicht unmittelbar, sondern erst gegen Ende des Betriebsvorgangs ein; da die Drosselung ziemlich stark ist, übersteigt der Überdruck die Höhe des höchsten Wasserspiegels.

Mit Hilfe des Verfahrens von BERGERON-SCHNYDER, Abb. VIII/7, wurde auch der *Druckstoß* berechnet. Die aus der graphischen Konstruktion nach SCHOKLITSCH hervorgehenden Werte stimmen gut mit denen nach BERGERON-SCHNYDER überein (s. Abb. VIII/8); die Extremwerte für die Druckhöhen und Wasserspiegellagen an der Einmündung des Wasserschlosses in die Zuleitung sind gleich. Hinsichtlich des zeitlichen Ablaufs des Vorgangs weisen beide Konstruktionen einen kleinen Unterschied auf, welchem keine praktische Bedeutung zukommt, da er nur einige Sekunden beträgt. Er ist auf die Tatsache zurückzuführen, daß beim graphischen Verfahren nach SCHOKLITSCH, dazu bestimmt, einen verhältnismäßig langsamen Schwingungsvorgang zu erfassen, das Zeitintervall größer angenommen wurde als beim Verfahren nach BERGERON, angewendet auf einen raschen Vorgang. Wir haben bereits auf S. 56 und 57 darauf hingewiesen, daß beim vereinfachten Verfahren nach PRESSEL, welches die Grundlage des graphischen Verfahrens bildet, die Wahl der Werte W und P am Anfang und des Werts Z am Ende des Zeitintervalls einer kleinen Verringerung des Zeitmaßstabs entspricht.

4. Berechnung der Wasserbewegung in einem Ausgleichsbecken zwischen zwei Kraftzentralen mit Hilfe finiter Differenzen

a) Disposition der Anlage

Zwischen zwei Kraftwerksstufen einer Kraftwerksgruppe[1] befindet sich ein Ausgleichsbecken an der Bergseite des Druckstollens der tieferliegenden Stufe.

Aus verschiedenen Gründen war es nicht möglich, das Ausgleichsbecken unmittelbar zwischen den Unterwasserkanal der oberen und dem Druckstollen der unteren Stufe einzufügen, so daß es in die Zuleitung der letzteren zu liegen kam (s. Abb. VIII/9). Aufgabe des Ausgleichsbeckens ist es die Variationen der Wassermengen und der Drücke im Druckstollen so auszugleichen, daß im Unterwasserkanal der oberen Stufe keine den Kraftwerksbetrieb störenden Spiegelbewegungen und besonders kein Überfluten auftreten. Das Ausgleichsbecken ist mit einer Heberbatterie, Überfallkrone auf Kote 1486, ausgestattet. Außerdem wurden Heber am oberen Ende des Unterwasserkanals der oberen Stufe, Überfallkrone etwa auf Kote 1487, vorgesehen, um eine Überschwem-

---

[1] Kraftwerke Grande Dixence: obere Stufe mit Zentrale Fionnay, untere Stufe mit Zentrale Riddes. Das Wasserschloß der unteren Stufe (Nendaz) ist auf den S. 156ff. behandelt.

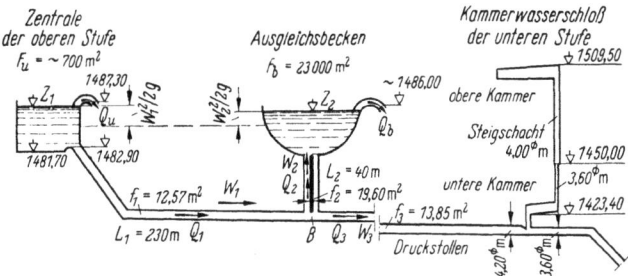

Abb. VIII/9. Schematischer Längsschnitt durch die Zuleitung einer Stufe einer Kraftwerksgruppe

mung des Maschinensaalbodens im Falle eines unvorhergesehenen Spiegelanstiegs im Kanal zu vermeiden. Es war zu untersuchen, ob die Anordnung dieser Heber von Nutzen ist.

b) Berechnungsverfahren

Die Wasserspiegelbewegungen im Ausgleichsbecken, infolge irgendwelcher Betriebsvorgänge der unteren Zentrale, sind gering, da die Spiegeloberfläche des Beckens verhältnismäßig groß ist und der Spiegelanstieg durch die Heberbatterie begrenzt ist. Die Spiegelbewegungen im Ausgleichsbecken können im Verhältnis zur ersten Druckhöhenänderung im Wasserschloß vernachlässigt werden. Für den Fall eines vollkommenen Schließens in 60 sec beträgt der Überdruck, wie wir dem in Abschn. VIII/3 behandelten Beispiel entnehmen können, 63 m. Die Berechnung des Wasserschlosses, bei welcher wir den Oberwasserspiegel unverändert angenommen haben, ist daher, zumindest in den ersten Minuten, nicht von den Spiegelbewegungen im Oberwasser beeinflußt. Wir können somit den Wert der Wassermenge Q_3, welche in den Druckstollen zu- oder abfließt aus den Ergebnissen der graphischen Konstruktion nach SCHOKLITSCH für das Wasserschloß entnehmen und als gegeben betrachten.

Vernachlässigen wir die Druckhöhenverluste infolge Richtungsänderungen beim Eintritt in den Verbindungsschacht zwischen Druckstollen und Ausgleichsbecken (Punkt B in Abb. VIII/9), so können wir, unter Anwendung des NEWTONschen Theorems folgende Gleichungen anschreiben, wobei p_B die Druckhöhe in diesem Punkte bedeuten möge:

1. Zwischen Zentrale und Punkt B:

$$f_1\left[-p_B + \gamma\left(Z_1 - \frac{W_1^2}{2g}\right) - \Delta H_1\right] = \frac{L_1 f_1 \gamma}{g}\frac{dW_1}{dt} = \frac{L_1 \gamma}{g}\frac{dQ_1}{dt}. \quad \text{(VIII/5)}$$

2. Zwischen Punkt B und dem Ausgleichsbecken, unter der Annahme, daß die kinetische Energie des Verbindungsschachts beim Eintritt in das Becken zurückgewonnen wird:

$$f_2\left[p_B - \gamma\left(Z_2 - \frac{W_2^2}{2g}\right)\right] = \frac{L_2 f_2 \gamma}{g}\frac{dW_2}{dt} = \frac{L_2 \gamma}{g}\frac{dQ_2}{dt}. \quad \text{(VIII/6)}$$

3. Kontinuitätsbedingung:
$$Q_1 = Q_2 + Q_3, \quad \text{(VIII/7)}$$
$$dQ_1 = dQ_2 + dQ_3. \quad \text{(VIII/7')}$$

4. Ansteigen des Wasserspiegels bei der Zentrale (Geschwindigkeit):
$$\frac{dZ_1}{dt} = \frac{Q_s - Q_1 - Q_u}{F_u}. \quad \text{(VIII/8)}$$

5. Ansteigen des Wasserspiegels im Ausgleichsbecken (Geschwindigkeit):
$$\frac{dZ_2}{dt} = \frac{Q_2 - Q_b}{F_b}. \quad \text{(VIII/9)}$$

Bezeichnungen:

Q_s Wassermenge der oberen Zentrale,
Q_u und Q_b Wassermengen der Heber.

Sämtliche andere Bezeichnungen sind der Abb. VIII/9 zu entnehmen.

Aus der obenstehenden Gleichungsgruppe erhält man nach einigen Umformungen:

$$dW_1 = \frac{L_2 f_3 \, dW_3}{\mathfrak{L}} + \frac{(Z_1 - Z_2) f_2 \, g \, dt}{\mathfrak{L}} - \frac{(W_1^2 - W_2^2) f_2 \, dt}{2\mathfrak{L}} \mp \frac{\zeta f_2 \, g \, W_1^2 \, dt}{\mathfrak{L}}, \quad \text{(VIII/10)}$$

$$dW_2 = -\frac{L_1 f_3 \, dW_3}{\mathfrak{L}} + \frac{(Z_1 - Z_2) f_1 \, g \, dt}{\mathfrak{L}} - \frac{(W_1^2 - W_2^2) f_1 \, dt}{2\mathfrak{L}} \mp \frac{\zeta f_1 \, g \, W_1^2 \, dt}{\mathfrak{L}}, \quad \text{(VIII/11)}$$

$$dZ_1 = \frac{Q_s - Q_1 - Q_u}{F_u} \, dt. \quad \text{(VIII/12)}$$

$$dZ_2 = \frac{Q_2 - Q_b}{F_b} \, dt, \quad \text{(VIII/13)}$$

worin: $\mathfrak{L} = L_1 f_2 + L_2 f_1$,

$\zeta W_1^2 = \Delta H_1 =$ Druckverlusthöhe im Abschnitt L_1.

Der Fallhöhenverlust im Abschnitt L_2 wurde vernachlässigt.

Die Lösung des Gleichungssystems erfolgte unter Einführung von finiten Differenzen, wobei ein Zeitintervall von 10 sec angenommen wurde. Ausgehend von den bekannten Wasserspiegellagen und Wassermengen zu Beginn des Betriebsmanövers (bei Beginn des Schließens der Absperrvorrichtung der unteren Zentrale fließt in den Unterwasserkanal der oberen Stufe noch die Vollwassermenge $Q_S = 45 \text{ m}^3/\text{sec}$ zu), berechnet man die Änderung der Fließgeschwindigkeit und der Wasserspiegellage während des ersten Zeitintervalls Δt mit Hilfe obenstehender Gleichungen. Fügt man zu den Ausgangswerten die Differenzwerte ΔW und ΔZ hinzu, erhält man neue Werte für die Fließgeschwindigkeiten und Wasserspiegellagen zu Beginn des zweiten Zeitintervalls. Die Berechnung wird

165

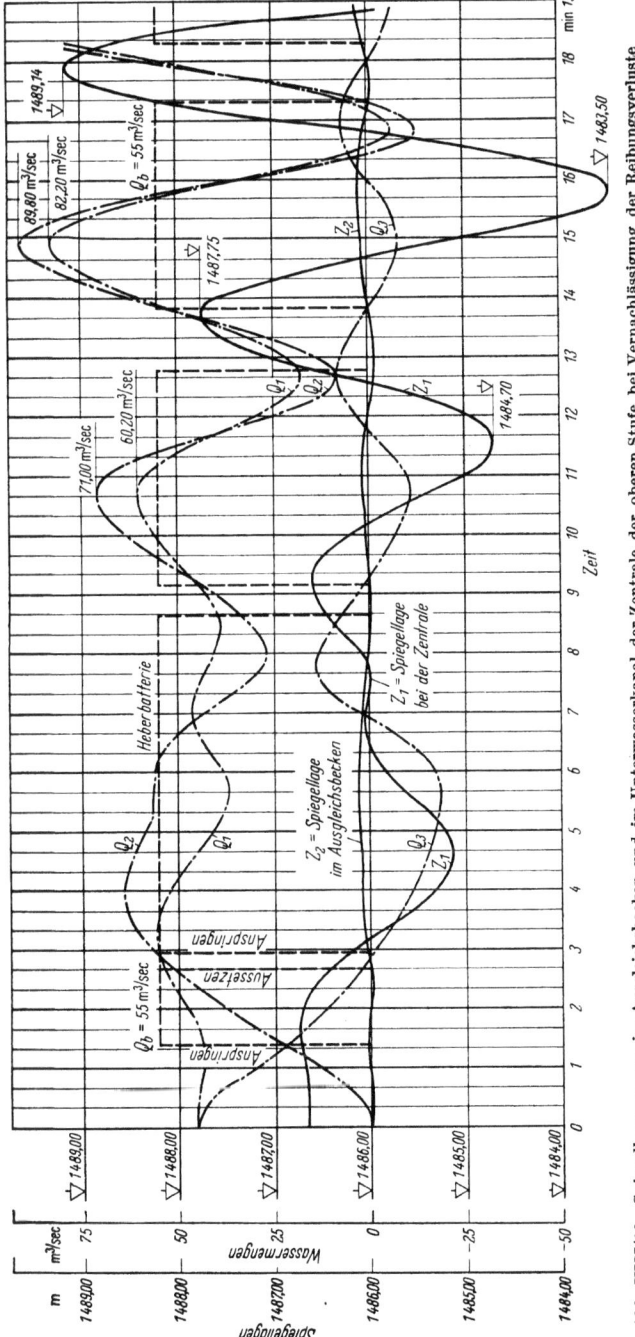

Abb. VIII/10. Spiegelbewegungen im Ausgleichsbecken und im Unterwasserkanal der Zentrale der oberen Stufe bei Vernachlässigung der Reibungsverluste im Verbindungsstollen zwischen Zentrale und Ausgleichsbecken. Ergebnisse einer numerischen Berechnung mittels finiter Differenzen
Betriebsvorgang: Allmähliches, vollkommenes Schließen der Turbinenzuleitung der unteren Zentrale von $Q = 45$ m³/sec auf 0 m³/sec in 60 sec (Schematische Darstellung der Anlage s. Abb. VIII/9)

Besondere Anwendungen der verschiedenen Berechnungsverfahren

1	2	3	4	5	6	7	8	9	10	11	12	13
Zeit	Q_3	ΔQ_3	ΔW_3	Z_1	Z_2	Z_1-Z_2	Q_1	Q_2	W_1	W_2	W_1^2	W
	*		$\dfrac{3}{13{,}85}$	$5+40^{**}$	$6+49^{**}$	$5-6$	$8+22$	$9+30$	$\dfrac{8}{12{,}566}$	$\dfrac{9}{19{,}60}$	$[10]^2$	$[11$
0 min	45,00			1487,064	1485,950	1,114	45,00	0	3,58	0	12,85	0
10 sec	45,00	0	0	87,064	85,950	1,114	45,00	0	3,58	0	12,85	0
20 sec	44,40	−0,60	−0,0433	87,064	85,950	1,114	44,94	0,541	3,58	0,028	12,85	0,00
30 sec	42,65	−1,75	−0,1263	87,066	85,951	1,115	44,76	2,127	3,57	0,109	12,72	0,01
40 sec	39,35	−3,30	−0,2382	87,071	85,952	1,119	44,50	5,152	3,54	0,263	12,58	0,06
50 sec	35,20	−4,15	−0,2998	87,080	85,955	1,125	44,25	9,043	3,52	0,461	12,42	0,21
1 min	30,93	−4,27	−0,3085	87,091	85,960	1,131	44,11	13,175	3,51	0,673	12,36	0,45
10 sec	26,67	−4,26	−0,3075	87,104	85,967	1,137	44,10	17,422	3,51	0,889	12,35	0,79
20 sec	23,00	−3,67	−0,2650	87,116	87,975	1,141	44,25	21,242	3,52	1,084	12,42	1,17
30 sec	19,78	−3,22	−0,2324	87,125	85,982	1,143	44,53	24,738	3,545	1,262	12,58	1,59
40 sec	16,90	−2,88	−0,2080	87,129	85,988	1,141	44,88	27,97	3,573	1,427	12,80	2,04
50 sec	14,21	−2,69	−0,1943	87,128	85,995	1,133	45,27	31,05	3,604	1,584	13,00	2,51
2 min	11,80	−2,41	−0,1741	87,121	86,003	1,118	45,69	33,88	3,640	1,730	13,24	3,00
10 sec	9,53	−2,27	−0,1640	87,105	86,012	1,093	46,05	36,52	3,667	1,863	13,45	3,47
20 sec	7,35	−2,18	−0,1575	87,088	86,022	1,066	46,33	38,98	3,687	1,989	13,61	3,94
30 sec	5,25	−2,10	−0,1517	87,067	86,032	1,035	46,54	41,29	3,708	2,108	13,75	4,45
40 sec	3,19	−2,06	−0,1488	87,044	86,039	1,005	46,68	43,49	3,720	2,216	13,85	4,92
50 sec	1,17	−2,02	−0,1459	87,020	86,046	0,974	46,74	45,57	3,721	2,323	13,86	5,41
3 min	−0,81	−1,98	−0,1430	86,995	86,054	0,941	46,78	47,59	3,722	2,430	13,90	5,91
10 sec	−2,77	−1,96	−0,1415	86,970	86,063	0,907	46,77	49,54	3,722	2,528	13,90	6,39
20 sec	−4,71	−1,94	−0,1402	86,945	86,073	0,872	46,71	51,42	3,720	2,622	13,85	6,88
30 sec	−6,56	−1,85	−0,1337	86,921	86,082	0,839	46,63	53,19	3,710	2,713	13,80	7,37
40 sec	−8,31	−1,75	−0,1263	86,898	86,088	0,810	46,54	54,85	3,708	2,800	13,75	7,84
		−1,64	−0,1184									

* Gegeben aus der Berechnung des Wasserschlosses der unteren Stufe.
** Jeder Wert von Z ist gleich dem vorherigen (darüberliegende Zeile) vergrößert um ΔZ (Kolonne 40 bzw. 49).

1	26	27	28	29	30	31	32	33	34	35	36	37	3
Zeit	—	—	***	ΔW_2	ΔQ_2	Q_{U1}	Q_{U2}	Q_{U3}	Q_{U4}	$Q_{U\text{total}}$	—	Q_{mittel}	—
	$\dfrac{-0{,}01253}{14}$	$25+26$	$\mp 0{,}00878 \times 12$	$27+28$	$\dfrac{19{,}6}{29}$	Kennwerte der Heberbatterie bei der Zentrale				$\dfrac{31 \mp 32}{33 \mp 34}$	$\dfrac{22}{2}$	$8+36$	$45-$
0 min	−0,161			0	0	0	0	0	0	0	0	45,00	0
10 sec	−0,161	0,113	−0,113	0,0276	0,541	0	0	0	0	0	−0,03	44,97	0
20 sec	−0,161	0,1406	−0,113	0,0809	1,586	0	0	0	0	0	−0,088	44,852	0
30 sec	−0,1593	0,1939	−0,1118	0,1544	3,025	0	0	0	0	0	−0,132	44,628	0
40 sec	−0,1568	0,2662	−0,1104	0,1984	3,891	0	0	0	0	0	−0,127	44,373	0
50 sec	−0,1530	0,3088	−0,1090	0,2108	4,132	0	0	0	0	0	−0,069	44,181	0
1 min	−0,1492	0,3198	−0,1085	0,2157	4,247	0	0	0	0	0	−0,007	44,10	0
10 sec	−0,1448	0,3242	−0,1084	0,1947	3,820	0	0	0	0	0	0,076	44,18	0
20 sec	−0,1409	0,3031	−0,1090	0,1787	3,496	0	0	0	0	0	0,138	44,39	0
30 sec	−0,1377	0,2877	−0,1103	0,1651	3,230	0	0	0	0	0	0,176	44,71	0
40 sec	−0,1348	0,2754	−0,1122	0,1571	3,080	0	0	0	0	0	0,193	45,07	−0
50 sec	−0,1315	0,2693	−0,1141	0,1439	2,825	0	0	0	0	0	0,208	45,48	−0
2 min	−0,1284	0,2580	−0,1163	0,1345	2,640	0	0	0	0	0	0,185	45,88	−0
10 sec	−0,1250	0,2508	−0,1180	0,1257	2,462	0	0	0	0	0	0,143	46,20	−1
20 sec	−0,1209	0,2437	−0,1194	0,1182	2,314	0	0	0	0	0	0,107	46,44	−1
30 sec	−0,1165	0,2376	−0,1206	0,1121	2,205	0	0	0	0	0	0,075	46,62	−1
40 sec	−0,1119	0,2327	−0,1214	0,1066	2,083	0	0	0	0	0	0,032	46,71	−1
50 sec	−0,1059	0,2280	−0,1216	0,1030	2,018	0	0	0	0	0	0,019	46,76	−1
3 min	−0,1003	0,2246	−0,1220	0,0992	1,945	0	0	0	0	0	−0,007	46,77	−1
10 sec	−0,0941	0,2212	−0,1220	0,0958	1,877	0	0	0	0	0	−0,032	46,74	−1
20 sec	−0,0874	0,2178	−0,1214	0,0905	1,770	0	0	0	0	0	−0,043	46,67	−1
30 sec	−0,0807	0,2119	−0,1211	0,0849	1,663	0	0	0	0	0	−0,044	46,59	−1
40 sec	−0,0740	0,2060	−0,1207	0,0799	1,568	0	0	0	0	0	−0,033	46,51	−1
		0,2006											

*** Entgegengesetztes Vorzeichen zu Q_1.

Abb. VIII/11. Numerische Berechnung der Spiegelbewegungen mittels finiter Differenzen im Ausgleichsbecken und im Unterwasserkanal der Zentrale der oberen Stufe mit Berücksichtigung der Reibungsverluste im Kanal. Lösung der Gleichungsgruppe Gln. (VIII/10a) bis (VIII/13a), S. 169

Berechnung der Wasserbewegung in einem Ausgleichsbecken

	14	15	16	17	18	19	20	21	22	23	24	25
	$(W_1^2-W_2^2)$	—	—	—	—	—	***	ΔW_1	ΔQ_1	—	—	—
eit	$12-13$	$\dfrac{0{,}1106}{4}$	$\dfrac{0{,}383}{7}$	$15+16$	$\dfrac{-0{,}01955}{14}$	$17+18$	$\mp\dfrac{0{,}01368}{12}$	$19+20$	$\dfrac{12{,}566}{21}$	$\dfrac{-0{,}636}{4}$	$\dfrac{+0{,}246}{7}$	$23+24$
in	12,85		0,428				−0,176					0,274	0,274
sec	12,85	0	0,428	0,428	−0,252	0,176	−0,176	0	0	0	0,0276	0,274	0,3016
sec	12,85	−0,0048	0,428	0,4232	−0,252	0,1712	−0,176	−0,0048	−0,060	−0,176	0,0809	0,274	0,3549
sec	12,71	−0,01405	0,4277	0,4139	−0,2483	0,1619	−0,1740	−0,0141	−0,176	−0,264	0,1513	0,2742	0,4255
sec	12,51	−0,02638	0,4299	0,4013	−0,2445	0,1530	−0,1723	−0,0210	−0,201	−0,254	0,1904	0,2752	0,4656
sec	12,21	−0,03318	0,432	0,3967	−0,2385	0,1522	−0,170	−0,0201	−0,170	−0,138	0,1960	0,2768	0,4728
in	11,91	−0,03415	0,435	0,398	−0,2328	0,159	−0,169	−0,011	−0,011	−0,013	0,1953	0,2781	0,4734
sec	11,56	−0,03402	0,436	0,401	−0,2260	0,168	−0,169	−0,001	−0,013	0,151	0,1684	0,2795	0,4479
sec	11,24	−0,02933	0,438	0,407	−0,2200	0,181	−0,170	0,012	0,022	0,276	0,1478	0,2808	0,4286
sec	10,99	−0,02575	0,438	0,412	−0,2150	0,192	−0,172	0,022	0,028	0,352	0,1321	0,2810	0,4131
sec	10,76	−0,02301	0,438	0,415	−0,2104	0,200	−0,175	0,028	0,031	0,390	0,1233	0,2808	0,4041
sec	10,49	−0,02150	0,435	0,416	−0,2051	0,206	−0,178	0,031	0,033	0,415	0,1105	0,2790	0,3895
in	10,24	−0,01927	0,429	0,416	−0,2004	0,211	−0,181	0,033	0,030	0,370	0,1042	0,2750	0,3792
sec	9,98	−0,01815	0,419	0,411	−0,1950	0,211	−0,184	0,030	0,023	0,286	0,1000	0,2687	0,3687
sec	9,65	−0,01743	0,409	0,402	−0,1886	0,207	−0,186	0,023	0,017	0,214	0,0964	0,2621	0,3585
sec	9,30	−0,01678	0,398	0,392	−0,1818	0,203	−0,188	0,017	0,012	0,150	0,0945	0,2547	0,3492
sec	8,93	−0,01648	0,386	0,382	−0,1745	0,200	−0,1895	0,012	0,005	0,063	0,0927	0,2472	0,3399
sec	8,45	−0,01614	0,374	0,370	−0,1652	0,195	−0,1896	0,005	0,003	0,038	0,0908	0,2397	0,3305
in	7,99	−0,01583	0,361	0,358	−0,1563	0,193	−0,1902	0,003	−0,001	−0,013	0,0900	0,2315	0,3215
sec	7,51	−0,01565	0,348	0,345	−0,1468	0,189	−0,1902	−0,001	−0,005	−0,063	0,0891	0,2228	0,3119
sec	6,97	−0,01551	0,334	0,332	−0,1362	0,185	−0,1895	−0,005	−0,007	−0,086	0,0849	0,2144	0,2993
sec	6,43	−0,01479	0,322	0,319	−0,1258	0,183	−0,1888	−0,007	−0,007	−0,087	0,0803	0,2064	0,2867
sec	5,91	−0,01398	0,311	0,308	−0,1153	0,182	−0,1881	−0,005	−0,005	−0,065	0,0753	0,1993	0,2746
		−0,01310		0,298		0,183							

*** Entgegengesetztes Vorzeichen zu Q_1.

	39	40	41	42	43	44	45	46	47	48	49
	—	ΔZ_1	Q_{b1}	Q_{b2}	Q_{b3}	Q_{b4}	$Q_{b\text{ total}}$	—	$Q_{Z\text{ mittel}}$	—	ΔZ_2
eit	$38-35$	$\dfrac{39}{70}$	\multicolumn{4}{	c	}{Kennwerte der Heberbatterie des Ausgleichsbeckens}	$\dfrac{41+42}{43+44}$	$\dfrac{30}{2}$	$9+46$	$47-45$	$\dfrac{48}{2300}$
in	0	0	0	0	0	0	0	0	0	0	0
sec	0,03	0,0004	0	0	0	0	0	0,271	0,271	0,271	0,00012
sec	0,148	0,0021	0	0	0	0	0	0,798	1,339	1,339	0,0006
sec	0,372	0,0053	0	0	0	0	0	1,513	3,640	3,640	0,0016
sec	0,627	0,0090	0	0	0	0	0	1,946	7,098	7,098	0,0031
sec	0,819	0,0117	0	0	0	0	0	2,066	11,109	11,109	0,0048
in	0,90	0,0128	0	0	0	0	0	2,124	15,299	15,299	0,0067
sec	0,82	0,0117	0	0	0	0	0	1,910	19,332	19,332	0,0084
sec	0,61	0,0087	6,875	0	0	0	6,875	1,748	22,990	16,115	0,0070
sec	0,29	0,0041	13,75	0	0	0	13,75	1,615	26,353	12,603	0,0055
sec	−0,07	−0,0010	13,75	0	0	0	13,75	1,540	29,51	15,76	0,0069
in	−0,48	−0,0069	13,75	0	0	0	13,75	1,413	32,46	18,71	0,0081
sec	−0,88	−0,0157	13,75	0	0	0	13,75	1,320	35,20	21,45	0,0093
sec	−1,20	−0,0172	13,75	0	0	0	13,75	1,231	37,75	24,00	0,0104
sec	−1,44	−0,0206	13,75	4,55	0	0	18,30	1,157	40,14	21,84	0,0095
sec	−1,02	−0,0201	13,75	13,75	0	0	27,50	1,102	42,30	14,80	0,0070
sec	−1,71	−0,0244	13,75	13,75	0	0	27,50	1,042	44,53	17,03	0,0074
sec	−1,76	−0,0251	13,75	13,75	0	0	27,50	1,009	46,58	19,08	0,0083
in	−1,77	−0,0253	13,75	13,75	0	0	27,50	0,973	48,56	21,06	0,0092
sec	−1,74	−0,0248	13,75	13,75	0	0	27,50	0,939	50,48	22,98	0,0100
sec	−1,67	−0,0238	13,75	13,75	4,96	0	32,46	0,885	52,31	19,85	0,0086
sec	−1,59	−0,0227	13,75	13,75	13,75	0	41,25	0,832	54,02	12,77	0,0056
sec	−1,51	−0,0216	13,75	13,75	13,75	0	41,25	0,784	55,63	14,38	0,0063

Anmerkung: Gewählte Einheiten Meter und Sekunden.

Betriebsvorgang: Allmähliches, vollkommenes Schließen der Turbinenzuleitung der unteren Zentrale von $Q = 45$ m³/sec auf 0 m³/sec in 60 sec.
(Schematische Darstellung der Anlage s. Abb. VIII/9)

auf diese Art und Weise fortgeführt. Die Tabellen der Abb. VIII/11, S. 166 und 167, zeigen die Durchführung der Berechnung für einen konkreten Fall.

c) Ergebnisse der Berechnung

Die Ergebnisse der Berechnung, ausgeführt auf Grund von zwei verschiedenen Annahmen, sind in den Abb. VIII/10 und VIII/12 wiedergegeben.

Erster Fall: Vernachlässigung der Fallhöhenverluste im Druckstollen zwischen Zentrale und Ausgleichsbecken. Keine Sicherheitsheber bei der oberen Zentrale (Abb. VIII/10).

Diese Voraussetzungen bilden einen Grenzfall, gekennzeichnet durch die langsamste Dämpfung der Spiegelbewegungen zwischen Zentrale und Ausgleichsbecken. Die Arbeitsweise der Heberbatterie läßt sich wie folgt beschreiben:

Heberkrone: 1486,00 m.

Anspringen des Hebers: Sobald der Wasserspiegel die Kote 1486,03 erreicht. Der konstante Erguß beträgt dann 55 m³/sec.

Aussetzen des Hebers: 20 Sekunden nachdem der Wasserspiegel auf Kote 1486,00 abgesunken ist.

Abb. VIII/10 zeigt, daß sich in diesem Fall ein Auf- und Abschwingen des Wasserspiegels zwischen dem Ausgleichsbecken und dem Unterwasserkanal einstellt, wobei unzulässige Wasserspiegellagen auftreten können. Da die Schwingungen eine Tendenz zum Anfachen zeigen, kann eine Dämpfung nicht festgestellt werden. Dies ist darauf zurückzuführen, daß zufällig die Periode der Schwingungen im unteren Abschnitt der Wasserkraftanlage (Steigschacht des Wasserschlosses — Druckstollen) beinahe der des oberen Abschnitts (obere Zentrale — Druckstollen zwischen Zentrale und Ausgleichsbecken) gleich ist.

Nimmt man den Wasserspiegel im Ausgleichsbecken konstant an, so errechnet sich die Periode des unteren Abschnitts wie folgt:

$$T_{u.A.} = 2\pi \sqrt{\frac{L_3 F_{\text{Wasserschloß}}}{g f_3}} = 2\pi \sqrt{\frac{15800 \cdot 12,6}{9,81 \cdot 13,8}} = 241 \text{ sec}$$

und die des oberen Abschnitts:

$$T_{o.A.} = 2\pi \sqrt{\frac{(L_1 f_2 + L_2 f_1) F_u}{g f_1 f_2}}$$
$$= 2\pi \sqrt{\frac{(230 \cdot 19,60 + 40 \cdot 12,566) \cdot 700}{9,81 \cdot 12,566 \cdot 19,60}} = 239 \text{ sec.}$$

Da beide Perioden beinahe gleich sind, treten Resonanzerscheinungen auf. Die Berechnung muß unter den gemachten Voraussetzungen nach einer gewissen Schwingungsdauer abgebrochen werden, da nach einer gewissen Zeit Spiegelbewegungen im Ausgleichsbecken auftreten, die im Verhältnis zu den geringer werdenden Spiegelbewegungen im Wasserschloß nicht mehr vernachlässigbar sind. Obwohl die Schwingungsweiten sich nicht bis ins Unendliche steigern können, können sie dennoch bei der oberen Zentrale nach 15 bis 20 Minuten beachtliche, den Betrieb störende Werte erreichen.

Zweiter Fall: Berücksichtigung der Fallhöhenverluste in der Zuleitung zwischen Zentrale und Ausgleichsbecken (Abb. VIII/12).

Die Ergebnisse des behandelten ersten Falles führten dazu, das Problem auch unter Berücksichtigung der Druckverluste im Unterwasserkanal der oberen Zentrale zu untersuchen. Um zu verhindern, daß alle vier Heber des Ausgleichsbeckens gleichzeitig anspringen, wurden ferner die Überfallkronen der Heberbatterie um je 5 cm gestaffelt angeordnet. Die Ableitung des Ergusses in den Vorfluter erfolgt durch diese Maßnahme weniger plötzlich. Die tiefstgelegene Überfallkrone der Heberbatterie kommt somit auf Kote 1485,95, die höchstgelegene auf Kote 1486,10 zu liegen. Die Arbeitsweise jedes Hebers bleibt analog zu der im vorigen Falle beschriebenen. Um den Berechnungsgang zu zeigen, haben wir in Tabelle der Abb. VIII/11 den Anfang der numerischen Berechnung mit finiten Differenzen wiedergegeben.

Mit den Werten

$F_u = 700$ m² $\qquad F_b = 23\,000$ m²
$L_1 = 230$ m $\qquad L_2 = 40$ m
$f_1 = 12{,}566$ m² $\qquad f_2 = 19{,}60$ m² $\qquad f_3 = 13{,}85$ m²
$\zeta = 0{,}0357$ sec²/m $\qquad \Delta t = 10$ sec $\qquad Q_s = 45$ m³/sec

lassen sich die Gln. (VIII/10) bis (VIII/13) in Differenzenform wie folgt anschreiben:

$$\Delta W_1 = 0{,}1106\,\Delta W_3 + 0{,}384\,(Z_1 - Z_2) - 0{,}01955\,(W_1^2 - W_2^2) \mp 0{,}01368\,W_1^2, \tag{VIII/10a}$$

$$\Delta W_2 = -0{,}636\,\Delta W_3 + 0{,}246\,(Z_1 - Z_2) - 0{,}01253\,(W_1^2 - W_2^2) \mp 0{,}00878\,W_1^2, \tag{VIII/11a}$$

$$\Delta Z_1 = \frac{45 - Q_1 - Q_u}{70}, \tag{VIII/12a}$$

$$\Delta Z_2 = \frac{Q_2 - Q_b}{2300}. \tag{VIII/13a}$$

Die Auflösung dieses Gleichungssystem erfolgt durch eine Reihe von einfachen arithmetischen Operationen, denen je eine Kolonne der Tabelle entspricht. Ist das Rechenschema einmal aufgestellt, bereitet die Durchführung der Berechnung keinerlei Schwierigkeiten und kann ohne weiteres von einer Hilfskraft ausgeführt werden. Steht eine Elektronenrechenmaschine zur Verfügung, so kann die Berechnung auch maschinell durchgeführt werden.

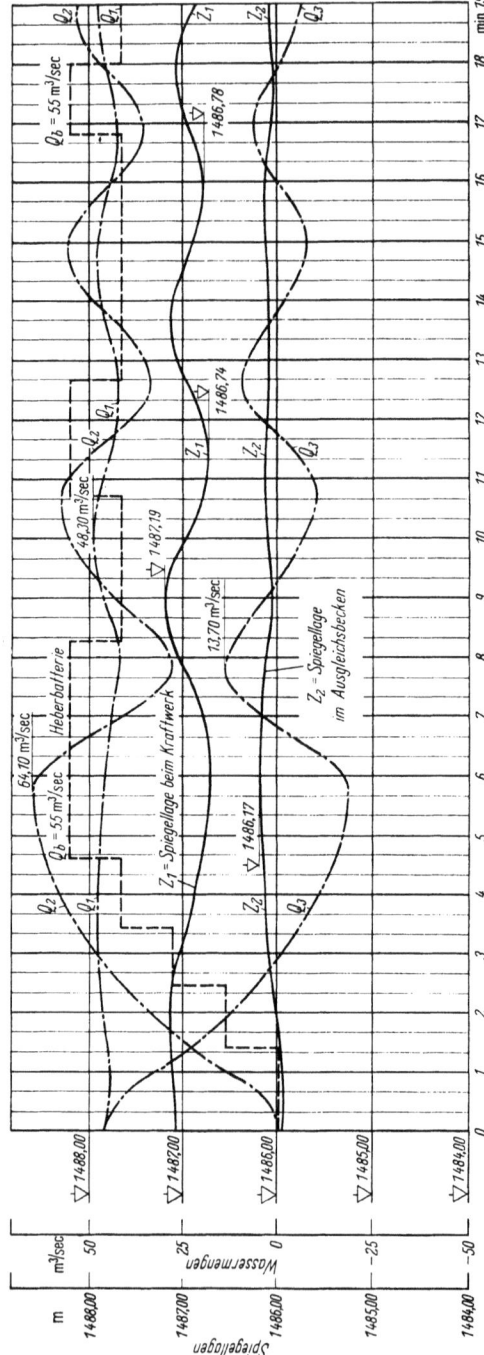

Abb. VIII/12. Spiegelbewegungen im Ausgleichsbecken und im Unterwasserkanal der Zentrale der oberen Stufe mit Berücksichtigung der Reibungsverluste im Kanal. Ergebnisse der numerischen Berechnung mittels finiter Differenzen nach den Tabellen der Abb. VIII/11

Betriebsvorgang: Allmähliches, vollkommenes Schließen der Turbinenzuleitung der unteren Zentrale von $Q = 45$ m³/sec auf 0 m³/sec in 60 sec (Schematische Darstellung der Anlage s. Abb. VIII/9)

Die in Abb. VIII/12 dargestellten Ergebnisse dieser Berechnung zeigen, daß die angenommenen Reibungsverluste im oberen Abschnitt genügen würden, um ein gefährliches Anfachen der Schwingungen im Unterwasserkanal der oberen Zentrale zu vermeiden. Man erkennt daraus, daß verhältnismäßig geringe Druckhöhenverluste dazu beitragen, die Resonanzgefahr zwischen beiden Abschnitten herabzusetzen.

Da man jedoch diese Druckverluste nicht mit Sicherheit erfassen kann, könnte der Fall eintreten, daß diese geringer als angenommen sind und störende Schwingungen sich einstellen. Aus diesem Grunde schien es angezeigt, die Anordnung der Heberbatterie bei der oberen Zentrale beizubehalten.

Dieses Beispiel zeigt, wie ein kompliziertes Problem mit Hilfe von Differenzengleichungen mit befriedigender Genauigkeit numerisch gelöst werden kann. Wie wir bereits in den vorangegangenen Abschnitten bemerkt haben, mag diese Methode vielleicht wenig elegant erscheinen, da damit allgemeingültige, gesetzmäßige Zusammenhänge nicht leicht zu entwickeln sind; sie erlaubt jedoch, wenn auch etwas zeitraubend, Probleme, die einer strengen mathematischen Lösung unzugänglich sind, einer Lösung zuzuführen.

5. Wasserschloß im Unterwasserstollen

a) Gegenstand der Untersuchung

Die Ableitung des aus dem Saugrohr der Turbinen auslaufenden Wassers einer Kavernenzentrale in das Unterwasser erfolgt mittels Druckstollen. Eine schematische Darstellung der Anlage ist in Abb. VIII/13

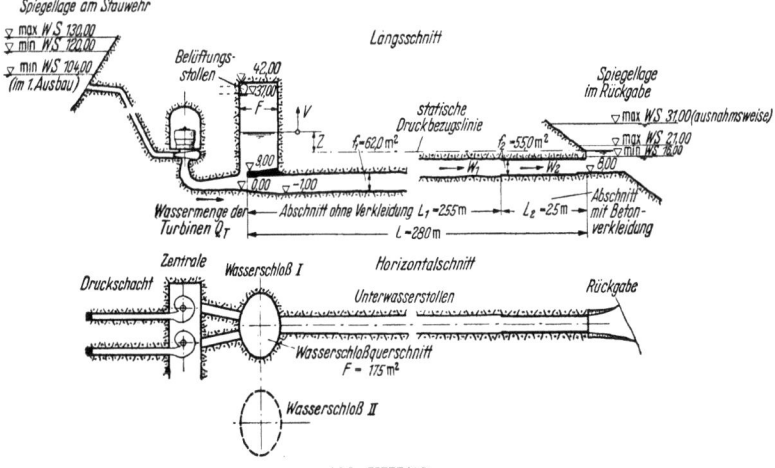

Abb. VIII/13
Schematische Darstellung einer Wasserkraftanlage mit Wasserschloß im Unterwasserstollen

wiedergegeben. Die Zentrale ist mit 4 Francisturbinen ausgerüstet, die Leistungsabgabe beträgt für die Ausbauwassermenge von 72,2 m³/sec bei der größten Nettofallhöhe von 111,00 m je 92500 PS. Zur Sicherstellung eines einwandfreien Kraftwerksbetriebs und zum Schutze des Unterwasserstollens vor Druckanschwellungen wird ein Wasserschloß möglichst nahe der Zentrale im Unterwasserstollen vorgesehen. Die Anordnung wurde so getroffen, daß je 2 Saugrohre mit einem Wasserschloß verbunden werden. Die Abmessungen der beiden Wasserschlösser sind derart festzulegen, daß sämtliche Betriebsbedingungen, insbesondere die der Turbinenregulierung, in hinreichender Weise entsprochen wird. Eine Vorberechnung ergab, daß der Mindestquerschnitt der beiden Wasserschlösser in erster Linie von Stabilitätsbetrachtungen der Schwingungsvorgänge abhängt. Aus diesem Grunde sind folgende Vorgänge und Bedingungen in nachstehender Reihenfolge zu untersuchen:

Stabilität der kleinen Schwingungen,

extreme Schließ- und Öffnungsvorgänge,

Schließ- und Öffnungsvorgänge bei Änderung der Beaufschlagung von ungefähr 10% der Ausbauwassermenge mit Regelung auf konstante Leistung.

Der Untersuchung werden zwei gedämpfte Schachtwasserschlösser von elliptischem Querschnitt zugrunde gelegt. Da lediglich die Länge der Unterwasserdruckstollen beider Wasserschösser etwas verschieden ist, wollen wir im folgenden die Untersuchung auf nur ein Wasserschloß (Wasserschloß I) beschränken.

Zur Berechnung der Reibungsverluste im Druckstollen nach STRICKLER wurden folgende Werte für die Reibungsbeiwerte festgelegt:

Abschnitt ohne Verkleidung   *Abschnitt mit Betonverkleidung*
$k_{max} = 50$ $k_{max} = 70$
$k_{min} = 20$ $k_{min} = 60$
$k_{mittel} = 40$ $k_{mittel} = 70$

Um bei der Berechnung der Betriebsvorgänge Ergebnisse zu erhalten, die auf der sicheren Seite liegen, werden für Öffnungsvorgänge die Kleinstwerte, für Schließvorgänge die Größtwerte von k angenommen. Für aufeinanderfolgende Öffnungs- und Schließvorgänge, für teilweise Be- oder Entlastungsvorgänge sowie für die Stabilitätsuntersuchung werden die Mittelwerte von k benützt. Die Druckhöhenverluste beim Austritt aus dem Unterwasserstollen werden mit $0,4 \dfrac{W_s^2}{2g}$ angesetzt, wobei mit W_s die Eintrittsgeschwindigkeit bezeichnet wird.

Auf Grund einer Vorberechnung wurde ein geeigneter Drosselwiderstand wie folgt festgelegt:

Größte Reibungsverluste bei Vollbeaufschlagung

$$Q = 2 \cdot 72{,}2 = 144{,}4 \text{ m}^3/\text{sec},$$

bei steigendem Wasserspiegel $R_0 = 7{,}00$ m,
bei fallendem Wasserspiegel $R_0 = 6{,}60$ m.

Bei einer genaueren Stabilitätsuntersuchung spielen auch die Druckhöhenverluste C_0 im Druckschacht eine gewisse Rolle. Zu deren Berechnung mit der Stricklerformel wurde $k = 75$ angenommen; der Druckhöhenverlust beim Eintritt wurde für die Geschwindigkeit W_e mit $0{,}3 \, \dfrac{W_e^2}{2g}$ angenommen. Für die Ausbauwassermenge von $72{,}2$ m³/sec jedes Druckschachts ergeben sich somit die Gesamtdruckhöhenverluste von $C_0 = 1{,}00$ m.

b) Stabilitätsuntersuchung für kleine Schwingungen bei Regelung auf konstante Leistung

In den Abschn. V/3 und V/4 wurden geeignete Formeln zur Berechnung des Grenzquerschnitts von Wasserschlössern zur Vermeidung unstabiler Schwingungserscheinungen aufgestellt. Im vorliegenden Falle

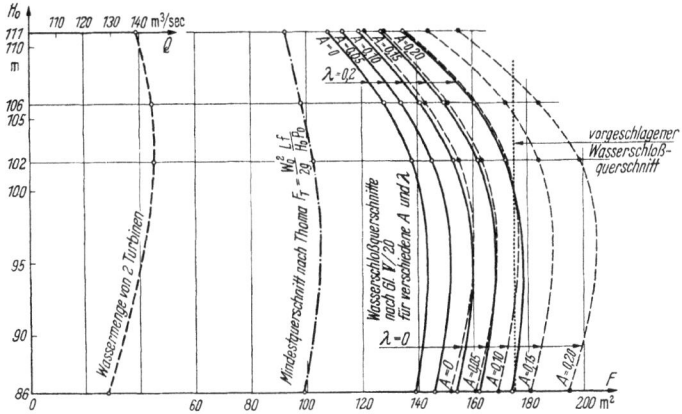

Abb. VIII/14. Horizontaler Wasserschloßquerschnitt in Abhängigkeit von der Fallhöhe für verschiedene Dämpfungsgrade. (Schematische Darstellung der Anlage s. Abb. VIII/13)

wurde zur Ermittlung des entsprechenden Wasserschloßquerschnitts Gl. (V/20), S. 97, herangezogen, da es sich zeigte, daß mit der einfachen Formel von THOMA, Gl. (V/8), S. 92, keine genügende Schwingungsdämpfung erzielt werden konnte. Auf Grund der Angaben der Turbinenlieferanten über den Wirkungsgrad kann der entsprechende Grenzquerschnitt des Wasserschlosses für charakteristische Nettofallhöhen und verschiedene Dämpfungsgrade berechnet werden. Die Ergebnisse dieser Berechnung sind in Abb. VIII/14 graphisch dargestellt. Da der Form-

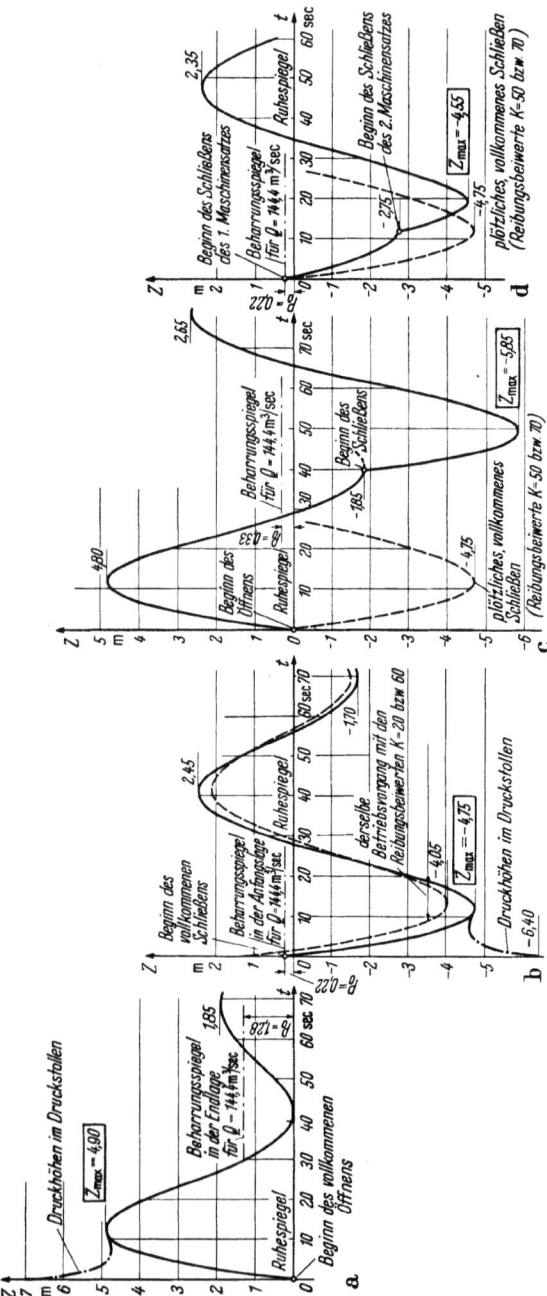

Abb. VIII/15. Spiegelbewegungen in einem Wasserschloß im Unterwasserstollen (Querschnitt 175 m²). Druckhöhenverluste infolge Dämpfungswiderstand (für $Q = 144{,}4$ m³/sec): für Spiegelanstieg $R_0' = 7{,}00$ m, für Spiegelsenkung $R_0'' = 6{,}60$ m

Betriebsvorgänge: a) Plötzliches, vollkommenes Öffnen von $Q = 0$ m³/sec auf $Q = 144{,}4$ m³/sec. Gewählte Reibungsbeiwerte ohne Auskleidung $k = 20$, mit Auskleidung $k = 60$. b) Plötzliches, vollkommenes Schließen von $Q = 144{,}4$ m³/sec auf 0 m³/sec. Gewählte Reibungsbeiwerte für den Unterwasserstollen: ohne Auskleidung $k = 50$, mit Auskleidung $k = 70$. c) Plötzliches, vollkommenes Öffnen von $Q = 0$ m³/sec auf $144{,}4$ m³/sec, 40 sec später gefolgt von plötzlichem, vollkommenem Schließen von $Q = 144{,}4$ m³/sec auf 0 m³/sec. Gewählte Reibungsbeiwerte für den Unterwasserstollen: ohne Auskleidung $k = 40$, mit Auskleidung $k = 70$. d) Plötzliches, vollkommenes Schließen der ersten Turbine von $Q = 144{,}4$ m³/sec auf $72{,}2$ m³/sec, 12 sec später gefolgt von plötzlichem, vollkommenem Schließen der zweiten Turbine von $Q = 72{,}2$ m³/sec auf 0 m³/sec. Gewählte Reibungsbeiwerte für den Unterwasserstollen: ohne Auskleidung $k = 50$, mit Auskleidung $k = 70$. (Schematische Darstellung der Anlage s. Abb. VIII/13)

koeffizient der Abzweigung für den Fall eines Wasserschlosses im Unterwasser wesentlich kleiner ist als für den Fall eines Wasserschlosses im Oberwasserdruckstollen, wurde in Anlehnung an eine Veröffentlichung von G. D. RANSFORD [15] die Berechnung mit $\lambda = 0{,}20$ und $\lambda = 0$ durchgeführt. Aus der Abbildung geht deutlich hervor, daß die Berücksichtigung der verschiedenen Einflüsse, insbesondere der Dämpfung, zu weit größeren Grenzquerschnitten führt als nach der einfachen Formel von THOMA. Auf Grund dieser Untersuchung wurde der horizontale Wasserschloßquerschnitt mit 175 m² festgelegt, welcher eine hinreichende Dämpfung der kleinen Schwingungen von $A = 0{,}20$ (für $\lambda = 0{,}20$) für die Mindestfallhöhen von $H_0 = 86$ m, in der vorläufigen, und von $H_0 = 102$ m, in der endgültigen Ausbauphase, gewährleistet. Für eine über 102 m hinausgehende Fallhöhe wird eine noch bessere Dämpfung erzielt, da $A > 0{,}20$ ist.

Für die Zeitintervalle t_0, welche der Dämpfung A entsprechen [vgl. Gl. (V/10), S. 93] erhalten wir für die vier charakteristischen Fallhöhen H_0 folgende Werte:

$$H_0 = \quad 86 \qquad 102 \qquad 106 \qquad 111 \text{ m},$$
$$t_0 = 131 \qquad 142 \qquad 142 \qquad 147 \text{ sec}.$$

c) Extreme Betriebslastfälle für Öffnungs- und Schließvorgänge

Da der erforderliche Mindestquerschnitt des Wasserschlosses aus der Stabilitätsuntersuchung für kleine Schwingungen hervorgeht, konnten die folgenden extremen Betriebslastfälle festgelegt werden, die noch etwas ungünstiger sind, als die vom Kraftwerksbetrieb vorgeschriebenen:

Gleichzeitiges und plötzliches, vollkommenes Öffnen der Turbinenzuleitung von 2 Maschinensätzen.

Gleichzeitiges und plötzliches, vollständiges Schließen der Turbinenzuleitung von 2 Maschinensätzen.

Plötzliches Schließen der Turbinenzuleitung des ersten Maschinensatzes; 12 sec später plötzliches Schließen der Zuleitung des zweiten Maschinensatzes.

Gleichzeitiges und plötzliches, vollkommenes Öffnen der Turbinenzuleitung von 2 Maschinensätzen; 40 sec später gleichzeitiges und plötzliches Schließen beider Zuleitungen.

Zur Ermittlung der extremen Wasserspiegellagen wird von den bekannten Differentialgleichungen der Bewegung [vgl. Gl. (III/1′), S. 50, und Gl. (III/2), S. 49] ausgegangen, welche lauten:

$$\frac{L}{g}\frac{dW}{dt} = Z \mp P \pm R, \qquad \text{(VIII/14)}$$

$$Q_T = F V + f W. \qquad \text{(VIII/15)}$$

Die Untersuchung sämtlicher Lastfälle läßt sich mit Hilfe des graphischen Verfahrens von SCHOKLITSCH leicht durchführen. Es sei lediglich darauf

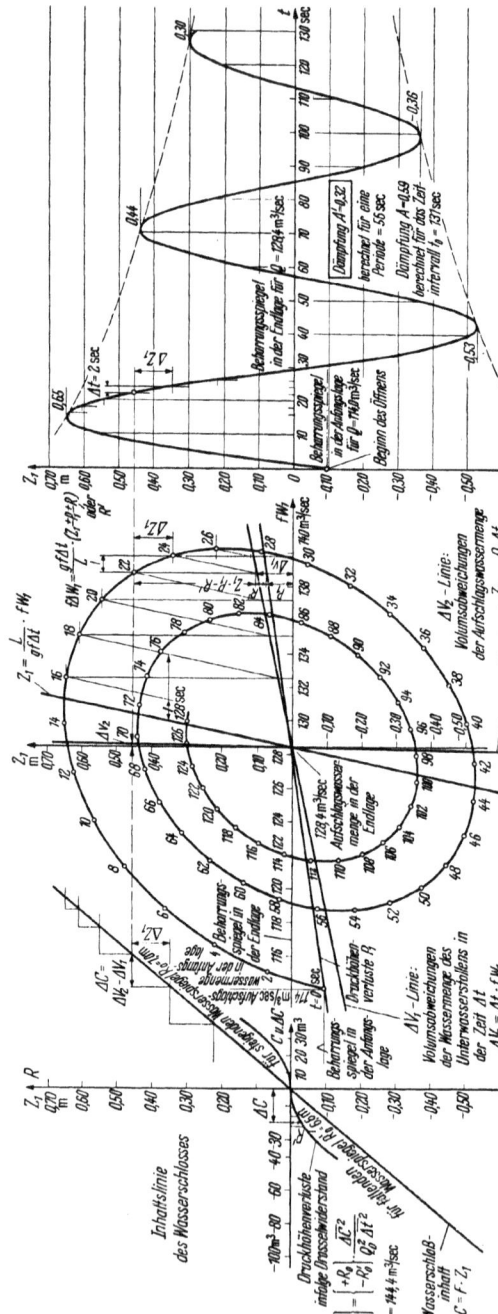

Abb. VIII/16. Ermittlung der Spiegelbewegungen in einem Wasserschloß im Unterwasserstollen (Querschnitt 175 m²). Graphisches Verfahren von SCHOKLITSCH. *Betriebsvorgang:* Plötzliches, teilweises Öffnen von $Q = 114{,}0$ auf $128{,}4 \text{ m}^3/\text{sec}$ mit Regelung auf konstante Leistung bei einer Bruttofallhöhe von $H_0 = 86{,}0$ m. Leistungssteigerung von 59000 auf 65000 Ps. Konstanter Wirkungsgrad $\eta = 0{,}883$, $\tan\varphi = 0$. Druckhöhenverluste infolge Dämpfungswiderstand (für $Q = 144{,}4 \text{ m}^3/\text{sec}$): für Spiegelanstieg $R_0 = 7{,}00$ m, für Spiegelsenkung $R'_0 = 6{,}60$ m. Gewählte Reibungsbeiwerte für den Unterwasserstollen: ohne Auskleidung $k = 40$, mit Auskleidung $k = 70$. Gewähltes Zeitintervall $\Delta t = 2$ sec. (Schematische Darstellung der Anlage s. Abb. VIII/13)

hingewiesen, daß sämtliche Spiegellagen auf den Ruhewasserspiegel am Stollenende, positiv nach oben, negativ nach unten, zu beziehen sind. Die beiden Vorzeichen vor den Druckverlusthöhen P und R entsprechen der Fließrichtung im Unterwasserstollen bzw. in der Drosselöffnung.

Die Ergebnisse dieser Berechnung sind in Abb. VIII/15 wiedergegeben. Man erkennt daraus, daß für keinen der 4 Belastungsfälle mit Hinblick auf die möglichen extrem Lagen des Ruhewasserspiegels im Rückgabeprofil (tiefster Ruhewasserspiegel $+ 16{,}00$ m, höchster Ruhewasserspiegel $+ 31{,}00$ m) unzulässige Spiegelausschläge auftreten, da bei keinem der Betriebsvorgänge weder die Kote 37,00 m, Sohle des Belüftungsstollens, noch die Kote 9,00 m, Boden des Wasserschlosses, erreicht wird und eine genügende Sicherheitshöhe von ungefähr 1,0 m vorhanden bleibt.

d) Stabilitätsuntersuchung für Schwingungen bei Regelung auf konstante Leistung. Öffnungs- und Schließvorgänge bei Änderung der Beaufschlagung von ungefähr 10% der Ausbauwassermenge

Im Einvernehmen mit dem Turbinenlieferanten wurde die Untersuchung von teilweisen Be- oder Entlastungsvorgängen mit Regelung auf konstante Leistung auf einige typische Fälle mit einer Änderung der Beaufschlagung von annähernd 10% der Ausbauwassermenge beschränkt. Zu den Bewegungsgleichungen (VIII/14) und (VIII/15) ist noch eine Reglergleichung hinzuzufügen, welche lautet

$$Q_T H \eta = Q_0 H_0 \eta_0 \qquad \text{(VIII/16)}$$

[vgl. Gl. (III/5 B), S. 50].

Der Index (0) zeigt wie üblich den Wert der Variablen für den Beharrungszustand der Endlage an. Wie bei der Untersuchung kleiner Schwingungen wollen wir auch hier sämtliche Variablen auf ihren Wert im Beharrungszustand zurückführen und mit dem Index (1) den Unterschied der Veränderlichen mit ihren Wert im stationären Zustand bezeichnen. Somit wird:

$$P = P_0 + P_1,$$
$$Q_T = Q_0 + Q_1,$$
$$W = W_0 + W_1,$$
$$Z = Z_0 + Z_1 = P_0 + Z_1.$$

Die Einführung der Abweichungen der Variablen in die Gln. (VIII/14), (VIII/15) und (VIII/16) erlaubt es, einige für die Problemlösung nützliche Vereinfachungen, insbesondere für das Verfahren von SCHOKLITSCH, vorzunehmen. Die Durchführung der Konstruktion nach SCHOKLITSCH wird für einen Fall, Belastungssteigerung von 59 000 auf 65 000 PS, bei einer Fallhöhe von $H_0 = 86$ m, in Abb. VIII/16 gezeigt. Da bei dieser

178 Besondere Anwendungen der verschiedenen Berechnungsverfahren

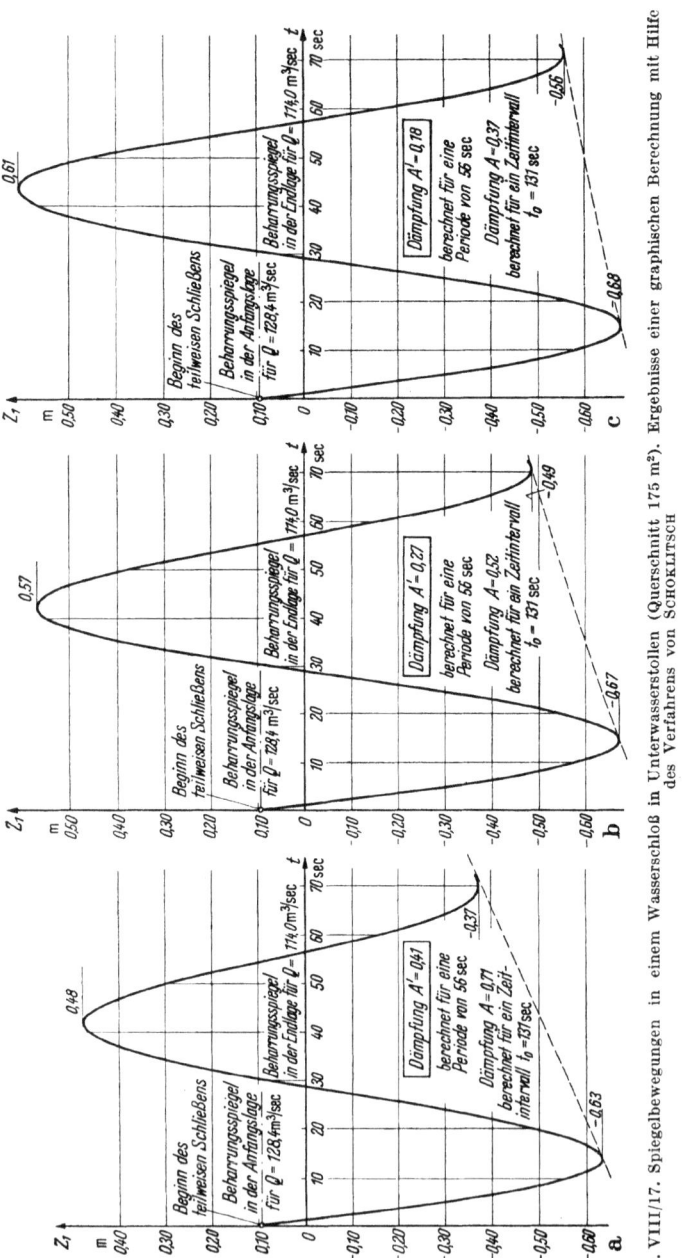

Abb. VIII/17. Spiegelbewegungen in einem Wasserschloß in Unterwasserstollen (Querschnitt 175 m²). Ergebnisse einer graphischen Berechnung mit Hilfe des Verfahrens von SCHOKLITSCH

Betriebsvorgang: Plötzliches, teilweises Schließen von $Q = 128{,}4$ auf $114{,}0$ m³/sec bei einer Bruttofallhöhe von $H_0 = 86$ m. Mit und ohne Regelung auf konstante Leistung. Leistungsverminderung von 65000 auf 59000 PS. a) Spiegelbewegungen bei konstanter Entnahme (konstante Wassermenge), b) Spiegelbewegungen mit Regelung auf konstante Leistung bei konstantem Wirkungsgrad η, $\tan \varrho = 0{,}904$, $\tan \varepsilon = 0$, c) Spiegelbewegungen mit Regelung auf konstante Leistung bei veränderlichem Wirkungsgrad η, $\tan \varrho = -0{,}319$. (Schematische Darstellung der Anlage s. Abb. VIII/13)

Untersuchung die Fallhöhen infolge Gl. (VIII/16) von Bedeutung sind, werden sämtliche Lastfälle für die Fallhöhen von 86 und 102 berechnet, welche die geringste Dämpfung der Schwingungen im Wasserschloß ergeben. Der Einfluß der kinetischen Energie beim Eintritt des Wasserschlosses in den Druckstollen wurde nicht berücksichtigt. Somit wird $\lambda_0 \frac{E_0}{P_0} = 0$. Von den zahlreichen untersuchten Fällen wollen wir hier nur zwei interessante Fälle herausgreifen.

Teilweise plötzliche Belastungssteigerung von 59000 auf 65000 PS. Fallhöhe $H_0 = 86$ m.

Teilweise plötzliche Belastungsverminderung von 65000 auf 59000 PS. Fallhöhe $H_0 = 86$ m.

Für die Untersuchung des ersten Falls, dargestellt in Abb. VIII/16 wurde der Wirkungsgrad konstant angenommen ($\eta = 0{,}883$ und $\tan\varrho = 0$). Die Dämpfung, berechnet auf eine Periode, beträgt $A' = 0{,}32$; die größte Änderung der Wassermenge der Turbinen während des Schwingungsvorgangs beträgt 0,95 m³/sec. Um einen klaren Überblick über den Einfluß der Turbinenregulierung zu erhalten, wurde die Berechnung des zweiten Falls auf Grund von drei verschiedenen Annahmen durchgeführt:

Annahme 1: Konstante Wasserabgabe an die Turbinen ohne Regulierung.

Annahme 2: Regelung auf konstante Leistung bei unveränderlichem Wirkungsgrad ($\eta = 0{,}904$ und $\tan\varrho = 0$).

Annahme 3: Regelung auf konstante Leistung bei veränderlichem Wirkungsgrad ($\eta =$ veränderlich, $\tan\varrho = -0{,}319 \neq 0$).

Die Ergebnisse dieser Berechnung wurden in Abb. VIII/17 gegenübergestellt. Man erkennt deutlich, daß die Dämpfungszahl in der Reihenfolge der gemachten Annahmen abnimmt (vgl. Beispiel S. 101 f.). Diese Feststellung stimmt auch mit den Ergebnissen der Untersuchung kleiner Schwingungen überein. Während für die erste Annahme die Dämpfung $A' = 0{,}41$ ist, beträgt sie für die letzte nur mehr $A' = 0{,}18$. Die Dämpfung A' wurde auf die Periode von 56 sec berechnet, welche in allen 3 Fällen dieselbe bleibt. Die Dämpfung A, bezogen auf das Zeitintervall t_0, ist zu Vergleichszwecken ebenfalls der Abbildung zu entnehmen. Es sei noch darauf hingewiesen, daß die Periode wesentlich geringer ist als das Zeitintervall t_0, berechnet nach Gl. (V/10), S. 93, welches 131 sec beträgt.

Die größte Änderung der Wassermenge Q_1 während des Schwingungsvorgangs (bezogen auf die Wassermenge im stationären Endzustand) beträgt für die 3 Annahmen:

Annahme 1: $Q_{1\,max} = 0$ m³/sec.
Annahme 2: $Q_{1\,max} = 0{,}90$ m³/sec.
Annahme 3: $Q_{1\,max} = 1{,}30$ m³/sec.

Aus sämtlichen untersuchten Fällen konnte man die Schlußfolgerung ziehen, daß bei allen Betriebsvorgängen mit Regelung auf konstante Leistung bei einer Änderung der Beaufschlagung von etwa 10% der Ausbauwassermenge die Werte der Dämpfung A, bezogen auf t_0, höher liegen als bei der Stabilitätsuntersuchung kleiner Schwingungen infolge sehr geringer Änderung der Wassermenge ($A = 0{,}20$). Dies ist hauptsächlich auf die großen Druckhöhenverluste für größere Wassermengen zurückzuführen, die sich insbesondere beim Durchgang durch die Drosselöffnung einstellen. Bei kleineren Schwingungen sind diese Druckverluste praktisch Null. Die größten Spiegelausschläge, unmittelbar nach Änderung der Belastung, bezogen auf den Beharrungsspiegel, betrugen ungefähr $\pm 0{,}80$ m.

Literaturverzeichnis

[1] ALLIEVI, L.: Théorie du coup de bélier. (Traduction de D. GADEN.) Paris: Dunod 1921.
[2] BERGERON, L.: Variation de régime dans les conduites d'eau. Comptes rendus de la Société hydrotechnique de France (1932).
[3] BERGERON, L.: Méthode graphique générale de calcul des propagations d'ondes planes. Mémoires de la Société des Ingénieurs civils de France 90 (1937).
[4] BERGERON, L.: Du coup de bélier en hydraulique au coup de foudre en électricité. Méthode graphique générale. Paris: Dunod 1950.
[5] CALAME, J., u. D. GADEN: Theorie des chambres d'équilibre. Lausanne: La Concorde 1926.
[6] CALAME, J., u. D. GADEN: Calcul d'une chambre d'équilibre à grands épanouissements supérieur et inférieur à l'aide de ,,valeurs relatives''. Revue générale de l'Electricité 19 (1926).
[7] CALAME, J., u. D. GADEN: De la stabilité des installations hydrauliques munies de chambres d'équilibre. Schweizerische Bauzeitung 90 (1927).
[8] ESCANDE, L.: Méthodes nouvelles pour le calcul des chambres d'équilibre. Paris: Dunod 1950.
[9] EYDOUX, D.: Hydraulique générale et appliquée. Paris: J.-B. Baillière 1921.
[10] GARDEL, A.: Chambres d'équilibre. Analyse de quelques hypothèses usuelles. Méthodes de calcul rapide. Thèse présentée à l'Ecole polytechnique de l'Université de Lausanne. F. Rouge, Librairie de l'Université 1956.
[11] JAEGER, CH.: Technische Hydraulik. Basel: Birkhäuser 1949.
[12] MICHAUD, J.: Coup de bélier dans les conduites; étude des moyens employés pour en atténuer les effects. Bulletin de la société vaudoise des ingénieurs et architectes. Lausanne 1878.[1]
[13] MICHAUD, J.: Intensité des coups de bélier dans les conduites d'eau. Bulletin technique de la Suisse romande. Lausanne 1903.
[14] PRESSEL, K.: Beitrag zur Bemessung des Inhalts von Wasserschlössern. Schweizerische Bauzeitung 53 (1909).
[15] RANSFORD, G. D.: La stabilité d'une chambre d'èquilibre placee sur la galerie de fuite d'une usine. La Houille Blanche 12 (1957) Nr. 2, März—April.
[16] RIBAUX, A.: Hydraulique appliquée. Genève: La Moraine o. J.

---

[1] Ehemalige Bezeichnung des ,,Bulletin technique de la Suisse romande''.

[17] SCHNYDER, O.: Über Druckstöße in Rohrleitungen. Wasserkraft und Wasserwirtschaft 27 (1932).
[18] SCHNYDER, O.: Über Druckstöße in verzweigten Leitungen mit besonderer Berücksichtigung von Wasserschloßanlagen. Wasserkraft und Wasserwirtschaft 30 (1935).
[19] SCHNYDER, O.: Druckstöße in Rohrleitungen. Von Roll Mitteilungen 2 (1943) Nr. 3—4, Februar—Juni.
[20] THOMA, D.: Beiträge zur Theorie der Wasserschlösser bei selbsttätig geregelten Turbinenanlagen. München: Oldenbourg 1910.

MIX
Papier aus verantwortungsvollen Quellen
Paper from responsible sources
FSC® C105338

If you have any concerns about our products,
you can contact us on
ProductSafety@springernature.com

In case Publisher is established outside the EU,
the EU authorized representative is:
**Springer Nature Customer Service Center GmbH
Europaplatz 3, 69115 Heidelberg, Germany**

Printed by Libri Plureos GmbH
in Hamburg, Germany